高职高专机电类专业统编教材
全国水利水电高职教研会组编

# 水电厂机电设备运行与管理

主　编　龚在礼
副主编　杨和平　陈　尧　黄金楷　陈炳森
主　审　李晓玲　余建军

黄河水利出版社

## 内 容 提 要

本书是高职高专机电类专业统编教材，是根据全国水利水电高职教研会制定的《水电厂机电设备运行与管理》课程教学大纲编写完成的。本书共分 10 个单元，重点介绍了水电厂机电设备运行与管理的规章制度、组织措施、技术措施，进水口闸门、主阀、水轮机与调速器的运行及事故处理，水轮发电机、励磁与保护装置的运行及事故处理，变压器与保护装置的运行及事故处理，配电装置中电气设备的运行及事故处理，电气主接线的操作及事故处理。此外，对厂用电系统与厂用电动机、油气水系统、直流电源与 UPS 电源系统、计算机监控系统的运行及事故处理等也做了简要的介绍。

本书可作为高等职业技术学院水电站动力设备与管理专业的机电运行教材，也可作为水电行业职工的在职培训教材或中等职业技术学校的教材，以及水电厂机电运行人员和管理人员的学习参考书。

**图书在版编目(CIP)数据**

水电厂机电设备运行与管理/龚在礼主编．—郑州：黄河水利出版社，2009.4 (2021.6 重印)
高职高专机电类专业统编教材
ISBN 978-7-80734-598-5

Ⅰ.水… Ⅱ.龚… Ⅲ.水力发电站-机电设备-高等学校：技术学校-教材 Ⅳ.TV734

中国版本图书馆 CIP 数据核字(2009)第 056581 号

组稿编辑：简 群 电话：0371-66026749 E-mail：931945687@qq.com

出 版 社：黄河水利出版社
地址：河南省郑州市顺河路黄委会综合楼 14 层 邮政编码：450003
发行单位：黄河水利出版社
发行部电话：0371-66026940、66020550、66028024、66022620(传真)
E-mail：hhslcbs@126.com
承印单位：河南承创印务有限公司
开本：787 mm×1 092 mm 1/16
印张：16.5
字数：380 千字 印数：3 101—4 100
版次：2009 年 4 月第 1 版 印次：2021 年 6 月第 2 次印刷

定价：30.00 元

# 前　言

本书是根据教育部《关于加强高职高专教育人才培养工作意见》和《面向21世纪教育振兴行动计划》等文件精神，以及由全国水利水电高职教研会拟订的教材编写规划，报水利部批准，由全国水利水电高职教研会组织编写的机电类专业统编教材。

本书各单元按水电生产流程进行编排，各单元内容按工作过程进行序化，使学生（或学员）的学习过程贴近日后的工作过程，达到“零距离”上岗的目的。本书是在学生（或学员）学完水电厂关于生产设备和系统的全部课程后，对学生（或学员）进行运行值班员的系统化、职业化的教育和训练，是学生（或学员）形成职业岗位能力的终端课程或出口课程。本书若在第五学期采用工学交替的形式教学或在第六学期的顶岗实习期间采用理论与实践一体的形式教学，则效果更佳。

本书可作为水利水电类高等职业技术学院、普通高等专科学校、成人高等学校相关专业的教材以及水电行业职工的在职培训教材，也可作为水电厂机电运行人员和管理人员的学习参考书。

本书由四川电力职业技术学院副教授龚在礼编写第二单元、第五单元、第九单元、第三单元第五节与第六节；四川电力职业技术学院讲师杨和平编写第四单元及第三单元第一节、第二节、第三节、第四节；映秀湾水力发电总厂工程师陈尧编写第一单元、第六单元和第七单元第一节与第二节；四川电力职业技术学院讲师黄金楷编写第十单元；广西水利电力职业技术学院讲师陈炳森编写第八单元以及第七单元第三节、第四节和第五节。全书由龚在礼副教授统稿。四川水利职业技术学院副教授李晓玲、余建军担任主审。

本书在编写过程中参阅了有关文献，特对相关文献的作者致以衷心的感谢。由于编者理论和实践经验不足，错误和遗漏在所难免，恳请广大读者对本书提出宝贵意见。

**编　者**

2009年1月

# 目录

# 绪论

## 一、水电站建设与发展概况

我国地域辽阔，地势西高东低，水力资源十分丰富，大小河流纵横交错，水电建设遍地开花，大、中、小型水电厂星罗棋布。资料显示，我国水能资源极其丰富，全国水能资源的蕴藏量为6.8 亿 kW，其中可开发利用量为3.7 亿 kW，居世界第一位。西南地区水力资源技术可开发量2.57 亿 kW，占全国的69.5%，仅四川省水力资源技术可开发量就达1.03 亿 kW，占全国的27.8%。中南地区水力资源技术可开发量0.59 亿 kW，占全国的15.9%。西北地区水力资源技术可开发量0.37 亿 kW，占全国的10%。西部地区水力资源技术可开发量3.53 亿 kW，占全国的95.4%。2000 年以来，由于国家实施西部大开发和西电东送工程，西部的水力资源迅速转变为水电资本，西部地区占尽了水电事业的天时、地利与人和，大、中、小型水电企业呈现出一派欣欣向荣的景象。

1912 年在昆明滇池石龙坝建立第一座水电站至今，我国小型水电站在全国已是星罗棋布，共有44 273 座，总装机容量达到2 202 万 kW，已建成的大、中型水电站有武强溪水电站、新安江水电站、葛洲坝水电站、二滩水电站和三峡水电站等。2001 年水电总装机容量已达8 301万 kW。2004 年9 月底，中国水电装机容量突破1 亿 kW 大关，占当时全国电力总装机容量的25%，跃居世界第一位。截至2007 年底，我国水电总装机容量已达到1.45 亿 kW。

1994 年12 月开工建设的长江三峡水电站，单机容量为70 万 kW，装机26 台，总装机容量达到1 820 万 kW，是目前世界最大水电站——巴西伊泰普水电站的1.4 倍。金沙江下游在建和规划建设的溪洛渡电站、向家坝电站、白鹤滩电站和乌东德电站总装机容量达3 850 万 kW，相当于两个三峡电站。金沙江中游、上游还有20 个梯级电站正在规划中，总装机容量可达3 000 万 kW。金沙江最大支流雅砻江干流全长1 571 km，流域面积13.6 万 $km^2$，天然落差3 830 m，蕴藏水力资源极端丰富，是我国乃至世界罕有的绿色能源宝库。十流两河口全江口河段共拟建11 个梯级电站，是我国能源发展规划的水电基地之一，总装机容量达2 592 万 kW，其中已建成的二滩水电站总装机容量为330 万 kW。这些电站的建设和投产运行，需要大量的高素质技能型人才。

## 二、水电站运行管理模式的历史沿革

当代水电站的岗位工作任务是宽口径的，它对岗位从业人员知识和技能的广度与深度要求都很高。20 世纪70 年代以前，由于受设备和体制的限制，水电站中的机械运行和电气运行是分开的。80 年代以后，改革开放逐步深入，企业开始推进老设备改造和减员增效工作，许多电站开始实行机电运行一体化的运行管理模式，机械运行人员和电气运行人员同在一个中央控制室值班，但由于知识和技能结构不同，两部分人员各行其是。2000 年以后，新建电厂不断增多，老电厂技术改造不断完善，运行人员经过许多年的磨合，无论是学水电站动力设备的，还是学发电厂及电力系统的，他们在经历生产实践和岗位培训以后，均能熟练地掌握水电厂机电运行的知识和技能。目前，水电站已经实现了真正意义上的机电运行一体化。所谓水电站机电一体化就是将传统的机械运行、电气运行合二为一，由一组人员对水电站的机械设备、电气设备进行全面监视、控制、操作、维护与故障处理的一种运行管理模式。从目前的趋势看，水电站运行岗位工作任务还有进一步扩大的趋势，譬如，机电运行人员还有可能承担设备维护、小修等职责。

同时，水力发电站、水电建设工程局属知识密集、技术密集型企业，随着水电站计算机监控技术、PLC控制技术的广泛采用，水电站自动化程度的不断提高，新技术、新工艺、新设备在水电企业中得到广泛应用。而今，各水力发电企业都采用“无人值班、少人值守”的管理模式，人员精干且责任重大，工作难度极大，对运行操作人员的技能水平、分析与解决问题的能力，管理能力要求都很高。

## 三、水电站的主要设备及系统

由于目前水电站计算机监控系统的广泛应用，机电一体化和自动化程度极大提高，要求机电运行人员对机械设备和电气设备要同等重视，因此可将水电站的设备分为主设备和附属设备。主设备是直接进行水能、机械能、电能转换及控制水能、机械能、电能的机电设备的总称。如进水口闸门、主阀、水轮机、发电机、变压器、配电装置、线路等。这些设备在水电站中具有举足轻重的地位，一旦发生故障，将导致电能生产过程无法进行，给水电站电能生产带来重大经济损失。附属设备是指除主设备以外的全部机电设备，如调速器、励磁装置、同期装置、备用电源自动投入装置、自动重合闸装置、继电保护装置、油系统、水系统、气系统、厂用电系统和计算机监控系统等。这些设备和系统是保证主设备安全经济运行的不可缺少的设备，一旦发生故障，需及时处理，否则将危及主设备的安全运行，主设备与附属设备的关系如图0-1所示（为简化起见，厂用电系统和计算机监控系统未在图中画出）。

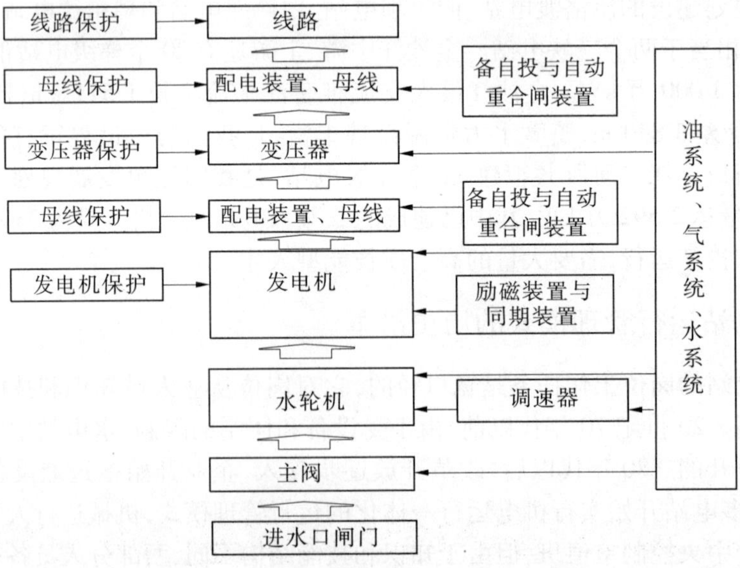


图0-1 水电站主设备与附属设备关系图

# 第一单元 水电厂机电设备运行管理任务与规章制度认知

**主要岗位工作任务**

工作票的使用、填写，操作票的填写、执行，运行交接班、巡回检查、设备定期切换和试验，事故处理入门。

电能是电力系统的产品，电能在整个“发、输、变、配、用”过程中是连续而同时完成的。因此，提供优质、可靠的电能是水电厂机电运行人员的基本任务，也是社会对电能质量的根本要求。这就要求机电运行人员在工作中遵守一系列的规章制度，保证电能生产的安全性和稳定性。

## 第一节　机电设备运行任务、生产组织与调度认知

机电运行是指水力发电厂在电能的生产过程中，机电运行值班人员对水力发电设备进行监视、控制、操作和调节，使发电设备正常运行，并对设备运行状态进行分析；在故障情况下，对事故进行处理，保证水力发电厂和电力系统安全、稳定、优质、经济运行的一系列工作。

### 一、机电运行的主要任务

水电厂机电运行工作的主要任务就是“确保安全、经济、可靠、优质发供电”。

**（一）确保安全生产**

由于电能不能大量储存，电力生产必须连续进行，发电、供电、用电要同时完成。这种生产方式，决定了发、供电必须有极高的可靠性和连续性。随着电网大机组的不断增多和电网规模的不断扩大，发、供电的可靠性就显得更加重要。如果一个大型水力发电厂发生事故，可以引起大面积停电，甚至造成整个电网瓦解，后果之严重是显而易见的。所以，运行值班人员一定要把安全生产放在第一位，保证电力生产的安全。

**（二）确保电能质量**

衡量电能质量的主要指标是频率和电压。我国电力系统的额定频率是 50 Hz。正常运行时，系统频率有一定的容许偏差，大容量系统允许频率偏差 ±0.2 Hz，中、小容量系统允许频率偏差 ±0.5 Hz。当系统负荷超过或低于电站出力时，系统频率就要相应地降低或升高。频率下降不仅会使机组的效率下降，而且对用户的影响极大。因此，机电运行人员要随时注意发电机频率和电压的表计指示值，当偏离额定值较多时，应及时调节水轮机导水叶开度以调节频率，调节水轮发电机励磁电流的大小来调整电压，使频率和电压的变

化不超过容许偏差范围,以确保电能质量。

**(三)确保经济运行**

在保证电力生产安全可靠运行的前提下,应千方百计地搞好电力生产的经济运行。为了确保经济运行,必须加强技术管理,提高技术水平,采用经济的运行方式,合理分配负荷,提高设备检修质量,缩短检修时间,消除设备缺陷,提高设备健康水平和完好率,做到经济、优化运行。要千方百计减少水能损耗,检查并及时消除漏水、漏油现象,要提高厂用机械及其电动机运行的经济性,降低厂用电率。

为了确保安全经济发电,运行人员必须做到"四勤"。

(1)勤联系。在负荷的增加或减少时,要加强联系,以便相互协调,共同配合做好调整负荷工作。

(2)勤调整。对系统中的电能质量和有关设备运行的工作参数必须随时调整到规定允许值范围,以保持运行的经济性及稳定性。

(3)勤分析。对运行的设备状态随时进行分析、预想和总结,以便采取更科学的对策和做到更完善的管理。

(4)勤检查。为了及时消除设备的隐患与故障,机电运行人员必须根据运行规程的规定,定时、定责、定岗地巡查对应的运行设备,发现设备缺陷,应及时消除。

## 二、电力系统的运行组织

在电力系统中,设有各级运行组织和值班人员,分别担负系统中各部分的运行工作。

**(一)电网调度机构**

各级电网均设有电网调度机构。电网调度机构是电网运行的组织、指挥、指导和协调的机构,负责电网的运行。各级调度机构分别由本级电网管理部门直接领导,它既是生产运行单位,又是电网管理部门的职能机构,代表本级电网管理部门在电网运行中行使调度权。

电网调度机构(或称电网管理机构)是随电网的发展逐步健全的。目前,我国的电网调度机构是5级调度管理模式,即国调、网调、省调、地调和县调。

(1)国调是国家电力调度通信中心的简称。它直接调度管理各跨省电网和各省级独立电网,并对跨大区域联络线及相应变电站和起联网作用的大型发电厂实施运行和操作管理。

(2)网调是跨省电网电力集团公司设立的调度局的简称。它负责区域性电网内各省间电网的联络线及大容量水、火电骨干电厂的直接调度管理。

(3)省调是各省、自治区电力公司设立的电网中心调度所的简称。省调负责本省电网的运行管理,直接调度并入省网的大、中型水、火电厂和220 kV级以上的网络。

(4)地调是省辖市及供电公司设立的调度所的简称。它负责供电公司供电范围内的网络和大中城市主要供电负荷的管理,兼管地方电厂及企业自备电厂的并网运行。

(5)县调负责本县城乡供配电网络及负荷的调度管理。

**(二)水电厂运行值班单位**

目前,水电厂有现场控制值班及远方集中控制值班两种方式。两种运行值班方式普遍采用8 h或6 h轮换值班制,实行四值三倒或五值四倒。水电厂运行值班的每一值称为运行值班单位。

现场控制运行值班每值设有值长、值班工程师、运行正班、运行副班，由4～6人组成一个运行值班单位。

无人值班(少人值守)的水电厂，远方集中控制中心值班班组由值长、运行正班、运行副班组成；无人值班方式的水电厂现场不设值守人员，少人值守方式的水电厂在现场设有一名或两名值守人员。

**(三)调度指挥系统**

由于电力系统是一个有机的整体，系统中任何一个主要设备运行工况的改变都会影响整个电力系统，因此电力系统必须建立统一的调度指挥系统。电网调度指挥系统由发电厂、变电站运行值班单位(含变电站控制中心)、电网各级调度机构等组成。电网的运行由电网调度机构统一调度。

我国《电网调度管理条例》规定，调度机构调度管辖范围内的发电厂、变电站的运行值班单位，必须服从该调度机构的调度，下级调度机构必须服从上级调度机构的调度。

调度机构的调度员在其值班时间内，是系统运行工作技术上的领导人，负责系统内的运行操作和事故处理。直接对下属调度机构的调度员、发电厂的值长、变电站的值班长发布调度命令。

值长在其值班时间内，是全厂运行工作技术上的领导人，负责接受上级调度的命令，指挥全厂的运行操作、事故处理和调度技术管理，直接对下属值班工程师、运行值班人员发布调度命令。

变电站的值班长在其值班时间内，负责接受上级的调度命令，指挥全变电站的正常运行和事故处理。

## 三、电力系统的调度原则

电力系统的发电、供电和用电是一个不可分割的整体。为了保障电力系统安全、经济运行，必须实行集中管理、统一调度。

一个完整的电力系统包括各种能源形式的发电厂、各种电压等级的变电站、输配电线路和各种用电性质不同的用户，是一个涉及很多单位的复杂网络。统一调度管理要做到统一计划、统一调度、分层指挥、统一平衡电源和负荷，分配发电厂发电任务，指挥电力网络中各种倒闸操作，以实现整个电网的安全、经济运行。为此，需要将系统中各个单位调度管理范围的划分、运行方式的变更、倒闸操作、事故处理等各项要求用规程的形式确定下来，强制各有关单位统一执行，协作配合，共同努力保证电网的安全、经济运行，这就是制定调度规程的必要性。

调度规程本质上也是一种运行规程。它与一般设备运行规程的不同之处在于强调了各个部门和各级人员的运行责任，兼有技术规程和管理制度的双重性质，因此称做电网调度管理规程。

各级调度机构都应制定本部门管理范围内的调度管理规程。我国电力系统调度管理机构的设置，是根据系统容量的大小、接线方式的繁简以及系统中行政管理体制的不同，由小到大，设置一级到多级调度机构。目前，我国有县级调度所、地区调度所、省级调度所、电网总调度以及调度总局等5个层次。由于目前尚未形成全国性大电网，在多数地区，调度管理机构只有四级或三级。

调度机构是电网的生产运行单位，又是网局、省局、供电局的职能部门，代表网局、省局、供电局在电网运行工作中行使指挥权。各级调度在电力系统的运行指挥中是上下级关系。因此，按照下级服从上级的原则，下级调度机构制定的调度规程不应与上级调度部门制定的调度规程相矛盾，各发电厂和变电站的现场运行规程中涉及调度业务的部分，均应取得相应调度机构的同意，如有与调度规程相矛盾的条文，应根据调度规程原则予以修订。在跨省大区电网中，网调是最高调度管理机构；在省内电网中，中调（中心调度所简称）是最高调度管理机构。

调度规程中，对各级调度机构中的值班调度员，发电厂和变电站的值长、班长、值班员的权限、职责都有明确的规定：

（1）各级调度机构的值班调度员在其值班期间是系统运行和操作的指挥人员，按照批准的调度范围行使指挥权。下级调度机构的值班员、发电厂值长和电气班长、变电站值班员在调度关系上受上级调度机构值班调度员的指挥，接受上级调度机构值班调度员的调度命令。发布调度命令的值班调度员对其发布的调度命令的正确性负责。

（2）下级调度机构、发电厂、变电站的值班人员（值班调度员、值长、值班长、值班员），接受上级调度机构值班调度员的调度命令后，应复诵命令，核对无误，并立即执行。调度命令的内容在调度端应记入调度日志，有条件时应予以录音。任何人不得干涉调度命令的执行。下级调度机构、发电厂、变电站的值班人员不执行或延迟执行上级值班调度员的调度命令，则未执行命令的值班人员和允许不执行命令的领导人均应负责。如值班人员认为接受的调度命令不正确，应对发布命令的上级值班调度员提出意见，如上级值班调度员重复他的命令，值班人员必须迅速执行；当调度命令威胁到人员、设备或系统的安全时，则值班人员应拒绝执行，并将拒绝执行的理由及改正命令的建议报告上级值班调度员和本单位直接领导人。

（3）发、供电单位领导人发布的命令，如涉及值班调度员的权限，必须经值班调度员的许可才能执行，但在现场事故处理规程内已有规定者除外。

（4）下级值班调度员及发电厂、变电站值班人员，在接班后应迅速向上级值班调度员汇报主要运行状况，上级值班调度员应将系统的有关情况和预定的有关工作向上述值班人员说明。

（5）当发电厂或电网发生异常运行情况时，下级调度机构、发电厂、变电站的值班人员，应立即报告上级值班调度员，以便在系统上及时采取防范措施，预防事故扩大。

（6）属于调度机构调度管理的设备，未经相应调度机构值班调度员的命令，发电厂、变电站或下级调度机构的值班人员不得自行操作（开、停、退出备用、检修、改变运行方式等）或自行命令操作，但对人员或设备安全有威胁者除外。上述未得到命令进行的操作，在操作后应立即报告相应调度机构的值班调度员。

（7）不属于上级调度机构调度管理范围内的设备，但其操作影响系统正常运行方式、通信、远动或限制设备出力时，则发电厂、变电站和下级调度机构只有得到上级调度机构的许可后才能进行操作。

(8)在系统事故或紧急情况下,上级值班调度员有权直接下令给厂、站值班员操作属于厂、站或下级调度管理的设备,厂、站值班员应立即执行,事后按管理体制向有关主管部门报告。

(9)严禁未经调度许可就在自己不能控制电源的设备上工作,即便知道这些设备不带电也不得进行工作。

(10)值班调度员应由有相当业务知识和现场实际经验的人员担任。值班调度员在独立值班前,需经培训和实习并经考试合格由主管局主管生产的领导批准后方可正式值班,并通知全系统。

调度规程的主要内容是各级调度人员的行为规范,对发电厂和变电站电气运行人员来说,执行调度规程的重点在于运行操作。

## 四、正确对待调度的操作命令

电网的电气设备实行三级调度。按照调度权力的划分,分别隶属总调度所(简称总调或网调)、中心调度所(简称中调)和地区调度所(简称区调)。设备归谁调度,倒闸操作时就由谁下令操作。

### (一)调度的操作命令

操作命令分综合命令和具体命令。

1. 综合命令

倒闸操作只涉及一个发电厂或一个变电所或不必观察对电网影响的操作,一般下综合命令。受令单位接受命令后负责组织具体操作,地线自理。

2. 具体命令

倒闸操作涉及两个及两个以上单位或新设备第一次送电,一般下具体命令。具体命令由调度按操作票内容逐项下达。每一项操作完成,接到回令,再下达下一项,直到操作全部结束。

### (二)调度的操作命令执行原则

对待调度的操作命令,应按照下列原则:

(1)对于调度下达的操作命令,值班人员应认真执行。

(2)如对操作命令有疑问或发现与现场情况不符,应向发令人提出。

(3)发现所下操作命令将直接威胁人身或设备安全时,则应该拒绝执行。同时,将拒绝执行命令的理由以及改正命令的建议,向发令人及本单位的领导报告,并记入值班记录中。

### (三)允许不经调度许可的操作

在紧急情况下,为了迅速处理事故,防止事故的扩大,允许值班人员不经调度许可执行下列操作,但事后应尽快向调度报告,并说明操作的经过及原因。

(1)直接对人员生命有威胁的设备停电或将机组停止运行。

(2)将已损坏的设备隔离。

(3)恢复厂用或站用电源或按规定执行《紧急情况下保证厂用电、站用电措施》。

(4)母线已无电压,拉开该母线上的断路器。

(5)将解列的发电机并列(指非内部故障跳机)。

(6)按现场运行规程的规定:①强送或试送已跳闸的断路器;②将有故障的电气设备紧急与电网解列或停止运行;③继电保护或自动装置已发生或可能发生误动,将其停用;④失去同期或发生振荡的发电机,在规定时间不能恢复同期,将其解列等。

## 第二节 机电设备运行管理制度认知

水力发电厂根据生产的需要和长期运行的经验,制定了一系列符合现场实际的机电运行管理制度。机电运行管理制度是为了加强责任制,维持正常的生产秩序,保证安全生产,提高运行水平而制定的。各级运行值班人员,必须熟悉本单位的各种现场制度。

### 一、工作票制度

凡在水力发电厂生产现场进行检修、试验和安装等工作,都应填用工作票后执行,这就是工作票制度。

**(一)工作票的作用**

工作票是批准在水电厂生产现场设备上工作的书面命令,也是明确安全职责,严格执行安全组织措施,向工作人员进行安全交底,履行工作许可手续以及工作间断、工作转移和工作终结手续,同时实施安全技术措施等的书面依据。因此,在电气设备上工作时,必须按要求填写工作票。

**(二)工作票的种类及使用范围**

根据工作性质的不同,在生产设备上工作时应填用工作票或事故应急抢修单。其中工作票又分为电气工作票和机械工作票。

电气工作票有6种:①变电站(发电厂)第一种工作票;②电力电缆第一种工作票;③变电站(发电厂)第二种工作票;④电力电缆第二种工作票;⑤变电站(发电厂)带电作业工作票;⑥事故应急抢修单。

水力发电厂常用的是变电站(发电厂)第一种工作票、变电站(发电厂)第二种工作票、事故应急抢修单和水力机械工作票。

1. 第一种工作票的使用范围

(1)凡在高压电气设备上工作需要将高压电气设备全部停电或部分停电者。

(2)凡在高压室内的二次回路和照明等回路上工作,需要将高压设备停电或做安全措施者。

(3)高压电力电缆需停电的工作。

(4)其他工作需要将高压设备停电或要做安全措施者。

2. 填写第一种工作票的规定

(1)为使运行值班员能有充分时间审查工作票所列安全措施是否正确完备,是否符合现场条件,第一种工作票应在工作前24 h交给运行人员,临时工作可在工作开始前直接交给工作许可人。

(2)工作票中下列几项不能涂改:①设备的名称和编号;②工作地点;③接地线装设

地点;④计划工作时间。

(3)工作票应使用黑色或蓝色钢笔或圆珠笔填写与签发,一式两份,内容应正确、清楚,不能任意涂改。如有个别错、漏字需要修改,应使用规范的符号,字迹应清楚。用计算机生成或打印的工作票应使用统一的票面格式,由工作票签发人审核无误,手工或电子签名后方可执行。工作票一份应保存在工作地点,由工作负责人收执;另一份由工作许可人收执,按值移交。

(4)应在工作内容和工作任务栏内填写双重名称即设备编号和设备名称,其他有关项目可不填写双重名称。

(5)当工作结束时,如接地线未拆除,除允许值班员和工作负责人先行办理工作终结手续,将其中一份工作票退给检修部门(不填接地线已拆除)作为该项工作的终结外,要待接地线拆除、恢复常设遮栏后,才可作为工作票终结。

(6)当几张工作票合用一组接地线时,若其中有的工作终结,只要在接地线栏内填写接地线不能拆除的原因,即可对相应工作票进行终结,当这组接地线拆除后,恢复常设遮栏,方可给最后一张工作票进行终结。

(7)凡工作中需要进行高压试验项目,则必须在工作票的工作任务栏内写明。在同一电气连接部分发出带有高压试验项目的工作票后,禁止再发出第二张工作票;若确实需要发出第二张工作票,则原先发出的工作票应收回。

(8)用户在电气设备上工作,必须同样执行工作票制度。

(9)在一经合闸即可送电到工作地点的断路器及两侧隔离开关操作把手上均应挂"禁止合闸,有人工作"的警告牌。

(10)如工作许可人发现工作票中所列安全措施不完善,而工作票签发人又远离现场,则允许在工作许可人填写栏对安全措施加以补充和完善。

(11)值班人员在工作许可人填写栏内,不准许填写"同左"等字样。

(12)工作票应统一编号,按月装订,评议合格,保存一个互查周期。

(13)工作票要求进行的停电,装拆接地线,取、放控制回路熔断器等操作均需填写安全措施操作票,其内容、考核同倒闸操作票。

(14)计划工作时间与停电申请批准时间应相符。确定计划工作应考虑前、后留有0.5~1 h,作为安全措施的布置和拆除时间。若扩人工作任务而不改变安全措施,必须由工作负责人通过工作许可人和调度同意,方可在第一种工作票上增加工作内容。若需变更安全措施,必须重新办理工作票,履行许可手续。

(15)工作票签发人在考虑设置安全措施时,应按本次工作需要拉开工作范围内所有断路器、隔离开关及二次部分的操作电源,许可人按实际情况填写具体的熔断器和连接片。

工作地点所有可能带电的部分均应装设接地线,签发人注明需要装设接地线的具体地点,不写编号,许可人则应写接地线的具体地点和编号。

(16)工作地点保留带电部分和补充安全措施栏,是运行人员向检修人员交待安全注意事项的书面依据。

①检修设备间隔上、下、左、右、前、后保留带电部分和具体设备名称编号。如:×××隔离开关××侧有电。

②指明与保护工作地点相邻的其他保护盘的运行情况。

③其他需要向检修人员交待的注意事项。

(17)工作票终结时间在安全措施执行结束后,不得超过计划停电时间。工作票应在值班负责人全面复查无误签名后方可盖"已终结"章,向调度汇报竣工。

变电站(发电厂)第一种工作票填写见表1-1,变电站(发电厂)第一种工作票格式见附录1。

3. 第二种工作票的使用范围

(1)控制盘、低压配电盘、配电箱、电源干线上的工作。

(2)二次系统和照明等回路上的工作,无需将高压设备停电或做安全措施者。

(3)转动中的发电机、同期调相机的励磁回路或高压电动机转子电阻回路上的工作。

(4)非运行人员用绝缘棒对电压互感器定相或用钳形电流表测量高压回路的电流。

(5)大于设备不停电的安全距离的相关场所和带电设备外壳上的工作以及不可能触及带电设备导电部分的工作。

(6)高压电力电缆不需停电的工作。

第二种工作票与第一种工作票的最大区别是不需将高压设备停电或装设遮栏。

4. 填用第二种工作票的规定

(1)第二种工作票应在工作前交值班员。

(2)建筑工、油漆工和杂工等非电气人员在变电站内工作,如因工作负责人不足,工作票交给监护人,可指定本单位经安全规定考试合格的人员作为监护人。

(3)在几个电气部分上依次进行不停电的同一类型的工作时,可发给一张第二种工作票。工作类型不同,则应分别开票。

(4)注意事项栏内应填写的项目为:

①带电工作时重合闸的投、切情况。

②做保护定校、检查工作时,该套保护及母线有关连接的保护连接片的投、切情况。工作设备与其他相邻保护应用遮栏隔开的情况。

③在直流回路、低压照明回路或低压干线上工作时,电源开关及熔断器切除情况,按需要装设的接地线或挡板情况。

④在邻近运行设备工作时应注明设备运行情况,安全距离应以数字表示。

⑤在蓄电池室内工作,应提醒工作人员注意"禁止烟火"。在控制室、直流室或蓄电池室顶部工作时,下面应设遮拦布及注明其他注意事项。

⑥在高处作业时,应注明下层设备及周围设备运行情况。

⑦工作时防止事故发生的措施,不要笼统地写"注意"、"防止"等字样,如"防震动、防误跳、防误拔继电器、防跑错间隔"等,而应写明具体措施,如"加锁、切连接片"或"贴封条"等。

⑧带电拆引线时,应注明该引线是否带负荷的具体情况;进行带电测温、核相等工作时,应注明设备的运行情况。

⑨在水电厂内地面挖掘时,应注明地下电缆及接地装置情况。

变电站(发电厂)第二种工作票格式见附录2。

**表 1-1　×××水力发电厂第一种工作票**

第 2008－01－01 号

(一)工作负责人(监护人) 张×× 班组 检修一班

(二)工作班人员(不包括工作负责人) 王××、刘××、李×× 共 3 人

(三)工作的发变电站名称及设备双重名称 渔站 2F 发电机

(四)工作任务

| 工作地点及设备双重名称 | 工作内容 |
|---|---|
| 渔站 2F 发电机 | 渔站 2F 发电机电气一次部分大修 |
| | |
| | |

(五)计划工作时间:自 2008 年 01 月 02 日 09 时 00 分 至 2008 年 03 月 30 日 21 时 00 分

(六)安全措施(必要时可附页绘图说明)

| 1. 应拉断路器(开关)、隔离开关(刀闸) | 已拉断路器(开关)、隔离开关(刀闸) |
|---|---|
| (1)2F 停机,拉开 2DL,拉开其操作电源开关 HK,拉开 21G。 | |
| (2)将 2F 1YH、2YH 高压侧熔断器拉至“检修”位置,取下 1YH、2YH 低压侧熔断器 Rda、Rdb、Rdc。 | |
| (3)拉开 2F QFG,取下励磁操作保险 4RD1、4RD2,转子电压测量保险 63RD、64RD,2F QFG 合闸保险 67RD、68RD。 | |
| (4)拉开 2F 励磁功率柜交流进线刀闸 QS21、QS31。 | |
| | |
| 2. 应装接地线、应合接地刀闸(注明确实地点、名称) | 已装接地线、应合接地刀闸(注明编号、确实地点) |
| (1)在 2DL 与 2F 间装设一组三相短路接地线; | |
| (2)在 2DL 与 21G 间装设一组三相短路接地线; | |
| (3)在 2F 励磁变低压侧装设一组三相短路接地线。 | |
| | |
| 3. 应设遮栏,应挂标示牌及防止二次回路误碰等措施 | 已设遮栏,应挂标示牌及防止二次回路误碰等措施 |
| (1)在 2DL、21G、2F QFG、QS21、QS31、操作手柄上,2F 之 1YH、2YH 柜上悬挂“禁止合闸,有人工作”标示牌; | |
| (2)在 2F 调速器机柜上悬挂“禁止操作”标示牌; | |
| (3)在 21G 操作把手上悬挂“已接地”标示牌; | |
| (4)在 2F 励磁变室门上悬挂“已接地”标示牌; | |
| (5)在 2F 发电机层处悬挂“在此工作”和“检修区域”标示牌并装设遮栏。 | |

续表 1-1

| 工作地点保留带电部分或注意事项<br>（由工作签发人填写） | 工作地点保留带电部分和补充安全措施<br>（由工作许可人填写） |
| --- | --- |
| 无 | |
| | |
| | |

工作票签发人签名：杨××　签发日期：2008 年01 月01 日08 时00 分

（七）收到工作票时间：________年____月____日____时____分

运行值班人员签名：________________　　工作负责人签名：________________

（八）确认本工作票（一）至（七）项　工作负责人签名：____________　工作许可人签名：____________

许可开始工作时间：______年____月____日____时____分

（九）确认工作负责人布置的工作任务和本施工项目安全措施

工作班组人员签名：________________________________________________

________________________________________________

________________________________________________

（十）工作负责人变动：接工作票签发人____________通知，原工作负责人____________离去，变更____________为工作负责人。变动时间：________年____月____日____时____分

工作人员变动情况（变动人员姓名、日期及时间）：________________________________

________________________________________________

________________________________工作负责人签名：____________

（十一）工作票延期：有效期延长到________年____月____日____时____分

工作负责人签名：____________ ________年____月____日____时____分

工作许可人签名：____________ ________年____月____日____时____分

（十二）每日开工和收工时间（使用一天的工作票不必填写），执行“工作票间断记录簿”。

（十三）工作终结：全部工作于________年____月____日____时____分结束。设备安全措施已恢复至开工前状态，工作人员已全部撤离，材料工具已清理完毕，工作终结。

工作负责人签名：____________　　　工作许可人签名：____________

（十四）工作票终结：临时遮栏、标示牌已拆除，常设遮栏已恢复。未拆除或未拉开的接地线编号________________________等共____组、接地刀闸（小车）共____副（台），已汇报调度值班员。工作许可人签名：____________________年____月____日____时____分

（十五）备注：（1）指定专责监护人____________负责监护____________________

________________________________（地点及具体工作）

（2）其他事项________________________________________________

________________________________________________

（十六）工作票检查人：________________________________

5. 填用事故应急抢修单的规定

在事故抢修情况下可以不用工作票，但应使用事故应急抢修单。事故抢修是指设备在运行中发生了故障或严重缺陷，需要紧急抢修，而工作量不大，所需时间不长，在短时间能恢复运行。此种工作可不使用工作票，但在抢修前必须做好安全措施，并得到值班员的许可。如果设备损坏比较严重，或由于等待备品、备件等，短时间不能恢复、需转入事故检修的，则仍应补填工作票，并履行正常的工作许可手续。

事故应急抢修单格式见附录3。

6. 机械工作票的使用范围

在水轮发电机组、水工建筑物、水力机械及其辅助设备、设施上进行检修、试验或安装，需要将生产设备、系统停止运行或退出备用，或需要断开电源，隔断与运行设备的油、气、水系统的工作；或需要运行人员在运行方式、操作调整上采取保障人身、设备运行安全措施的工作。

7. 填用机械工作票的规定

(1)机械工作票一般应在开工前一天，当日消除缺陷的工作票应在开工前1 h，送交运行值班员，由值长对工作票全部内容进行审查，必要时填好补充安全措施，确认无问题后记上收到工作票时间，并在接票人处签名。

(2)工作票中"必须采取的安全措施"一栏，应主要填写以下内容：

①要求运行人员做好的安全措施。如断开电源、隔断与运行设备联系的动力系统，对检修设备泄压、通风等，填写时应写明必须停电的设备名称(包括应拉开的开关、刀闸和保险等)，必须关闭或开启的截门(应写明名称和编号)，并悬挂标示牌；还应写明按《电力安全工作规程》(水电厂动力部分)要求应加锁的截门。

②要求运行值班人员在运行方式、操作调整上采取的措施。

③为保证人身安全和设备安全必须采取的防护措施。

④防止检修人员中毒、窒息、气体爆燃等特殊安全措施。

⑤以上③及④两项措施中凡由检修人员执行的，签发工作票时应注明"检修自理"。

⑥大、小修工作中的安全措施项目较多时，发电厂可以结合本单位情况，制定固定项目的安全措施附页。

对工作项目虽不属大、小修，但安全措施较多的，可使用安全措施附页。

(3)工作票中"运行人员补充安全措施"一栏，应主要填写以下内容：

①由于运行方式和设备缺陷(如截门不严等)需要扩大隔断范围的措施。

②运行值班人员需要采取的保障检修现场人身安全和设备安全运行的措施。

③补充工作票签发人提出的安全措施。

④提示检修人员的安全注意事项。

⑤如无补充措施，应在本栏中填写"无补充"，不得空白。

(4)安全措施的补充安全措施应适当分项，并按顺序编号。工作许可人执行完一项后，在措施执行情况栏先写明与措施对应的编号，再画一个钩(√)。如使用安全措施附页，则该附页上必须写明对应的工作票编号。

水力机械工作票的填写见表1-2，水力机械工作票格式见附录4。

**表1-2　×××水力发电总厂水力机械工作票**

单位：　　　　　　　　　　　　　　　　　　　　　　　　　　　　　　　编号：

(一)工作负责人(监护人)：刘××　　　　　班组：机械一班

(二)工作班人员(不包括工作负责人)：张××、王××　　　　　共　2　人。

(三)工作任务：

| 工作地点及设备双重名称 | 工作内容 |
|---|---|
| 渔站3F机组 | 渔站3F机组调速器事故电磁阀更换 |
| | |
| | |
| | |

(四)计划工作时间：自2008年03月15日00时30分至2008年03月15日10时00分

(五)安全措施(必要时可附页绘图说明)

| 1. 检修工作要求工作许可人员执行的安全措施 | | 已执行 |
|---|---|---|
| | (1)3F停机，拉开3DL、31G，在3DL、31G操作把手上悬挂“禁止合闸，有人工作”标示牌； | |
| | (2)3F球阀全关，导叶全关，投入3F接力器锁定，拉开3F水车直流电源开关，拉开3F紧急停机电磁阀电源开关； | |
| | (3)关闭3F机组调速器总给油阀104阀、3F球阀179阀和180阀，并悬挂“禁止操作，有人工作”标示牌； | |
| | (4)在3F调速器机柜内事故停机电磁阀处悬挂“在此工作”标示牌。 | |
| | | |
| | | |
| | | |
| | | |
| | | |
| | | |
| | | |
| | | |
| | | |
| | | |
| | | |
| | | |
| | | |
| | | |
| | | |

续表 1-2

| 2. 检修工作要求检修人员自行执行的安全措施（由工作负责人填写） | 已执行 | 已恢复 |
|---|---|---|
| | | |
| | | |
| | | |
| | | |

| 3. 工作地点注意事项（由工作票签发人填写） | 4. 补充工作地点安全措施（由工作许可人填写） |
|---|---|
| 无 | |

工作票签发人签名：李××　　签发日期：2008 年 03 月 14 日

（六）收到工作票时间：____年____月____日____时____分

运行值班人员签名：________工作负责人签名：________

（七）工作许可：

确认本工作票（一）~（六）项。

许可工作时间：自____年____月____日____时____分 至____年____月____日____时____分

工作许可人签名：________工作负责人签名：________

（八）工作中存在的主要危险点及预控措施：

| 序号 | 工作中存在的危险点分析 | 相应的预控措施 |
|---|---|---|
| | | |
| | | |
| | | |
| | | |

（九）确认工作负责人布置的工作任务、安全措施以及危险点告知：

工作班组人员签名：

续表 1-2

(十)工作人员变动情况:

(1)原工作负责人____________离去,变更____________为工作负责人。

工作票签发人签名:____________ ________年____月____日____时____分

工作许可人签名:____________ ________年____月____日____时____分

(2)工作班人员变动:

原工作班人员____________________离去,增加____________________为工作班成员,____年____月____日____时____分。

工作负责人签名:____________ ________年____月____日____时____分

(3)连续或连班作业工作负责人的相互接替(必要时可使用工作负责人交接单和相应的记录)。

| 原工作负责人 | 现工作负责人 | 生效时间 | | | | 工作票签发人 |
|---|---|---|---|---|---|---|
| | | 月 | 日 | 时 | 分 | |
| | | | | | | |
| | | | | | | |
| | | | | | | |
| | | | | | | |
| | | | | | | |

(十一)工作票延期:有效期延长到_______________年____月____日____时____分

工作负责人签名:____________(________年____月____日____时____分)

工作许可人签名:____________(________年____月____日____时____分)

(十二)工作票终结:全部工作于________年____月____日____时____分结束,设备及安全措施已恢复至开工前状态,工作人员已全部撤离,材料工具、场地已清理完毕。

工作负责人签名:_______________工作许可人签名:_______________

(十三)备注

(1)指定专责监护人:_______________负责监护______________________________________________________________(地点及具体工作)

(2)其他事项:____________________________________________

### （三）执行工作票的程序

1. 签发工作票

在水力发电厂生产现场的工作，使用工作票必须由工作票签发人根据所要进行的工作性质以及停电申请，填写工作票中有关内容，并签名以示对所填写内容负责。

2. 送交现场

已填写并签发的工作票应及时送交现场，第一种工作票应在工作前 1 日交给运行值班负责人员，临时工作的工作票可在工作开始以前直接交给运行值班员。第二种工作票应在进行工作的当天预先交给值班员，主要目的是使运行值班员有充足时间审查工作票所列安全措施是否正确完备、是否符合现场条件等。

若距离较远或因故更换新工作票，不能在工作前 1 日将工作票送到现场，工作票签发人可根据自己填好的工作票用电话全文传给运行值班员，传达必须清楚。运行值班员根据传达做好记录，并复诵校对。

3. 审核把关

已送交运行值班员的工作票，应由运行值班员认真审核，检查工作票中各项内容，如计划工作时间、工作内容、停电范围等是否与停电申请内容相符，现场设备的安全措施是否完备，与现场条件是否相符等。对工作票中所列内容即使发生很小的疑问也必须向签发人问清楚，必要时应要求重新签发工作票。为了不影响按时间开工且留给运行值班员的审核把关时间，除要求工作票提前送交外，同时也要求运行值班员在收到已签发的工作票后及时审核，以便于及时发现问题和纠正。审核无误后应填写收到工作票时间、审核人签名。

4. 布置安全措施

运行值班员根据审核合格的工作票中所提要求，填写安全措施操作票，并在得到调度许可将停电设备转入检修状态的命令后执行。应从设备开始停电时间起即对设备停电后时间进行考核。因此，运行值班员在接到调度命令后即应迅速、正确地布置现场安全措施，以免影响开工时间。

5. 工作许可

运行值班人员在完成工作现场的安全措施以后，应会同工作负责人一起到现场再次检查所做的安全措施，对具体的设备指明实际的隔离措施，证明检修设备确无电压，向工作负责人指明带电设备的位置和工作过程中的注意事项，并与工作负责人在工作票上分别签字以明确责任。完成上述手续后工作人员方可开始工作。

6. 开工会

工作负责人在与工作许可人办理了许可手续后，即向全体工作班人员交待工作内容、人员分工、带电部位和现场安全措施，进行危险点告知，并履行确认手续。

7. 工作间断、转移和终结制度

工作间断时，工作班人员应从工作现场撤出，所有安全措施保持不动，工作票仍由工作负责人执存，间断后继续工作，无需通过工作许可人。每日收工，应清扫工作地点，开放已封闭的通路，并将工作票交回运行人员。次日复工时，应得到工作许可人的许可，取回工作票，工作负责人应重新检查安全措施是否符合工作票的要求，并召开现场站班会后方可工作。

8. 收工会

收工会就是工作一个阶段的小结。工作负责人向工作人员了解工作进展情况，其主要内容为工作进度、检修工作中发现的缺陷以及处理情况，还遗留哪些问题，有无出现不安全情况以及下一步工作如何进行等。工作班成员应主动向工作负责人汇报：①对所布置的工作任务是否已经按时保质保量完成；②消除缺陷项目和自检情况；③有关设备的试验报告；④检修中临时短接线或拆开的线头有无恢复，工器具是否完好，是否已全部收回等情况。收工会后检修人员将现场清扫干净。

9. 工作终结

全部工作完毕后，工作班应清扫、整理现场。工作负责人应先做周密的检查，待全体工作人员撤离工作地点后，再向运行人员交待所修项目、发现的问题、试验结果和存在的问题等，并详细填写检修记录，向运行值班人员递交检修试验资料，并与运行值班人员共同对设备状态、现场清洁卫生工作以及有无遗留物体等进行检查。验收后，双方在工作票上签字即表示工作终结，此时检修人员工作即告完成。

10. 工作票终结

运行值班员拆除工作地点的全部接地线（调度管辖的由调度发令拆除）和临时安全措施，并经盖章后工作票方告终结。工作票流程如下：填写工作票 →签发工作票→接受工作票→布置安全措施→工作许可→工作开工→工作监护→工作间断→工作终结→工作票终结。

## 二、操作票制度

凡是影响机组生产（包括无功）或改变电力系统运行方式的倒闸操作及机组的开、停机等较为复杂的操作项目，必须填写操作票，这就是操作票制度。

### （一）操作票的作用

机电运行人员要完成一个操作任务一般都需要进行十几项甚至几十项的操作，对这种复杂的操作，仅靠记忆是办不到的，也是不允许的，因为稍有疏忽、失误，就会造成人身、设备事故或严重停电事故。填写操作票是安全正确进行倒闸操作的根据，它把经过深思熟虑制定的操作项目记录下来，从而根据操作票上填写的内容依次进行有条不紊的操作。

操作票是防止误操作的主要措施之一。为防止误操作，还应采取以下相应措施。

1. 防误操作的主要组织措施

（1）倒闸操作根据值班调度员命令，受令人复诵无误后执行。

（2）每张操作票只能填写一个操作任务，明确操作目的，写出操作具体步骤、设备名称、编号等，从根本上防止差错。

（3）实行操作监护制。倒闸操作由两人执行，对设备较熟悉者作为监护。操作时都应严肃、认真、专心，以防止走错设备位置、走错间隔，特别重要和复杂的倒闸操作，应由熟悉的值班员操作，班长或值长监护。

2. 防止误操作的主要技术措施

（1）高压电气设备都应安装完善的防误操作的闭锁装置，这是重要的技术措施。防误装置不得随意退出运行，停用防误装置应经本单位总工程师批准，短时间退出防误装置时，应经发电厂当班值长批准，并按程序尽快投入。

(2)操作票内按操作任务应填写有关装拆接地线（或合、拉接地开关）、切换保护回路和检验是否确无电压等。

### (二)操作票的填写方法

操作票由操作人根据值班调度员下达的操作任务、值长下达的命令或工作票的工作要求填写，填写前操作人应了解本站设备的运行方式和运行状态，对照模拟图安排操作项目。

1. 操作票的填写方法

(1)电气倒闸操作票应严格按照《电力安全工作规程》和有关规定填写。

(2)操作票应统一编号，按照编号顺序使用，不能丢失。一律用蓝、黑墨水的钢笔填写，字迹必须清楚，按照规定格式逐项填写，并进行审核，亲笔签名。

(3)作废的操作票应加盖“作废”印章，调度作废票应加盖“调度作废”印章，已执行后的操作票应加盖“已执行”印章，未执行的操作票应加盖“未执行”印章，手写的操作票和计算机打印的操作票未填写空格，应在第一空行盖“以下空白”印章，并妥善保存一年。

(4)填写倒闸操作票必须使用统一的调度术语和操作术语。

(5)每张操作票只能填写一个操作目的的任务。一个操作目的的任务是指根据同一个操作目的而进行的、不间断的倒闸操作过程。

(6)一个操作目的的任务填写操作票字数超过一页时，为避免重复签名及填写时间等，可将操作开始、结束时间填写在首页，填写、审核、操作、监护人签名和“已执行”印章盖在末页，续页也应填写任务票调字编号。

(7)下列项目应填入操作票内：

①应拉合的设备（断路器、隔离开关、接地刀闸等），验电，装拆接地线，安装或拆除控制回路或电压互感器回路的熔断器，切换保护回路和自动化装置及检验是否确无电压等；

②拉合设备（断路器、隔离开关、接地刀闸等）后检查设备的位置；

③进行停、送电操作时，在拉、合隔离开关，手车式开关拉出、推入前，检查断路器确在分闸位置，

④在进行倒负荷或解、并列操作前后，检查相关电源运行及负荷分配情况；

⑤设备检修后合闸送电前，检查送电范围内接地刀闸已拉开，接地线已拆除。

2. 操作票填写的注意事项

(1)根据《电业安全工作规程》规定，操作票应填写设备的双重名称，即设备的名称和编号，一般有下列两种形式：①编号在前，名称在后；②名称在前，编号在后。

实际使用中，可按各级调度规定使用。

(2)操作票中下列四项不得涂改：①设备名称、编号；②有关参数和时间；③设备状态；④操作动词。

如有个别错、漏字允许进行修改，但应做到修改的字和改后的字迹清楚，原字迹用“\”符号画去，不得将其涂擦掉。

3. 操作票中的签名规定

(1)填票人、审核人由填写操作票的运行班依次分别签名,并对所填操作票的正确性负责,不经签名,不得向下级移交。

(2)操作人、监护人在执行操作任务前,应对操作票审核无误,在调度员正式发命令后依次分别签名,并对操作票和所要进行操作的任务正确性负全部责任,如审核发现错误应作废并重新填写。

4. 检查项目的填写规定

(1)接地线的装拆不需要填检查内容,但拉合接地开关应填写检查内容。

(2)断路器由热备用转运行,不需要检查断路器确在热备用状态。

(3)断路器分、合闸后,操作票中只填写"检查断路器分、合闸位置",其含义包括三方面:表计指示、位置指示灯、本体机构位置指示,不必要再填写检查表计、灯光等。

(4)母线电压互感器由运行转冷备用,可不填写检查电压表指示情况,而由冷备用转运行应检查电压表指示情况,以便于及时发现电压互感器工作是否正常及可能存在的问题。

(5)对二次回路操作,如连接片、熔断器、二次电源开关、空气断路器、切换开关等,操作后不要求填写检查内容,因为这些操作比较直观、明了。

(6)检查送电范围内确无遗留接地线,送电范围的含义是:水电厂可见范围,不包括线路及对侧情况。送电指由电源侧检修后的设备送电(充电),并非指仅仅对用户送电。

操作票格式详见附录5。

## 三、运行交接班制度

运行值班人员进行交班和接班时应遵照的有关规定和制度,称为交接班制度。

### (一)交接班条件及注意事项

(1)运行人员应根据轮值表进行值班,未经领导同意不得擅自改变。运行人员不允许连续值两个班。

(2)交班前,值长应组织全体运行人员进行本班工作小结,提前检查各项记录是否及时登记,并将交接班事项填写在运行日志上。

(3)若接班人员因故未到,交班人员应坚守岗位,并汇报值长,待接班人员或分场指派人员前来接班并正式办好交接手续后方可离岗。

(4)在重大操作、异常运行以及事故时,不得进行交接班。接班人员可在交班值长、班长的统一领导下,协助上班进行工作,待重大操作或事故处理告一段落后,由双方值长决定交接班。

(5)交班人员发现接班人员精神异常或酗酒,不应交班,并将情况汇报有关领导。

### (二)交接班的具体内容及要求

(1)交班前各值班人员应对本岗位所辖设备全面检查一次,并将各运行参数控制在规定的范围内。

(2)交班人员应将值班期间发现及消除缺陷的情况记录并交待清楚。

(3)交班前公用工具、钥匙、材料等清点齐全,各种记录本、台账应完整无损,现场卫生应打扫干净。

(4)交班人员应详细交待本班次内的系统运行方式、异常运行的操作情况以及上级指示和注意事项。接班人员也应主动向交班人员详细了解上述情况,并核对模拟图及有关报表、表计。

(5)交接班应做到"口头清、书面清、现场清"。

(6)接班人员提前20 min进入现场,并做好以下工作:①详细阅读交接班记录簿及有关台账,了解上值设备运行情况;②听取交班人员对运行情况的陈述,核对有关记录;③按照接班检查要求巡视现场,检查并核对设备缺陷及检修情况,清点有关台账和材料;④巡检中发现的问题,及时向交班人员提出,并汇报值长,由双方做好有关记录和说明。

(7)接班前5 min由值长召开班前会,听取检查情况汇报,布置本班主要工作、事故预想及注意事项。

(8)必须整点交接班,集控室内由值长统一发令。

(9)双方交接清楚后,应在交接班本上签字。接班人员签名后,运行工作的全部责任由接班人员负责。

(10)正式交班后,交班值长应根据情况召开班后会,小结当天工作。

## 四、运行巡回检查制度

运行值班人员在值班期间,对有关电气、机械设备及系统定时、定点、定专责进行全面检查的制度,称为巡回检查制度。

巡回检查是保证设备安全运行、及时发现和处理设备缺陷及隐患的有效手段,每个运行值班人员应按各自的岗位职责,认真、按时执行巡回检查制度。巡回检查分交班检查、经常监视检查和定期巡回检查。

**(一)巡回检查要求**

(1)值班人员必须认真按时地巡视设备。

(2)值班人员必须按规定的设备巡视路线巡视,以防漏巡设备。

(3)巡回检查时应带好必要的工具,如手套、手电、电笔等。

(4)巡回检查时必须遵守有关安全规定。不要触及带电、高压、转动等危险部位,防止危及人身和设备安全。

(5)检查中若发现异常情况,应及时处理、汇报,若不能处理,应填写缺陷单,并及时通知有关部门处理。

(6)检查中若发生异常情况,应立即返回自己的岗位处理事故。

(7)巡回检查前后,均应汇报值长,并做好有关记录。

**(二)巡回检查的有关规定**

(1)每班值班期间,对全部设备检查应不少于3次,即交、接班各1次,班间相对高峰负荷时1次。

(2)对于天气突变、设备存在缺陷及运行设备失去备用等各种特殊情况,应临时安排特殊检查或增加巡视次数,并做好事故预想。

(3)检修后设备以及新投入运行设备,应加强巡视。

(4)事故处理后应对设备、系统进行全面巡视 。

### （三）巡视检查设备的基本方法

1. 人工法

以运行人员的目测、耳听、鼻嗅、手触等感觉为主要检查手段，判断运行中设备的缺陷及隐患。

（1）目测检查法。目测检查法就是用眼睛来检查看得见的设备部分，通过设备外观的变化来发现异常情况。通过目测可以发现的异常现象综合如下：①破裂、断股断线；②变形（膨胀、收缩、弯曲、位移）；③松动；④漏油、漏水、漏气、渗油；⑤腐蚀污秽；⑥闪络痕迹；⑦磨损；⑧变色（烧焦、硅胶变色、油变黑）；⑨冒烟，接头发热（室温蜡片溶化）；⑩产生火花等。

（2）耳听判断法。发电厂一、二次电磁式设备（如变压器、互感器、接触器等）正常运行时通过交流电后，其绕组铁芯会发出均匀有规律和一定响度的"嗡嗡"声。这些声音是运行设备所特有的，也可以说是设备处于运行状态的一种特征。如果仔细听这种声音，并熟悉掌握声音特点，就能通过它的高低节奏、音色的变化、音量的强弱及是否伴有杂音等，来判断设备是否运行正常。运行值班人员应该熟悉掌握声音的特点，当设备出现故障时，一般会夹着杂音，甚至有"噼啪"的放电声，可以通过正常时和异常时音律、音量的变化来判断设备故障的发生和性质。

（3）鼻嗅判断法。电气设备的绝缘材料一旦过热就会产生一种异味，这种异味对正常巡查人员来说是可以嗅出来的。如果值班人员检查电气设备，嗅到设备过热或绝缘材料被烧焦产生的气味时，应立即进行深入检查，看有没有冒烟的地方，有没有变色，听一听有没有放电的声音等，直到查找出原因为止，嗅气味是发现电气设备某些异常和缺陷的一种比较灵敏的方法。

（4）手触试检查法。用手触试检查是判断设备的部分缺陷和故障的一种必需的方法，但用手触试检查带电设备是绝对禁止的。运行中的变压器、消弧线圈的中性点接地装置，必须视为带电设备，在没有可靠的安全措施时，禁止用手触试。对外壳不带电且外壳接地很好的设备及其附件等，检查其温度或温差需要用手触试时，应保持安全距离。对于二次设备（如继电器等）发热、振动等也可用手触试检查。

2. 工具法

使用工具和仪表，进一步探明故障的性质。用仪器进行检测的优点是灵敏、准确、可靠。检测技术发展较快，测试仪器种类较多。使用这些测试仪器时，应认真阅读说明书，掌握测试要领和安全注意事项。

目前在发电厂使用较多的是用仪器对电气设备的温度进行检测。常用的测温方法有以下三种：

（1）在设备发热部位贴示温蜡片，黄、绿、红 3 种示温蜡片的熔点分别为 60 ℃、70 ℃、80 ℃。

（2）在设备上涂示温漆或涂料 。

（3）利用红外线测温仪。

前两种方法的优点是简便易行，但也存在一些缺点。它们的主要缺点是：①不能和周围温度作比较；②蜡片贴的时间长了易脱落；③涂料和漆可长期使用，但受阳光照射会引起变色，变色不易分辨清楚；④不能发现设备发热初期的微热以及温差等。

红外线测温仪是一种利用高灵敏的热敏感应辐射元件检测由被测物发射出来的红外线而进行测温的仪器，能正确地测出运行设备的发热部位及发热程度。

测温后的分析与判断：实际上测温的目的是在运行设备发热部位尚未达到其最高允许温度（见表1-3）之前，尽快发现发热的状态，以便采取相应的措施。为此，当经过测量得到设备的实际温度后，必须了解设备在测温时所带负荷情况，与该设备历年的温度记录资料及同等条件下同类设备温度作比较，并与各类电气设备的最高允许温度比较，然后进行综合分析，做出判断（见表1-4），制定处理意见。

**表1-3　电气设备的最高允许温度参考值**

| 被测设备及部位 | | 最高允许温度（℃） | 被测设备及部位 | | 最高允许温度（℃） |
|---|---|---|---|---|---|
| 油浸变压器 | 接线端子 | 75 | 互感器 | 接线端子 | 75 |
| | 本体 | 90 | | 本体 | 90 |
| 断路器 | 接线端子 | 75 | 母线接头处 | 硬铜线 | 75 |
| | 机械机构部分 | 110 | | 硬铝线 | 70 |
| 隔离开关 | 接头处 | 65 | 电容器 | 接线端子 | 75 |
| | 接线端子 | 75 | | 本体 | 70 |

**表1-4　设备经测温后的判断**

| 设备发热程度 | 判断 |
|---|---|
| 几乎没有温升，各相几乎没有温差 | 正常 |
| 有少许温升，且各相有一些温度差 | 注意 |
| 温度超过最高允许温度，或即使温度未超过最高允许温度，但各相温度差极大 | 危险 |

经判断属于“注意”范围的设备，应加强巡视检查，并在定期检修时安排处理；属于“危险”范围的设备，应立即报告调度和领导，进行停电处理。

必须注意，巡视检查时，思想必须高度集中。对气候异常或刚投入运行的设备或因跳闸后又投入运行的设备，应重点检查。

## 五、设备定期试验与切换制度

发电厂按规定对设备进行定期试验与切换运行，这种制度称为设备的定期试验与切换制度。

通过对设备进行定期试验与切换，以保证备用设备的完好性，确保运行设备故障时备用设备能正确投入工作，提高运行的可靠性。

设备定期试验与切换的要求如下：

（1）运行各班应按规定的时间、内容和要求，认真做好设备的定期试验、切换、加油、测绝缘等工作。值长在接班前应查阅设备定期工作项目,在班前会上进行布置,并督促实施。

(2)如遇机组开停机或事故处理等特殊情况,不能按时完成有关定期工作,应向值长说明理由并获同意后,在交接班记录簿内记录说明,以便下一班补做。

(3)经试验、切换发现缺陷时,应及时通知有关检修人员处理,并填写缺陷通知单。若一时不能解决,经生产副厂长或总工程师同意,可作为事故或紧急备用。

(4)电气测量备用辅助电动机绝缘不合格时,应按运行规程进行处理。

(5)各种试验、切换操作均应按岗位职责做好操作和监护,试验前应做好相应的安全措施和事故预想。

(6)定期试验与切换中发生异常或事故时,应按运行规程进行处理。

(7)运行人员应将本班定期工作的执行情况、发现问题及未执行原因及时登记在《定期试验切换记录簿》内,并做好交接班记录。

电气设备的定期试验与切换应按现场规定执行。

以上介绍的工作票制度、操作票制度、交接班制度、巡回检查制度和设备的定期试验与切换制度也就是人们常说的“两票三制”。

## 六、运行分析制度

运行分析是运行管理的主要工作,是保证安全、经济生产的重要环节。为了不断掌握生产规律,积累运行经验,提高运行管理水平,必须经常对设备的运行、操作、异常情况以及人员执行规章制度的情况等进行科学、细致和全面的分析。通过运行分析,找出薄弱环节,及时发现问题,有针对性地制定防范措施,消除缺陷以防止事故发生,保证设备和系统的安全、经济运行,并为设备技术改进、运行操作改进和合理安排运行方式提供依据。

### (一)运行分析的内容

运行分析的内容包括岗位分析、专业分析、专题分析和异常运行及事故分析。

(1)岗位分析。运行人员在值班期间对仪表活动、设备参数变化、设备异常和缺陷、操作异常等情况进行分析。

(2)专业分析。专业技术人员将运行记录整理后,进行定期的系统性分析。

(3)专题分析。根据总结经验的要求,进行某些专题分析,如机组起停机过程分析、大修前设备运行状况和改进的分析、大修后设备运行工况的对比分析等。

(4)异常运行及事故分析。发生事故后,对事故处理和有关操作认真进行分析评价,总结经验教训,不断提高运行水平。

### (二)做好运行分析的要求

为了做好运行分析,要求做到以下几点:

(1)运行值班人员在监盘时应集中思想,认真监视仪表指示的变化,按时并准确地抄表,及时进行分析,并进行必要的调整和处理。

(2)各种值班记录、运行日志、月报表及登记簿等原始资料应填写清楚,内容正确、完整,保管齐全。

(3)记录仪表应随同设备一起投入,指示应正确。若记录仪表发生缺陷,值班人员应及时通知检修人员修复。

(4)发现异常情况,应认真追查和分析原因。

(5)发现重大的设备异常或一时难以分析和处理的异常情况时,应逐级汇报,组织专题分析,提出对策,采取紧急措施,同时运行人员应做好事故预想。

## 七、其他制度

其他制度包括设备缺陷管理制度、运行管理制度及运行维护制度。

(1)设备缺陷管理制度。该制度是为了及时消除影响安全运行或威胁安全生产的设备缺陷,提高设备的完好率,保证安全生产的一项重要制度。

该制度规定了运行值班人员管辖的设备缺陷范围,发现设备缺陷的汇报、设备缺陷的登记和缺陷记录的主要内容等。

(2)运行管理制度。该制度包括做好备品(如熔断器、电刷等)、安全用具、图纸、资料、钥匙及测量仪表的管理规定。

(3)运行维护制度。运行维护主要指对电刷、熔断器等部件的维护。对于发现的其他设备缺陷,运行值班人员能处理的应及时处理,不能处理的由检修人员或协助检修人员进行处理,以保证设备处于良好的运行状态。

## 八、机电运行规程

机电运行规程包括水轮机及其附属设备、发电机、变压器、电动机、配电装置、继电保护、自动装置等机电设备的运行规程。这些规程是机电设备安全运行的科学总结,它们反映了机电设备运行的客观规律,是保证发电厂安全生产的技术措施,是运行值班人员对设备的运行操作、运行维护及事故处理的依据。各岗位运行人员必须掌握规程的规定条文,严格按照规程的规定进行运行调整、系统倒换、参数控制、故障处理。

### (一)运行规程的编制依据

运行规程的编制依据主要有以下几个方面:

(1)《电力工业技术管理法规》(试行)。

(2)部颁各种机电设备运行规程、安全工作规程和运行管理规程。

(3)本厂站一次接线、保护配置等设计资料。

(4)本厂站各种设备技术性能、使用说明等制造厂家资料。

(5)与本厂站有调度业务联系的调度部门制定的调度规程。

(6)网、省局有关运行管理的规定。

(7)本单位运行的实践经验。

### (二)运行规程的内容

运行规程的内容一般应包括以下几个方面:

(1)主要设备的性能、特点、正常和极限运行参数。

(2)设备和建筑物在运行中检查巡视、维护、调整和观测的要点及注意事项。

(3)设备的操作程序。

(4)设备异常及事故情况的判断、处理和注意事项。

(5)有关安全作业、消防方面的规定。

机电设备的正常运行巡视、倒闸操作和事故处理是运行工作的主要内容。发电厂的运行规程不论采用什么编写形式，都必须突出这三个方面的内容。

**(三)运行规程的修订**

运行规程的修订过程是学习和深入体会规程精神实质的过程。除扩建和更改工程完工后应组织对运行规程进行修改、补充外，正常运行的水电厂也应定期组织对运行规程进行修订。修改补充的根据，一般来自下列资料：

(1)运行分析报告中发现原规程的错漏或不足之处。

(2)凡事故演习中发现的规程中不够明确的条款。

(3)事故分析中发现的错漏之处。

发电厂机电运行规程由电气运行技术负责人编写，本厂总工程师批准执行。

### 九、值班日志和运行日志

**(一)值班日志**

为了使值班人员及时掌握设备的运行情况，了解设备运行的历史及积累资料，值班控制室一般设有交接班记录本、倒闸操作登记本、工作票登记本、设备变更记录本、设备绝缘登记本、继电保护和自动装置定值变更本、配电盘记事本、断路器事故遮断登记本、设备缺陷登记本、熔断器更换登记本、变压器分接头位置登记本、消弧线圈分接头位置登记本等。这些统称值班日志。

**(二)运行日志**

运行日志的记录是值班工作的动态文字反映，是整个运行工作中的一个重要内容。它能帮助值班人员掌握电气设备的运行参数，进行运行分析，发现设备的隐患，及时调整负荷和更换运行方式，从而保证生产任务的完成和降低消耗指标。运行值班人员应学会记录运行日志，计算有关的参数。

运行日志中的主要参数有以下几项：

(1)电量(kW·h)，包括发电量、厂用量、受电量(指发电厂与系统并列运行时，发电厂从系统接收的电量)、送出电量等。

(2)电力(kW)，主要有发电电力、受电电力、送出电力、厂用电力、最大负荷和最小负荷。

(3)主要设备的电流、温度和各母线的电压。

## 第三节　事故处理一般原则认知

### 一、设备的工作状态

**(一)设备的正常运行状态**

设备在规定的外部环境下(额定电压、额定气温、额定海拔、额定冷却条件、规定的介质状况等)，保证连接(或在规定的时间内)正常地达到额定工作能力的状态，称为额定工作状态，即设备的正常运行状态。

**（二）设备的异常状态特点**

设备的异常状态就是不正常的工作状态，是相对于设备的正常工作状态而言的。设备的异常状态是指设备在规定的外部条件下，部分或全部失去额定的工作能力状态，例如：

（1）设备出力达不到铭牌要求，水轮机达不到额定出力，变压器不能带额定负荷，断路器不能通过额定电流，母线不能通过额定电流等。

（2）设备不能达到规定的运行时间，变压器带额定负荷不能连续运行，电流互感器长时间运行时发热超过允许值，隔离开关通过额定电流时过热等。

（3）设备不能承受额定电压，瓷件受损的电气设备在额定电压下形成击穿，在变压器绕组绝缘破坏后的额定电压下造成匝间短路、层间短路等。

**（三）设备的事故状态**

设备运行中的异常状态就是事故状态的前奏，如果处理不当或延误处理时间就可能转化为事故状态。事故本身也是一种异常状态。通常，异常状态中比较严重的或已经造成设备部分损坏、引起系统运行异常、中止对用户供电的状态，称为事故状态。

由以上看出，设备的异常运行或故障，将导致整个电网的安全运行，称为事故状态。果断、正确、迅速地处理好事故，其意义非常重大。

## 二、事故处理的一般规定

（1）发生事故和处理事故时，值班人员不得擅自离开岗位，应正确执行调度、值长、班长的命令，处理事故。

（2）在交接班手续未办完而发生事故时，应由交班人员处理，接班人员协助、配合。在系统未恢复稳定状态或值长不同意交接班之前，不得进行交接班。只有在事故处理告一段落或值长同意交班后，方可进行交接班。

（3）处理事故时，系统调度员是系统事故处理的领导和组织者，值长是发电厂全厂事故处理的领导和组织者，值班人员是电气事故处理的执行者。值班人员接受值长指挥，值长接受系统调度员的指挥。

（4）处理事故时，各级值班人员必须严格执行发令、复诵、汇报、录音和记录制度。发令人发出事故处理的命令后，要求受令人复诵自己的命令，受令人应将事故处理的命令向发令人复诵一遍。如果受令人未听懂，应向发令人问清楚。命令执行后，应向发令人汇报。为便于分析事故，处理事故时应录音。事故处理后，应记录事故现象和处理情况。

（5）事故处理中若下一个命令需根据前一命令执行情况来确定，则发令人必须等待命令执行人的亲自汇报后再定。不能经第三者传达，不准根据表计的指示信号判断命令的执行情况（可作参考）。

（6）发生事故时，各装置的动作信号不要急于复归，以便查核，以及正确分析和处理事故。

## 三、事故处理的一般原则

（1）迅速限制事故的发展，消除事故的根源，解除对人身和设备安全的威胁。

(2)注意厂用电、站用电的安全，设法保持厂用、站用电源正常。

(3)事故发生后，根据表计、保护、信号及自动装置动作情况进行综合分析、判断，作出处理方案。处理中应防止非同期并列和系统事故扩大。

(4)在不影响人身及设备安全的情况下，尽一切可能使设备继续运行。必要时，应在未直接受到事故损害和威胁的机组上增加负荷，以保证对用户的正常供电。

(5)在事故已被限制并趋于正常稳定状态时，应设法调整系统运行方式，使之合理，让系统恢复正常。

(6)尽快对已停电的用户恢复供电。

(7)做好主要操作及操作时间的记录，及时将事故处理情况汇报有关领导和系统调度员。

(8)水电厂发生事故后，处理时应考虑对航运的影响。

## 四、事故处理的一般程序

(1)判断故障性质。根据上位机显示、光字牌报警信号、系统中有无冲击摆动现象、继电保护及自动装置动作情况、仪表及计算机打印记录、设备的外围特征等进行分析、判断。

(2)判明故障范围。设备故障时，值班人员应到故障现场，严格执行安全规程，对设备进行全面检查。母线故障时，应检查断路器和隔离开关。

(3)解除对人身和设备安全的威胁。若故障对人身和设备安全构成威胁，应立即设法消除，必要时可停止设备运行。

(4)保证非故障设备的运行。应特别注意将未直接受到损害的设备进行隔离，必要时起动备用设备。

(5)做好现场安全措施。对于故障设备，在判断故障性质后，值班人员应做好现场安全措施，以便检修人员进行抢修。

(6)及时汇报。值班人员必须迅速、准确地将事故处理的每一阶段情况报告给值长或班长，避免事故处理发生混乱。

## 五、事故处理时各岗位人员的职责

(1)发电厂发生事故时，值长(或值班长)通过电话迅速向系统调度汇报事故情况，听取调度的处理意见。

(2)事故发生后及事故处理过程中，值长用口头或电话向值班长发布事故处理的命令后，值班长复诵后立即执行。值班长根据值长的命令，口头向值班员发布命令，值班员受令复诵后，立即执行。执行完毕，用口头或电话向值班长汇报；值班长用口头或电话再向值长汇报。

(3)在紧急情况下，值班长来不及向值长请示时，可直接向值班员发布事故处理的命令。事故处理后，值班长用口头或电话再向值长汇报。

(4)变电所发生事故时，变电所值班长用电话与系统调度直接联系，听取调度的处理意见。在事故发生后及处理过程中，值班长用口头直接向值班员发布事故处理命令，值班员受令复诵后立即执行。执行完毕，口头向值班长汇报。

## 复习思考题

### 一、名词解释

(1)什么是机电运行?

(2)什么是两票三制?

### 二、填空题

(1)机电运行的主要任务是________、________和________。

(2)目前，我国的电网调度机构是五级调度管理模式，即__________、__________、________、______、________。

(3)调度的操作命令分为________和________。

(4)为使运行人员有充分时间审查工作票所列安全措施是否正确完备，是否符合现场条件，第一种工作票应在工作前________交给运行人员。

(5)第二种工作票与第一种工作票的最大区别是________。

(6)在事故抢修的情况下可以不用工作票，但应使用________。

(7)机电运行中常说的“四勤”是指________、________、________、________。

(8)机电设备的故障，常以__________、__________、__________、__________、________、________等来表现。

(9)第二种工作票应在________交给运行人员。

(10)巡视检查设备的基本方法有________、________、________和________。

### 三、问答题

(1)工作票的作用是什么？如何填写?

(2)巡回检查设备时有什么要求?

(3)机电设备为何要进行定期切换?

(4)事故处理的一般原则是什么?

# 第二单元
# 进水口闸门、主阀、水轮机与调速器运行及事故处理

**主要岗位工作任务**

进水口闸门的操作;主阀的运行监视和检查,主阀的运行操作,主阀事故处理;水轮机水车室的巡视检查,水轮机的运行监视,水轮机事故处理,水轮机试运行的操作,水轮机试运行中的检查和监视;调速器的运行监视和巡视检查,调速器的操作,调速器事故处理。

进水口闸门、主阀(球阀或蝶阀)、水轮机及调速器是水电站中重要的机械设备,进水口闸门的作用是在检修水轮机或水轮机主阀时断流。主阀的作用是作为机组的后备保护,机组检修时截断水流而不影响其他机组的正常运行。水轮机的作用是把水能转换成旋转的机械能,为水轮发电机提供原动力。调速器的作用是开启、关闭水轮机活动导叶以及调节活动导叶的开度,达到控制流入水轮机的水流量的目的。

## 第一节 进水口闸门的运行与操作

### 一、进水口闸门的作用和要求

水电站的进水口闸门,主要用途是在检修水轮机或水轮机主阀时断流,在非常事故情况下关闭水轮机的进水口,所以闸门的启闭设备及闸门的水封必须良好。为使闸门能正常运行,闸门应定期维护和定时检查,其内容有:

(1)要注意观察闸门有无歪扭,止水设备是否完好,漏水是否严重,启闭设备运转是否正常,有无异常声响和别劲;传动机构是否磨损,连接螺栓特别是地脚螺栓有无松动;制动设备是否灵活;润滑油是否充足;安全防护设备是否完整。

(2)闸门的水下部分,应在闸门吊起和水位下降较低时抓紧进行观察,淹没较深的闸门,必要时可潜水检查。

(3)有钢丝绳装置的起吊闸门,应检查钢丝绳悬吊两端接头是否牢固,钢丝有无扭转、打结、锈蚀、断丝,防锈黄油有无变质、脱落;吊起时通过滑轮有无压边及偏角过大,以及松紧是否适度,两端钢丝绳是否一样松紧。如发现不正常现象应及时调整。

钢丝绳外表黏附灰尘、沙粒,不仅影响润滑脂的作用,而且还会加速钢丝绳的磨损,因此露天装置的启闭机,其钢丝绳的卷筒上应设罩壳,不绕筒的部分应设置防尘套保护。经常淹没在水下部分的钢丝绳(特别是水上、水下交替部分),往往易于锈蚀断裂,为了延长钢丝绳的使用寿命可调头使用。对于不合格的钢丝绳应予调换。

(4)金属结构闸门特别是钢板组合的闸门，应注意观察有无变形、气蚀和磨损，并注意其表面油漆有无脱落、生锈。如油漆脱落过甚，生锈严重，应除锈、油漆。

(5)铆接的金属闸门，应观察、检查铆钉有无松动，如有松动应进行处理。

(6)运行期间应对闸门及启闭设备等金属结构经常擦洗，定期加油保养，发现有不良现象，如漏水等，若在丰水期不能解决，在枯水期一定要设法处理。开机前应保证闸门和启闭设备处于良好状态。

(7)闸门和启闭设备一般 2 ~ 3 年油漆整修一次，以防表面腐蚀，油漆时一般用防锈漆。

(8)应加强对电动闸门电器部分的管理和维护，使之随时可以开启和关闭。

(9)闸门在开启和关闭时，应注意极限位置的闸门指示器，否则会引起事故。最常见开、关过渡的故障有丝杆顶压弯曲和启闭机台的破坏。

(10)为了防止冰冻，保证闸门的安全，在冬季要经常开闸放水，使水面流动不易冻结，对冬季不运行的闸门，闸门内不能存水，以防结冰膨胀冻裂闸门。较大水库的闸门，以不要拉出水面过冬为好。

(11)进水闸、沉沙池前后容易发生泥沙淤积，应定期清淤。

### 二、进水口闸门的操作

#### (一)进水口闸门的开启

(1)进水隧洞内应无人工作。检修工作票应全部收回。

(2)开启前应对起吊电动机、卷扬机、钢丝绳、电源等做详细的检查，确认无误。

(3)压力钢管排水阀及钢管进人孔都应关闭。

(4)备用机组的主阀、旁通阀、水轮机的导叶均应全关。

(5)开启压力钢管旁通阀使压力管道充水，并开启压力管道的通气阀，将压力钢管内的空气排尽。等待压力钢管的水压力表指示与水头相符。

(6)待压力钢管充满水后，投入闸门电动机的操作电源，开启进水口闸门。

#### (二)进水口闸门的关闭

(1)各水轮机导叶应在全关位置。

(2)各机组的主阀(球阀、蝶阀)应在全关位置。

(3)投入进水口闸门电动机的操作电源，将进水口闸门关到全关位置。

(4)关闭闸门后，做一次全面的检查工作，然后做好防止误开的保险工作。

## 第二节　主阀的运行及事故处理

### 一、主阀的作用

安装在水轮机进水口与压力管道之间的阀门称为主阀，其作用如下：

(1)作为机组的后备保护。当机组甩负荷又遇调速器发生故障不能动作时，主阀可以在动水情况下关闭切断水流，防止机组飞逸转速时间超过允许值，避免事故的扩大。

(2)对于较高水头水电站,导叶漏水是不可避免的,特别是经过一段时间后,导叶间隙发生变化,使漏水量增加。导叶关闭时,一般的漏水量为最大流量的2% ~3%,严重时可达5%以上。主阀的水封要比导叶好得多,所以当机组较长时间停机时,应关闭主阀,以减少水量损失。

(3)装有几台机组的电站,一般都由一根总引水管引水,同时供几台机组发电。每台机组前都安装一个主阀,这样当某台机组需检修时,只需关闭该机组的主阀即可,而不影响其他机组的正常发电。

(4)引水管很长的引水式电站,设置主阀后,当机组暂停运行时可只关闭主阀,而不必关上游的进水口闸门,使长的引水管道中处于充水等待工作状态,待再次开机时,就节省了压力管道充水的开机准备时间。

## 二、主阀的技术要求

对主阀的技术要求如下:

(1)结构简单,工作可靠,操作方便。

(2)尽可能减轻重量,减小外形尺寸。

(3)应有严密的止水性能,减少漏水。

(4)主阀及其操作机构应有足够的机械强度。

(5)在动水情况下能迅速关闭,使机组飞逸转速时间不超过允许值。一般情况下机组飞逸转速时间不允许超过2 min,最好在30 ~50 s内关闭。仅作检修用的主阀,其关闭时间可以长一些(这种主阀一般在静水中动作,不作事故时的快速关闭之用)。

(6)由电动机操作的主阀,在开、关到位时,应由行程开关进行限制,以免开过头或关过头而损坏主阀及零部件。

(7)主阀一般只在全开或全关位置,通常不作调节水轮机的进水流量之用,以免造成过大的水力损失,以及影响流量的稳定。

## 三、主阀的种类及优缺点

水电站常用的主阀有蝶阀和球阀。

### (一)蝶阀

在水电站中,水头不超过150 m的情况下蝶阀使用最广泛。

#### 1. 蝶阀的分类

横轴式蝶阀的活门轴是水平的,接力器和操作设备装置在阀的一侧或两侧,结构较为简单。因水压力的合力重心在阀轴中心线以下,所以阀体离开中间位置时就有自动关闭的倾向。横轴接力器和操动机构占的空间较大,操作、维护和保养都不如竖轴式方便。

竖轴式蝶阀的活门轴位置是垂直的,其接力器和操作机构都装在阀体的上部,由于需要装置轴向推力轴承,因而在结构上较横轴式复杂。但从布置上看,竖轴式布置较为紧凑。由于操作设备装在阀体上部,因而操作、监护和检修都比较方便,水电站中经常使用。

#### 2. 蝶阀的主要结构

蝶阀的结构主要由圆桶形阀体、平板形或透镜形活门、止水装置、轴承、操作机构和旁通阀等组成。

3. 蝶阀的优点

与其他阀门比较，蝶阀具有外形尺寸小、重量轻、构造简单、造价低廉、能动水关闭等优点。由于转动活门体积小，所需操作力矩不大，故适用于机组快速关闭的保护。

4. 蝶阀的缺点

水封不如其他主阀严密，漏水量较大，机组运行中，活门会引起水头损失和空蚀现象。

**（二）球阀**

球阀一般适用于150 m以上的高水头电站。随着水力资源的不断开发，水轮机的利用水头不断提高，作用在主阀上的压力也愈来愈大。当水轮机的工作水头超过150 m时，主阀若采用蝶阀，其结构复杂，漏水及水头损失也更加严重。为满足更高水头的需要，必须改变主阀的结构，可采用球阀。

球阀在开启状态，其活门圆筒的过水断面与压力管道断面相等，因此水力损失很小。这对消除球阀过流时的振动、提高水轮机的效率都是有利的。

球阀在关闭状态时，其承受水压的工作面为球面，与平面结构相比，不仅能承受较大的水压力，而且漏水量也大大减少。此外，球阀在动水操作过程中，水阻力矩很小，只有摩擦力矩的5%左右，因而有利于紧急动水事故情况下关闭，且振动较小。这就是在较高水头情况下采用球阀的主要原因。

## 四、球阀的运行监视和检查

（1）当采用自动补气方式时，检查相关阀门应在全开位置或在全关位置，三通阀在通气位置。

（2）集油槽油位在上、下限之间，油位压力转换开关接线完好，油泵电动机完好，工作可靠。

（3）球阀油压装置复压，油泵操作箱切换开关两台油泵置“自动”位置，箱内接线及继电器完好，信号电源开关投入。

（4）压油槽油面在上、下红线之间，压力在2.3～2.5 MPa，压力变送器完好，无损坏，工作可靠。

（5）检查球阀液压操作柜内的电磁配压阀操作灵活，无卡阻、锈蚀现象，油压表及油压表控制阀开启，指示正确，接线完好。

（6）检查球阀各液压阀位置正确。

（7）漏油装置置于自动位置，工作可靠，操作箱内接线完好。

（8）油、水管路及接力器无漏油现象。

（9）球阀油压装置微机测控仪工作可靠，微机监控装置PLC和LCU及球阀操作柜球阀位置指示灯指示正确。球阀自动测控装置工作正常。

## 五、球阀的运行操作

主阀的操动方式，按操作动力的不同，分为液压、电动、手动操作三种。直径较大并作事故用的主阀，为保证能迅速关闭，绝大多数都用液压操作。低水头、小直径以及作检修用的主阀,可采用电动操作。对于不要求远方操作的小型主阀,常采用手动操作。

主阀的液压操作系统属于自动控制系统,由控制元件、放大元件、执行元件及连接管道组成。当主阀接收到动作信号后,即按拟订的程序实现主阀的关闭或开启的自动操作。由于各水电厂主阀的结构、用途、操作机构、自动化元件和启闭程序各不相同,因此主阀的操作系统也是多种多样的。早期修建的水电厂主阀操动系统通常使用机械液压型操动系统,新建水电厂或经技术改造后的老水电厂均使用微机型液压操动系统。

**(一)球阀油压装置切除一台压油泵的操作**

如果需临时停一台油泵,将对应的SGK的旋钮置于“切除”位置,拉下SGK内的隔离开关即可。这时,面板上对应的指示灯亮,并发出“电机故障”信号。

**(二)球阀油压装置查看压力油位值的操作**

平时显示为油压值,当需要查看压力油罐油面高度时,可触按一次“油压、油位”键,这时“压力油位”指示灯亮,显示内容为“H1— ×. ××”m,再触按一次“油压、油位”键,这时“回油油位”指示灯亮,显示内容为“H1— ×. ××”m。

**(三)工作密封、检修密封的操作**

(1)任何时候,禁止在工作密封、检修密封投入的情况下,操作电磁配压阀动作球阀。工作密封、检修密封必须在球阀全关位置时才能投入。

(2)正常情况下,检修密封处于退出位置,球阀全关位置的密封由工作密封承担。检修密封只能手动操作。

(3)球阀总操作进油阀为常开阀门,工作密封在操作油压消失的情况下不能投入(密封失效)。

(4)球阀全开时,工作密封、检修密封投入腔油压指示为0,工作密封、检修密封退出腔油压指示正常;球阀全关时,工作密封退出腔油压指示为0,投入腔油压指示正常。

(5)在水轮机部分有检修工作时,应投入球阀工作密封和检修密封,并检查密封投入腔油压指示正常,关闭球阀接力器开启腔联通阀和关闭腔联通阀,投入检修密封的机械锁定。

(6)工作密封、检修密封的动作行程一般较短,投、退检修密封的机械锁定时,应注意机械锁定杆的行程,防止投、退时行程过大。

(7)当工作密封故障时,可用检修密封代替工作密封。在进行检修密封的操作时,必须检查手动阀所处位置正确,防止手动阀与相关电磁阀位置不一致造成操作油路短路。

## 六、球阀的事故处理

**(一)球阀油压装置事故低油压**

1. 现象

先发出“球阀油压装置压油泵备用起动”信号,接着发出“事故低油压”信号。

2. 处理

(1)若事故低油压压力继电器整定值变化,则应立即联系维护人员处理。

(2)若误关事故低油压压力继电器给油阀,则应立即全开事故低油压压力继电器给油阀。

(3)若球阀压力管路破裂跑油，则应立即关球阀油压装置总出油阀，开启球阀联通阀，相应地，启用另一套球阀油压装置进行控制，并汇报调度及总厂生计部、安监部和发电部。

**(二)自动开球阀不成功**

若自动开球阀不成功，则应注意以下相应事项：

(1)检查球阀是否在全关位置，"全关"信号指示是否正常。

(2)检查球阀操作电磁配压阀插头是否插好。

(3)若监控装置无开出信号，则手动帮助开球阀，并联系有关单位处理。

(4)检查球阀控制屏内有无故障信号，若有故障则处理后重新开启球阀。

(5)若电磁阀、液压阀等拒动或行程不够，则联系有关单位处理。

(6)若水轮机的剪断销剪断导致球阀不能平压，则应联系更换剪断销。

(7)若导叶漏水过大不能平压，则应停止操作，通知维护人员进行导叶堵漏工作。

## 第三节　水轮机的运行及事故处理

### 一、水轮机概述

水轮机是水电站中最重要的机械设备，它把水能转换成旋转的机械能，为水轮发电机提供动力。

**(一)水轮机的类型**

水轮机类型按照水流作用和结构特征，可分为冲击式水轮机和反击式水轮机两大类。

1. 冲击式水轮机

冲击式水轮机是利用高速水流来冲击部分转轮做功的。转轮进口处和出口处的压力等于大气压力，没有压力能。因此，这种水轮机是利用水流的动能来工作的，水流动能通过水流冲击转轮变为主轴旋转的机械能。根据水流的冲击特性及不同的转轮结构，冲击式水轮机可分为水斗式、斜击式和双击式。

冲击式水轮机适用于较高水头。如水斗式水轮机，它的特点是水流量不大，以高速水流喷射转轮使之旋转，其应用水头可为 80～800 m。我国湖南省大庸县崇山水电站的水头有 614 m，目前国内冲击式水轮机的水头已达到 1 200 m；国外奥地利的雷依塞克水电站应用水头更高，为 1 770 m。

2. 反击式水轮机

反击式水轮机是同时利用水流的压能和动能进行工作的，以压能为主、动能为辅。水流流经转轮叶片，水流的方向和大小都发生变化，叶片正反面形成压差，推动转轮旋转，把水流的压力能转换为旋转机械能。根据水流通过转轮区域内方向的不同，反击式水轮机分为混流式、轴流式、贯流式等。

反击式水轮机在我国应用较为普遍。混流式水轮机应用水头为 5～700 m，中等流量和中等水头的大、中、小型水电站都可采用；轴流式水轮机应用水头为 2～80 m，一般应用于低水头、大流量的水电站上；贯流式水轮机应用水头为 0.5～16 m，根据其布置形式的不同,有灯泡式、轴伸式、竖井式,多在平原低水头电站和沿海地区的潮汐电站使用。

(二)水轮机工作参数

在水电站运行中,反映水轮机工作过程基本特性的参数,称为水轮机基本工作参数。其主要参数有净水头(工作水头)$H$、流量 $Q$、功率 $N$、效率 $\eta$、额定转速 $n$、飞逸转速 $N_R$、标称直径 $D_1$。其中标称直径 $D_1$ 是定值,额定转速 $n$ 受电力系统频率的控制。

1. 水轮机流量 $Q$

流量 $Q$ 是指单位时间内通过水轮机的水流体积,单位用 $m^3/s$。在正常运行时,流量的大小取决于水轮机导叶的开度。

2. 水轮机功率 $N$

水轮机功率 $N$ 是指水轮机主轴实际输出的机械功率。$N$ 随电力系统负荷的变化而变化,计算公式为:

$$N = 9.81QH\eta \tag{2-1}$$

式中:$H$ 为净水头;$Q$ 为流量;$\eta$ 为效率。

水轮机的功率与流量、净水头和效率有关,如何利用水头是水电站多发电的关键,尤其是具有水库的电站,机电运行人员应该考虑在综合利用水库库容的前提下,如何利用高水头多发电,提高水电站运行的经济性。

水轮机的运转特性中,存在着高效率区和低效率区。通常,机组在铭牌出力附近(导叶开度在85%左右),水轮机的效率最高。机电运行人员应使机组在高效率区运行,提高电站的经济效益。

3. 水轮机效率

按式(2-1)计算得到的水轮机功率是实际功率,因为在实际运行中,水流功率 $N$ 不可能全部得到利用,有少部分能量被各种因素(水力损失、容积损失、传动摩擦和设备质量等)消耗掉。所以,水轮机的输出功率小于输入功率,效率系数公式为:

$$\eta = \frac{N}{9.81QH}$$

4. 水头

电站水头有净水头与毛水头之分,式(2-1)中的水头 $H$ 采用的是净水头。但管理人员测量得到的是毛水头,所以在计算水轮机功率时,尚需考虑水流通过压力引水系统的水头损失值。

(1)水电站毛水头。毛水头习惯上称为水电站的(装置水头)总水头,它是电站的上、下游水位差。

(2)水电站净水头。净水头又称为水轮机的工作水头,它是毛水头扣除水流流过水工建筑物的各种损失后,给予水轮机的实际工作水头。

水流流过水工建筑物的损失有沿程水头损失和局部水头损失。

沿程水头损失:在平顺的流道中,液体作均匀或渐变的流动,由于克服沿流程的摩擦阻力(简称沿程阻力)做功所引起的水头损失,称为沿程水头损失。

局部水头损失:在过流断面形状突变的局部流道中,断面流速分布急剧变化而出现旋涡,该局部区域阻力所集中损耗的水头称为局部水头损失。如流道突然扩大、缩小、转弯及局部障碍(闸门)等所造成的水头损失。

## 二、水轮机的试运行

### (一)运行前对水轮机及引水部件的检查

大修后及新安装的机组投入运行前,都应对水轮机及引水部件各部位进行详细检查,检查内容有:

(1)有压力前池的水电站,应检查压力前池有无漂浮杂物,进水口的拦污栅有无杂物阻塞。

(2)各道闸门的操动机构应灵活,启闭位置应正确。

(3)压力水管、水轮机机室、尾水室、尾水管等无阻塞现象。

(4)水轮机前的主阀(球阀、蝶阀)、快速闸门应全关。

(5)转动部件的螺母应牢固而无裂纹。

(6)轴承盖板与主轴的间隙、轴承挡油圈与主轴的间隙、密封环与主轴的间隙均应符合要求。

(7)校对机组的同轴度、水平度和垂直度,应无变动。

(8)各油、水、气系统阀门开、关位置应正确、灵活,各种管路应畅通无阻,并无渗漏现象。

(9)润滑油的牌号规格符合要求,油面应在标准油位线上。

(10)各测温装置应完整,并能投入使用。

### (二)试运行的操作步骤

(1)关闭水轮机的导叶,手动或自动慢慢开启主阀。如有旁通阀,首先打开旁通阀,开启蜗壳排气阀,待蜗壳充满水后,立即关闭排气阀,再关闭旁通阀,开启主阀;如系机械油压操作的主阀,则按现场规程规定,手动或自动开启阀门。

(2)打开水压表和尾水真空表阀门开关,并检查表计压力与实际是否相符。

(3)对于立式机组,开机前应进行顶转子操作(操作电磁液压阀或手动压力油泵,顶起转子5~10 mm,使润滑油进入推力轴承瓦面,然后使转子复归,并检查制动闸应完全落下)。

(4)操作调速器手轮,慢慢开启导叶,使机组转动,然后按其转速的50%、75%、100%三个阶段运转。每一阶段运行时间的长短,主要依据轴温上升值,当该值基本稳定且一切正常时,即可起励升压。

### (三)试运行中应重点检查和监视的内容

(1)各油、水、气管路有无渗漏、堵塞,各水力机械表计指示是否正确。

(2)甩油环和油泵工作应正常,各润滑油的油位指示正确。

(3)各转动部分和固定部分及各轴承等处无摩擦声、撞击声及其他声响。

(4)在不同转速的过程中,机组的摆度和振动均应在厂家规定的允许值内。

(5)严密注意在某一瞬间机组的强烈振动(共振)点,并做好记录,同时,应立即提高转速滑过共振点,以免影响主轴。

(6)机组各轴承的温度变化应缓慢,试运行开始后的1 h内,应每15 min检查1次,以后每0.5 h检查1次，并做好记录。当某些轴承温度上升过快或明显偏高时，应特别注意，一般空载运行的轴瓦温度达60 ℃时，应提请有关人员研究处理。超过65 ℃时应停机检查、处理。

(7)水轮机空载试运行稳定后，可升压对发电机进行试验。

**(四)禁止起动机组的情况**

若出现下列情形之一，禁止起动机组：

(1)进水闸门、尾水闸门及主阀尚未全开。

(2)水轮机或发电机主保护失灵。

(3)轴承油位、油色不合格。

(4)冷却水不能正常供给。

(5)油压装置或调速器失灵。

(6)制动装置故障，不能安全停机。

**(五)水轮机部分参数的运行范围**

1. 轴承温度

水轮机的轴承温度正常与否，直接关系着机组的安全运行。轴承温度不仅与环境温度有关，还与润滑系统的冷却系统有关。根据水电站的运行要求，轴承温度不能高于70 ℃，正常运行温度控制在45~60 ℃为宜，超过60 ℃时属于偏高。

观察轴承温度，一般采用圆形温度信号器和玻璃水银温度计。圆形温度计有电接点和信号装置，它可在轴承温度升高到某一值时发出音响信号，并在轴温升高到极限值时，作用于发电机断路器跳闸和调速器内的紧急停机电磁阀。通常前者整定值为60 ℃，后者整定值为70 ℃。玻璃水银温度计一般用于小型机组。

2. 工作水头

水轮机的工作水头是水电站运行的重要参数，对于有水库调节的坝后式水电站，运行人员应该明确以下的特点。

(1)最高水头：设计时，用以计算水工建筑物稳定性和水轮机许可工作情况的极限。超过这个水头，水工建筑物就有发生事故的可能，水轮机的工作效率就会降低。同时，最高水头影响着飞逸转速的倍数，关系着整个水电站的安全。

(2)设计水头：指水轮机输出额定出力时的最小水头，它是水轮机的主要工作参数，也是水轮机运行最合适的工作条件。水轮机在设计水头附近运行，其效率最高，空蚀影响最小。

(3)最低水头：表示水工建筑物运行最低水头的要求和水轮机的最低运行水头的极限值。接近这个水头运行，其运行效率低，且易出现空蚀。在一般情况下，水电站不能在最低水头(或死水位)以下运行。

应该指出的是，坝后式水电站的工作水头，是在不断地变化着的，关键是如何合理调节水位，正确运用，使机组处在较高的效率区运行。

对于有压力前池调节的引水式电站，水轮机的前池工作水位必须高于压力水管进口处的淹没高度(一般以1~2 m为宜)，否则水位降低，形成旋涡，把空气吸入压力水管和水轮机室，会产生机组振动和噪音，严重影响水轮发电机组的正常运行。

3. 真空度

水轮机尾水管进口段的真空度是为了说明水轮机转轮附近的真空情况，它是一个近似值，监视真空度的目的是监视空蚀的影响。真空度与水轮机的转轮型号、安装高程及尾水管的流速有关。水电站正常运行以后，真空度都维持在一定的数值，根据经验，在海拔1 000 m以下地区，真空度数值一般以13.33 ~ 20 kPa(100 ~ 150 mmHg)为宜。真空度数值大，空蚀影响也大；真空度数值小，水能得不到充分利用。

真空度在水轮机尾水管的压力真空表上读得，运行人员应观察并记录其经常值。如真空度突然增大，反映空蚀影响大，就要分析原因，设法解决；真空度长时间增大是不允许的。

## 三、水轮机的正常运行监视检查

水轮发电机组在正常运行中，应定期进行巡视检查和监视。对计算机监控的水电厂，在中央控制室的上位机显示屏上，点击菜单，切换画面进行监视，但仍须定时到现场进行巡视检查。

### （一）水轮机主轴密封与导水机构监视检查

1. 主轴密封监视

主轴密封：要求不过热，漏水量小。

液压式端面密封：运行时依靠水压使U形橡胶密封环端面紧贴转环进行密封，密封的注水压力为0.05 ~ 0.1 MPa。

石棉盘根主轴密封：在运行中要求稍有漏水，以达到润滑冷却摩擦面的目的，但是不能成线状漏水，以避免积水侵入水导轴承。

2. 导水机构监视检查

导水机构监视能达到：剪断销无剪断，连杆、拐臂间无杂物，导叶套筒处不漏水，顶盖排水畅通，水轮机室无大量积水，接力器动作正常。

### （二）机组轴承的监视检查

1. 温度监视检查

轴承在工作中与轴颈（镜板）发生相对运动，发生摩擦并产生热量，润滑油起润滑与散热作用。在运行中轴承温度过高，会使润滑油黏度下降、油质劣化，导致油膜厚度减薄，润滑条件恶化，严重时引起瓦衬熔化。因此，运行人员务必加强轴承瓦温和油温的监视。

运行中轴承温度通常在60 ℃以下，信号（故障）温度一般为65 ℃，事故温度为70 ℃，作用于停机，轴承润滑油油温一般不得高于50 ℃。机组各轴承温度可在上位机温度监视画面上进行监视，如图2-1所示。

2. 油质、油位监视

1）油质监视

水轮发电机组一般采用30号防锈透平油。油质除定期化验外，还需在运行中注意观察。油色应透明呈橙黄色。若油色混杂发白，表示油中含过量的水分，油色发黑变暗是油中含杂质和碳分引起的。碳分增加是油温度过高造成的，往往是烧瓦的预兆，必须引起运行人员的足够重视。

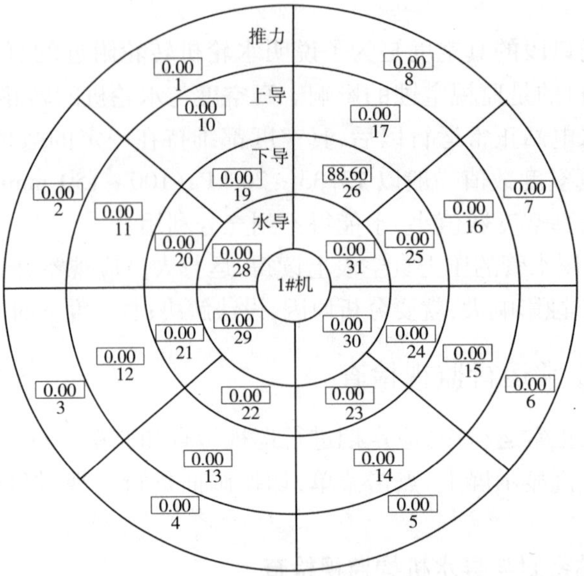


图 2-1　某电厂轴承温度上位机监视画面

2）油位监视

油位正确是保证轴承安全运行的重要条件之一。油位过高，会引起轴承甩油；油位过低，会因油量不足而使轴承过热，甚至使瓦衬熔化（烧瓦）。轴承油位应在标准油位线±10 mm 范围内运行。

**（三）机组振动与声响的监视**

机组在运行中发生的振动与摆度，可用传感器监视，或定期用百分表测量。机组各部位的振动值应不超过表 2-1 中的规定值。各部摆度值不大于设计规定，无规定时一般不超过轴瓦的间隙值。

运行中若发现机组异常振动，可先试行调整水轮机导叶开度，避开可能的气蚀振动区。机组内部有金属摩擦和撞击声，应立即停机进行检查，查明原因，然后进行排除。

表 2-1　水轮发电机组各部位振动允许值

| 项目 | | 额定转速（r/min） | | | |
|---|---|---|---|---|---|
| | | <100 | 100～250 | 250～375 | 375～750 |
| | | 振动允许值（双振幅）（mm） | | | |
| 立式机组 | 带推力轴承支架的垂直振动 | 0.10 | 0.08 | 0.07 | 0.06 |
| | 带导轴承支架的水平振动 | 0.14 | 0.12 | 0.10 | 0.07 |
| | 定子铁芯部分基座水平振动 | 0.04 | 0.03 | 0.02 | 0.02 |
| 卧式机组各部轴承垂直振动 | | 0.14 | 0.12 | 0.10 | 0.07 |

**（四）发电机温度监视**

1. 发电机定子绕组与铁芯温度监视

带负荷的发电机，因铜损、铁损产生热量，使定子温度升高。当温度超过绝缘材料允许值时，会使绝缘材料老化，机械强度降低，严重时将绕组击穿，发生短路导致发电机燃烧。

发电机定子绕组温度一般控制在 60～80 ℃，最高温度不得超过 105 ℃（此为 A 级绝缘，而 E 级绝缘可达 120 ℃，现在新机组大多用 F 级绝缘，可达 150 ℃）。定时切换测温装置，并抄表。特别注意在同一环境温度下、同一负荷条件下，发电机温度的反常变化情况。

2. 发电机风温监视

当发电机运行中电压与电流保持不变时，发电机与铁芯温度决定于冷却介质的温度与温升。因此，除监视发电机绕组和铁芯温度外，还需认真地监视发电机出口风温。为避免发电机结露，最低进风温度不低于 5 ℃；为防止发电机过热，最高进风温度应低于 40 ℃，一般在 20～30 ℃较为合适。

**（五）冷却及润滑水水压水量的监视**

其主要内容包括冷却水水压指示正常，水流畅通，示流器指示正常。总之，水轮机运行中的监视归纳起来有：

（1）水轮机的导叶开度与发电机的输出功率是否相符。

（2）水轮机组的振动、摆度、噪音、真空度等值是否在正常范围。

（3）导叶的剪断销有无折断，拐臂角度是否相等。

（4）水轮机的主轴、导叶拐臂、冷却器各连接处漏水情况是否严重。

（5）各轴承的温度是否超过允许值，是否漏油、渗油，油位、油色是否正常，油内有无渗水。

**（六）水轮机的维护**

水轮机的运行维护大致有以下两个方面：

（1）机组清理。根据水电站的机组大小和运行情况，进行清理检查。清理进出油管、冷却水管，检查有否漏油、漏水；清理导叶、转轮间的污物、杂物，检查转轮、导叶间隙、空蚀程度和导水机构；清理轴承，检查油位、油质。

（2）用油管理。水电站润滑油的选用：对于滚动轴承，一般选用 2 号或 3 号钠基润滑脂和钙钠基润滑脂，每运行 2 500～3 000 h 应清洗轴承，更换新油。加油脂时，应注意加油量以轴承腔容积的 2/3 为宜，不同规格的润滑脂不能混合使用，以免油脂变质。对于滑动轴承，一般选用 22 号、30 号、32 号、40 号机械润滑油。运行期间，应每天检查轴承的油位，油位应保持在标准的油位线上，用油时间的长短应根据运行情况而定，最长不得超过一年。

必须指出，润滑脂流动性差，导热系数小，不能做循环润滑剂使用。机械润滑油与绝缘油不得混用，应分别保管，做上记号，由专人负责。

## 四、水轮机的不正常运行

水轮机的事故是多种多样的，同一事故可能有不同的表现形式；同样的表现形式，可能由不同的事故原因引起。所以，在分析事故时应全面、细致，不要盲目、片面。事故判断的正确与否，是准确、顺利地处理事故的关键。为了减少事故的发生，在运行中，要加强巡视检查,注意观察,发现问题及时解决。水轮机的常见故障有以下几种情况。

**(一)水轮机出力下降**

在水头不变的情况下,导叶开度已达空载开度,而水轮机未达到额定转速,或在同样出力时,导叶开度比原来增大,则均应认为机组出力下降。造成出力下降的主要原因有以下几个方面。

1. 水轮机流量损失

通常,进入水轮机的流量并不是全部通过转轮被利用,其中有一部分通过止漏环机械间隙而漏损掉,漏损部分的损失就叫流量损失。运行中的水轮机,由于种种原因,转轮止漏环间隙增大,造成漏水增大,机组输出功率下降。

在实际运行中的某些水电站,由于空蚀对转轮的危害不被重视,也不注意检查,造成空蚀严重,转轮穿孔,部分水流通过空蚀穿孔而损失,这样也极大地影响着机组的输出功率。

2. 水轮机水力损失

水轮机工作时,水流经过引水部件、导水部件、转轮和尾水管等过流部件,特别是在变工况下运行时,因水流撞击、旋涡和脱流等而产生损失,这些损失叫做水轮机的水力(头)损失,如这些损失加大,输出功率也随着下降。水力(头)损失的大小与水流速度、过流部件表面的粗糙程度及水流的流态都有关系,要减少水力(头)损失,应避免水流撞击、旋涡和脱流现象,即尽量使机组在设计工况附近运行。

3. 水轮机机械损失

水轮机将水流能量转换成旋转机械能,并非全部传给发电机,其中一部分消耗在传动部件和轴承的摩擦损失上。这部分损失,称为机械损失。如果这些损失加大,输出功率也会下降。要保持水轮机的正常输出功率,就必须保持传动设备和轴承有良好的工作状态。

为了防止或减少以上损失,在运行中应注意以下几个问题:

(1)在机组运行和停机的情况下,保证尾水管出口淹没深度不得小于300 mm(冲击式水轮机除外)。

(2)注意水轮机进水和出水情况,使水流的流态保持平稳、畅通。

(3)保持转轮在正常状态下运转,如出现撞击声和断续的杂音,应立即检查转轮上有无杂物堵塞,转轮止漏环间隙是否过大。若发现问题,应及时处理。

(4)轴流定桨式水轮机如突然出现机组输出功率下降,噪音很大,振动加剧,应立即停机检查:固定转轮叶片的螺栓有无松动脱落,转轮叶片角度有否改变,泄水锥是否被冲掉。如有此类情况,应及时处理解决。

(5)及时清理聚集在压力水管进口拦污栅的漂浮物,以减小过栅阻力。

**(二)机组振动**

引起机组振动的原因有机械振动、水力振动、电气振动和空蚀振动。

1. 机械振动

由于机组机械原因所造成的振动叫机械振动。机械振动的原因有:

(1)水轮机转轮偏重。新转轮的这种偏重现象是不多的,因为转轮出厂以前一般都做过平衡试验。转轮的偏重情况主要出现在转轮由于空蚀产生蜂窝孔状及补焊以后(空蚀孔的补焊一般都在电站就地进行,补好以后未做平衡试验)。

(2)水轮机、发电机轴线中心不正,或法兰连接不好。

(3)轴承有缺陷或间隙调整不当,特别是间隙过大。

(4)转动部件与静止部件之间的某处发生摩擦、碰撞;转轮空蚀补焊以后使转轮失圆,也有可能引起上述摩擦和碰撞。当补焊转轮时,用千分表监视转轮四周的原因就在于此。

只要上述一种原因存在,就有可能造成机组的振动。

2. 水力振动

由于流入转轮的水流失去平衡造成机组的振动叫水力振动。造成水力振动的原因有:

(1)导叶剪断销折断,或由于导叶枢轴松动造成导叶开度不一。由于导叶开度不一,流入转轮四周的水流不均匀。

(2)蜗壳中有杂物或转轮有杂物卡塞,使其流入转轮四周的水流不均匀。

(3)尾水管水流不稳定,使尾水管的水压产生周期性的变化,或有空气进入水轮机的蜗壳内,引起机组的振动和水流的轰鸣。

3. 电气振动

由于电气量失去平衡或突然变化所引起机组的振动,叫电气振动。造成电气振动的原因有:

(1)发电机三相电流的严重不平衡,电流的不平衡引起三相电磁力的不平衡。

(2)由于电气事故引起电流的瞬间变化,导致发电机与水轮机的转速瞬间不能同步。

(3)由于定子和转子间的间隙不均匀,引起旋转磁场的不稳定。

只要上述情况之一发生,就会引起机组振动。

4. 空蚀振动

空蚀振动主要是由于水轮机空腔气蚀引起机组的振动。

由上述可以看出,引起机组振动的因素是多种多样的。因此,对机组振动的原因分析相对比较困难。在水电站运行中,往往是通过听机组振动的声音、测量振动的幅度和频率及观察振动的连续性和变化情况进行判断。

**(三)振动类型的判断**

运行中的水轮发电机组,往往会出现各种各样的振动,也有连续的振动,有断续的振动。产生振动的原因,可由振动的幅度和频率的变化来进行分析。

(1)由水力不平衡引起的振动,其振幅随着流量的增加而增加,其振动的频率较机组转速低。

(2)由转轮偏重而引起转轮不平衡、机组连接不好、偏心所引起的振动,其振动频率和振幅随转速的增加而增加。

(3)由电气方面引起的振动,振幅随励磁电流增加而增加,去掉磁时,振动即可消失。

(4)由水轮机空腔引起的振动,其振幅与负荷的区域性有关,一般在水轮机额定出力的40% ~65%区域。有时中断,有时剧烈,同时在尾水管中产生敲击的噪音,在真空表上可反映出摆动现象。

## 五、水轮机的故障处理

### (一)导叶剪断销剪断

1. 现象

(1)上位机发对应“机组剪断销剪断”信号,或相应信号继电器掉牌或光字信号牌亮。

(2)机组振动摆度增大(发生在剪断销剪断个数较多时),导叶处发出金属断裂声,个别导叶拒动作。

2. 处理

(1)若信号器引线折断,则联系维护人员处理。

(2)到水轮机室核实剪断销是否确已被剪断,确认剪断销已经剪断,运行人员应加强对机组水导轴承温度的监视,并应立即将调速器切手动,调整导叶开度,减小异音及振动、摆度,并通知维护人员更换剪断销。

(3)机组事故停机过程中,若遇剪断销剪断,则应监视球阀关闭情况,如不能自动则手动帮助。

(4)若发现多只剪断销剪断,使机组产生强烈的振动、摆动且无法减小时,或同一方向有两只及以上剪断销剪断,应联系调度先关球阀再停机处理,并及时向上级部门汇报。

(5)机组运行中更换剪断销,应限制负荷运行,将调速器切手动运行方式运行,且工作人员不能将手脚置于两拐臂之间,避免导叶被水流冲翻及其拐臂伤人。

3. 剪断销剪断的一般原因

剪断销是水轮机导水机构的保护装置,当某导叶动作过程中受到阻碍而承受较大的应力时,该剪断销作为承受应力最大的部件而被剪断,而相邻导叶不受损坏,从而保护整个导水机构的正常工作。

(1)两导叶间被杂物卡住。

(2)导叶轴承采用尼龙轴套时,由于尼龙套处理不当而吸水膨胀,将导叶轴抱得过紧。

(3)水轮机顶盖或底环抗磨板采用尼龙材料时,尼龙抗磨板可能凸起。

(4)各导叶连杆尺寸调整不当或锁紧螺母松动。

(5)导叶打开或关闭过快,使剪断销承受冲击剪力而剪断。

### (二)水轮机顶盖水位升高

1. 现象

上位机发相应“机组顶盖水位升高”信号,或相应信号继电器掉牌或光字信号牌亮。

2. 处理

(1)检查顶盖自流排水孔是否畅通,如堵塞,则设法疏通。

(2)若密封漏水大,可适当调整负荷,并开启均压排水阀。

(3)若浮子继电器误动作,则通知维护人员处理。

(4)若顶盖裂纹、焊疤脱落,应立即疏通排水孔,调整负荷或申请停机处理,并汇报相关部门。

(5)若漏水过大,且经上述处理无效,水位继续上涨,淹没拐臂以上,威胁机组安全运行，则应立即关闭水轮机主阀，并根据水位情况，切除漏油泵及其电源，并及时向上级部门汇报。

### （三）推力外循环油中断

1. 现象

上位机发对应“机组推力外循环油中断”信号，或相应信号继电器掉牌或光字信号牌亮。

2. 处理

（1）检查外循环管路油压与流量是否正常，若自动化元件误动，则联系维护人员处理。

（2）若外循环管滤网堵塞则联系清扫滤网。

（3）若油冷却器进、出油阀因振动自关闭则全开其油阀。

（4）若油冷却器进、出油阀的阀芯脱落，则汇报有关部门。若脱落一组可继续运行，应监视推力油槽油温和瓦温，若温度上升较快无法控制则应将机组停机。

### （四）轴承油槽油位不正常

1. 现象

上位机发对应机组“轴承油位越高限或越低限”信号，或相应信号继电器掉牌或光字信号牌亮。

2. 处理

（1）检查是哪个轴承的油面不正常，若自动化元件误动，则联系维护人员处理。

（2）若油槽、管路或阀门漏油，则根据情况进行处理并加油至正常油位。

（3）若排油阀误开，则关闭排油阀，并加油至正常油位。

（4）若轴承冷却器破裂或漏水引起油位升高，使瓦温升高不稳定时，则立即联系调度停机处理。

### （五）轴承冷却水中断

1. 现象

上位机发对应机组“轴承冷却水中断”信号，或相应信号继电器掉牌或光字信号牌亮。

2. 处理

（1）若几个轴承同时发出信号，可能是运行供水泵停运或滤网堵塞，应立即投入备用供水泵并查明原因，手动启动备用泵或冲洗滤过器。

（2）若轴承冷却水给水阀因振动自行关闭或阀芯脱落，则重新开启适当位置，或申请停机更换阀门。

（3）若是汛期，河水浑浊，则可能是冷却器堵塞，可倒换轴承的供水方式。

（4）若轴承冷却器破裂或漏水引起油位升高，则立即联系调度停机处理。

（5）若厂用电中断，短时间内不能恢复、供水泵逆止阀关不严、水泵反转，则关闭水泵出水阀，将控制开关置“切除”位置，投入机组备用水源（如顶盖取水）。

（6）若自动化元件误动作则通知维护人员处理。

### （六）轴承温度升高

1. 现象

上位机发对应机组“轴承温度升高”信号，或相应信号继电器掉牌或光字信号牌亮。

2. 处理

(1)若测温装置异常引起个别测点温度升高则退出异常测点,监控测温装置温度测点显示跳跃引起,同时通知维护人员进行处理。

(2)若轴承冷却器进、排水阀开度不够,则调整进、排水阀,若机组冷却水压力不足,则检查水源的水质处理装置或供水泵的运行情况,及时投入备用水源、供水泵或机组的顶盖供水。

(3)若是汛期,河水浑浊,则可能是冷却器堵塞很严重,可切换轴承冷却器的供水方式。

(4)若轴承油槽油位降低,则及时补充同型号合格油至正常油位,并查找漏油原因。

(5)若发现轴承油槽油位比以前升高,应联系检修班组鉴定油质,同时进行汇报。

(6)若是由冷却器进出水阀阀芯脱落在关侧引起,则调整机组负荷使其运行在最优工况,同时进行汇报。

(7)若机组振动、摆度过大,则应避开振动区运行,若剪断销剪断,则按(1)款的规定处理。

(8)若发生以上情况之一者禁止退出温度测点。

**(七)机组过速(达140%额定转速)**

1. 现象

(1)光字牌亮,喇叭响。

(2)负荷甩掉,转速升高,机组发出超速声。

(3)励磁系统作强减动作。

(4)紧急停机电磁阀动作,主阀动作,红灯亮,机组转速下降。

2. 处理

(1)密切监视机组停机情况和主阀关闭情况。

(2)停机后,全面检查机组,做好记录。

3. 注意事项

(1)当由于机组甩负荷引起过速,又遇调速器不能迅速关到空载位置时,应迅速手动操作开度限制手轮关至空载位置。经全面检查和处理,确实无问题时,由值长下令带负荷。

(2)当调速器失灵引起机组过速时,应迅速按停机按钮,若仍无效应迅速关闭主阀停机。

(3)机组过速后未查明原因及未进行处理,禁止起动机组,应报上级领导经研究、查明原因并处理后,方可起动。

## 第四节 调速器的运行及事故处理

### 一、调速器的作用

水轮机调速器是水电站水轮机的重要控制设备。它能独立地与电站二次回路或计算机监控系统相配合,开启或关闭水轮机导叶以及调节导叶的开度和转轮桨叶的角度,以达到控制流入水轮机水流量及水流状态，调整水轮机输出机械功率大小，完成水轮发电机组的开机、停机、增减负荷、紧急停机等任务。

**（一）水轮发电机组并网前调速器调整机组的转速**

当水轮发电机组单机运行或在机组起动过程中，须通过调速器进行发电机的转速调整。改变水轮机的输出功率将会改变发电机的转速，即改变发电机机端电压的频率，使之接近电网频率，为机组的并列创造条件。

**（二）水轮发电机并网后调速器调整机组的输出功率与频率**

当水轮发电机组并网运行时，须通过调速器进行发电机输出的有功功率调整。改变水轮机的输出功率将会改变发电机的有功功率输出。由于电力系统的负荷是随机变化的，发电机输出功率必然随机变化，因此机组在并列运行期间，须通过调速器的测频元件检测系统频率，若系统频率偏低，调速器动作增大水轮机导叶开度，使水轮机输出的机械功率增大，发电机的有功功率输出增加，进而使系统频率增加；反之，若系统频率偏高，调速器动作减小水轮机导叶开度，使水轮机输出的机械功率减小，发电机的有功功率输出减小，进而使系统频率降低。即系统负荷变化时，通过调速器动作改变水轮机的进水流量，以达到改变发电机输出功率保持频率稳定的目的。顺便指出，在系统负荷发生变化时，依靠系统中各发电机的调速器自动实现的频率调整，称为一次调频。但是，在系统负荷发生较大变化时，仅靠一次调频是不能使系统频率稳定在允许范围内的，须通过其他措施对系统频率作进一步的调整，这种调频称为二次调频。

**（三）机组解列或甩负荷时紧急停机**

当系统负荷突然减少或因事故使发电机断路器跳闸时，水轮机输出功率将大大超过发电机的电磁力，使机组转速大大升高。此时，如不及时关闭水轮机导叶，将使机组的转动部件因过速而损坏。因此，调速器应能在机组即将飞车的情况下，通过调速器动作，快速关闭水轮机导叶，防止出现飞车事故，保证机组的安全。

## 二、调速器的类型

目前水电站中使用的调速器种类很多，按照调速器液压部分油压的高低可分为：

（1）常规油压型调速器。常规油压型调速器液压部分的工作油压均为 2.5 MPa 或 4.0 MPa，压力容器采用油、气接触的普通压力罐。机械液压调速器和传统的电气液压调速器均属于常规油压型调速器。

（2）高油压型调速器。高油压型调速器液压部分的工作油压一般在 10 ~ 16 MPa，压力容器采用油气分离的囊式蓄能器。1997 年初，第一台工作油压为 16 MPa、操作功为 50 000 N · m 的 GYT－5000 型高油压水轮机调速器在四川的双柏水电站投入运行。截至 2005 年底，中小型高油压水轮机调速器已在全国各地的水电站投入运行。

按照调速器的频率测量、计算决策和前级功率放大的实现方式可分为：

（1）机械型。早期投入使用的调速器均为机械型调速器，其测频元件是离心飞摆。

（2）电气型。电气型调速器的电控部分早期使用的是分立元件电路，现已广泛采用可编程控制器（微型计算机）来实现，测频元件分别由测频回路和可编程控制器（微型计算机）软件测频。目前，新建的水电厂或经改造后的老电厂一般都使用电气型调速器。

## 三、微机调速器的基本运行规定

微机调速器由电调柜和机械液压柜构成，这里介绍B(W)T－100－2.5型微机调速器。其电调柜使用全数字式可编程控制逻辑微机电调装置，主要担任调速器各运行参数的测量、综合比较、输出调节和控制脉冲、各种故障分析等工作任务，是调速器系统接收并发出调节和控制指令的控制单元；机械液压柜常用无油步进式电－位移转换器进行导叶调节的调速器液压机构，主要担任调速器的电液转换、导叶调节和故障(事故)时紧急关导叶的工作任务，是调速器系统的执行单元。

(1)调速器在安装、大修后第一次进行手动开机时，应采用"机手动"运行方式，通过手动操作步进式电机转轮进行控制；在电调柜正常的情况下，其他需要手动开机的时候可以采用"电手动"运行方式，通过增减把手来设定导叶开度进行控制。

(2)在正常运行情况下，调速器电调柜的交、直流电源均应投入，不得同时复归两套系统，也不得同时中断交、直流电源。

(3)正常运行中调速器的运行参数严禁随意修改，更改调速器运行参数、更改程序、变更接线必须有经有关领导批准的通知单、图纸和审批方案，工作完毕后应在继电保护及自动装置记录台账上做好记录，并由专业人员绘出竣工图。

(4)双滤油器切换柄指向的滤油器在运行，另一滤油器为备用，当滤油器有堵塞现象时应进行切换。

(5)调速器电调柜分为"A机"和"B机"两套控制单元，一套作为运行单元，另一套进行跟踪备用。当运行单元出现故障时，调速器可自动切换至备用单元进行控制。

(6)调速器一次调频在机组单机带厂用电时应退出，在其他正常运行方式下均应投入。

(7)调速器油压装置自动测控系统能适应油压装置的各种工况运行。

(8)油压装置在"设置"灯点亮时，NOPC闭锁控制出口，只有在退出该状态后，才恢复正常控制。

(9)油压装置发生故障时，装置将切断电机电源，点亮报警指示灯。同时两个报警接点被短接，输出报警信号，如果发生可控硅故障，则控制电路将驱动机内小隔离开关脱扣断开，将负载与电源彻底隔开。

(10)油压装置应在排除故障后，将操作开关切至切除挡，或在外接输入控制端无触发信号(不接通)时置"自动"或"备用"挡，以使故障复归。

(11)当油面超过补气油位时，将进行自动补气，当油面降至上限油面以下时，自动补气停止。

(12)油压装置失压或大修后应通知维护及检修人员将压力压差变送器排气、排油。

## 四、调速器的运行方式

(1)微机调速器在并网运行时的状态为负载、正常、自动、开度调节、不跟踪、水位手动；空载运行时的状态为空载、正常、自动、开度调节、不跟踪、水位手动；微机调速器运行中不得随意将调速器切"机手动"，不得同时中断交、直流电源。

（2）微机调速器装置 A 机、B 机的人工失灵区（$\varepsilon$）、永态转差系数（$b_p$）、人工水头等微机调速器的运行参数不得随意改变。

（3）调速器具有“自动”控制、“手动”控制两种方式，其中“手动”控制又分为“电手动”控制、“机手动”控制。正常情况下，装置应在“自动”方式下运行，其电气开度限制应放置在最大输出功率的位置。不允许机组长期在“电手动”、“机手动”的控制方式下运行，在“自动”或“电手动”运行方式下严禁转动步进电机上方的旋转手轮。只有在微机调速器 CPU 故障且机械控制部分正常时，调速器才可改为“电手动”控制；当调速器输出模块故障或微机调速器不能正常工作且机械控制部分正常时，调速器可改为“机手动”控制，在“电手动”、“机手动”控制方式运行时，必须获得总工程师的批准，并有专人在调速器旁监视。

（4）微机调速器面板上的故障信号可按装置的“故障复归”键进行复归，当装置的 A 机、B 机都有故障时，应将调速器切至“机手动”控制后再复归信号。

（5）微机调速器装置的主从机可以人为或自动进行切换，操作其“A 机/B 机”选择开关时调速器相应切换到 A 机、B 机运行。主机故障时，无故障的从机则自动升为主机。进行双机切换时，不允许将主机从正常机切至故障机。进行双机切换后，应检查相应的指示灯转换正常，并将“A 机/B 机”控制选择开关进行相应的切换。

（6）正常情况下，调速器油压装置的两台油泵都应在“自动”方式下运行，分别为“主态”和“从态”，由可编程控制器自动实现对其状态的转换。

（7）油压装置的补气装置应在“自动”状态。

## 五、调速器的运行监视检查

（1）正常情况下，调速器电调柜“A 机故障”、“B 机故障”灯熄灭，“DC 24 V”、“DC 5 V”、“交流电源”、“直流电源”灯点亮。

（2）调速器电调柜触摸屏显示设备状态、各运行参数与实际情况一致。触摸屏显示“通信”灯闪烁。

（3）调速器自动运行时，控制位置切换把手应切至“远方”位置；在“电手动”运行方式下，控制位置切换把手应切至“现地”位置。

（4）正常情况下，A 机 PLC 和 B 机 PLC 均处于运行状态，且无故障信号。

（5）调速器电调柜屏后交流电源开关、直流电源开关、A 机 24 V 电源开关、B 机 24 V 电源开关、机柜齿盘电源开关、机柜急停电源开关、电柜门灯电源开关均应合上，端子排应无发热、松动等现象。

（6）调速器机柜导叶开度表指示正确，与电调柜显示开度值一致；微机测速仪显示转速或频率数据与电调柜数据一致。

（7）调速器机柜上“锁定投入”、“锁定拔出”灯显示状态与实际一致；正常情况下，运行时“紧急停机”灯熄灭，事故停机时“紧急停机”灯点亮，停机备用时“紧急停机”灯亮进行停机连锁。在“自动”或“电手动”运行方式下，“自动”灯点亮，“手动”灯熄灭；在“手动”运行方式下，“自动”灯熄灭，“手动”灯点亮。

（8）在运行情况下，调速器无油步进式电－位移转换器动作灵活、平稳。

(9)调速器操作油压力表指示正常,紧急停机电磁阀状态正常,无发热现象。

(10)调速器机柜内接线无松动、发热现象,135% $N_e$ 启动紧急停机电磁阀保护压板在投入位置。

(11)调速器机柜内电磁阀、管路、引导阀无渗漏油现象。

(12)油泵操作箱两台油泵在自动位置,箱内端子及接线无松动、脱落现象。

(13)集油槽油位正常,电动机起动时无异音、过热现象,接地线完好,油泵盘根无异常漏油,油泵起、停,上油及各阀门位置正常。

(14)压油槽油压及油面正常,压力继电器完好,动作正常。

(15)自动加气各阀所处位置正常,自动加气可靠,补气阀无漏气。

## 六、调速器的运行操作

### (一)装置投入运行的方法

在装置具备运行的基本条件后,由运行人员按下述方法依次操作,将装置投入运行:

(1)投入调速器电调柜屏后交流电源开关、直流电源开关、A 机 24 V 电源开关、B 机 24 V 电源开关、机柜齿盘电源开关、机柜急停电源开关、电柜门灯电源开关。调速器主显画面如图 2-2 所示。

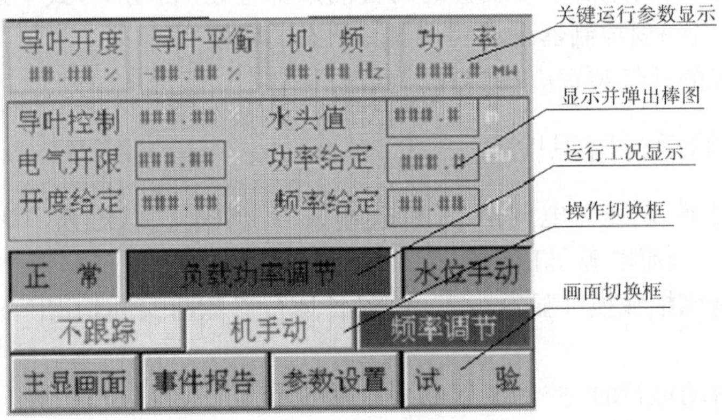


图 2-2 主显画面

(2)检查电调柜触摸屏显示正常,运行水头已设定为设计水头,频率给定为 50.00 Hz。

(3)按“调速器运行监视和检查”规定的方法,对装置的整个运行情况进行观察,若情况正常则可将机组置自动运行工况。

### (二)微机调速器装置退出运行

(1)将调速器切至“手动”运行。

(2)根据需要拉开两套装置的 24 V 电源开关或拉开电调柜的交、直流电源开关。

### (三)调速装置的 A、B 机切换操作

(1)检查调速器 A(B)机无故障信号,在“自动”运行方式下,调速器根据监控系统的指令及相关参数自行调节和控制,运行人员不得进行参数设置或人为干预。

(2)将切换开关切至 A 机(B 机)位置。

(3)检查调速器运行正常。

**(四)调速器在"电手动"运行方式下的操作**

触摸"自动/电手动/机手动"切换按钮,可使调速器在"自动"、"电手动"和"机手动"这三种状态下运行。

1."自动"和"电手动"运行方式的相互切换

将调速器由"自动"切"电手动"运行方式时,在触摸屏上调出修改画面,点击"电手动"按键,调速器则自动切至"电手动"方式进行控制;将调速器由"电手动"切"自动"运行方式时,首先在触摸屏上点击"自动"按键,调速器则自动切至"自动"运行方式,接收监控系统的调节和控制指令。

2. 在"电手动"运行方式下进行导叶开度的增减

在"电手动"运行方式下,通过"增、减"把手进行导叶开度值的给定,同时调速器自动根据开度值的给定情况进行导叶的开度调节,直到实际导叶开关与导叶开度给定值一致。

**(五)调速器在"机手动"运行方式下的操作**

1."机手动"和"自动"运行方式的相互切换

将调速器机柜面板上选择开关切至"手动"位置,调速器即切至"机手动"运行方式;将调速器机柜面板上选择开关切至"自动"位置,调速器即切至电动("自动"或"电手动")运行方式。在正常情况下,二者的相互切换应在调速器无调节操作的情况下进行。

2. 在"机手动"运行方式下进行导叶开度的增减

在调速器机柜面板上选择开关切至"手动"位置后,无油步进式电－位移转换器即断开电动回路,只能进行纯手动控制。此时将步进电机上方的旋转手轮按"开→"方向旋转一个角度,调速器则将导叶开度根据位移的大小进行增加;将步进电机上方的旋转手轮按"关→"方向旋转一个角度,调速器则将导叶开度根据位移的大小进行减小。将旋转手轮松开后,旋转手轮将自动回复到初始位置。

**(六)修改电气开限的操作**

在调速器电调柜触摸屏上触摸电气开限右边显示的数字,即可将画面切换至电气开限修改画面。可用以下两种方法进行电气开限值的修改(见图2-3)。

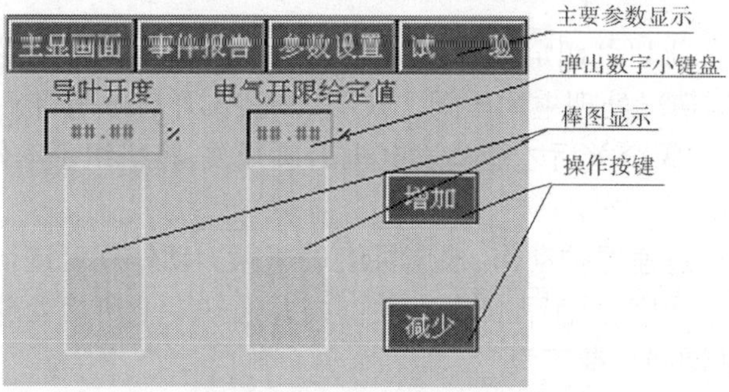


图2-3　电气开限操作画面

(1)触摸画面中的修改电气开限值按钮,此时会在画面右边弹出一个数字键盘,可利用此数字键盘定值阶跃修改电气开限值。此种方法一般用于大范围内修改电气开限值。

(2)触摸画面中的增加和减少按钮也可连续无级修改电气开限值。此种方法一般用于小范围内修改电气开限值。

## 七、调速器的维护保养

调速器的维护保养方法如下:

(1)每月试验一次油压装置油泵备用启动及其信号。

(2)每月实测一次集油槽油位。

(3)每月试验一次机组漏油槽油位过高信号。

(4)每年检测一次油压装置油泵安全阀动作值。

(5)每半年对调速器滤网进行一次清扫。

## 八、调速器的事故处理

### (一)微机调速器A机(或B机)发生故障

1. 现象

A机(或B机)发生故障时,装置自动将没有故障的B机(或A机)升为主机。

2. 处理方法

(1)此时应将AB切换开关切至B机(或A机),操作一次"故障复归"键,如复归后正常,装置将原来主机切换为备机。

(2)如故障不能复归,检查机械液压柜"步进式电-位移转换器"或其他电液转换器有无发卡现象,机柜电源、接线是否完好等并设法消除故障。

(3)以上处理均无效后,联系专业人员处理,必要时将调速器切为"电手动"或"机手动"控制方式。

### (二)调速器引导阀、主配压阀卡死在开启侧

1. 现象

(1)并网机组负荷超过额定值。

(2)未并网机组过速保护动作。

2. 处理方法

(1)若并网机组负荷超过额定值,应立即关闭球阀使机组停机或发电转调相,监视球阀关闭情况,同时根据情况处理主配压阀。缺陷处理后,开启球阀将机组起动或调相转发电。如无法消除应在球阀全关后才能跳发电机出口开关,将机组手动停机,严禁按紧急停机按钮,以免扩大事故。

(2)若未并网机组过速保护动作,根据机组过速保护动作规定进行处理。

(3)事后立即汇报调度、总工程师及有关部门并通知专业班组处理。

### (三)调速器自动增减负荷不灵

1. 现象

调速器不能自动增减负荷。

2. 处理方法

(1)若微机调速器内部故障或输出功放故障,则将调速器切"机手动"控制,并按微机

调速器故障处理方式处理。

(2)若主配压阀或引导阀卡在中间位置,则将调速器切“机手动”控制,向关侧活动主配压阀和引导阀,处理无效时应立即关闭球阀,并汇报生产负责人,请示处理意见。

### (四)调速器抽动或运行不稳定

1. 现象

调速器出现抽动或运行不稳定的现象。

2. 处理方法

(1)若由微机调速器调节品质变差引起,应检查水头、调差系数、人工死区等参数设置是否正确,并联系有关单位处理。

(2)若调速器油管路进气,调速器大幅度抽动,则将调速器切“机手动”运行;若集油槽中有较多气泡,让集油槽油静置,检查压油泵安全阀动作值是否正常,查明调速器进气原因,并通知有关单位处理。

(3)若机组振动摆度过大或尾水压力脉冲过大,则适当调整机组负荷。

### (五)电源消失报警

1. 现象

交、直流电源全部消失,装置发出电源消失报警信号。

2. 处理方法

(1)立即将机柜面板上选择开关切至“手动”位置,调整负荷至所需并待运行平稳后,对交、直流电源进行检查和恢复。

(2)若不能恢复或复电后显示不正常则将装置停电后通知维护人员进行处理。

3. 故障原因

可编程控制器 CPU 故障或者电源故障,致使交、直流电源全部消失。

### (六)机组油压装置故障

1. 现象

机组油压装置压油泵起动频繁。

2. 处理方法

(1)若压油槽油位过高,则将油面调至正常。

(2)若油泵起动、停止整定值改变,则联系维护人员调整。

(3)若接力器漏油较大或压油槽排油阀因振动开启,则改变负荷或全关调速器压油槽排油阀。

(4)若调速器抽动,则设法消除其抽动。

### (七)调速器调速失灵

1. 现象

当调速器开度全关以后,转轮停不下来,直至出现不能有效地控制导叶开度。

2. 处理方法

如调速失灵,导叶开度机构停不下来,应用水轮机的主阀将流入水轮机的水流切断。当水轮机组出现不正常运行,特别是危及机组安全运行时,应立即设法停机进行处理,勉强运行只会导致故障的扩大。

3. 故障原因

调速器调速失灵的原因很多,其主要有:

(1)导叶连杆弯曲,不能有效地控制导叶开度,致使导叶关不死,机组停不下来。应该注意的是,有的小型机组没有刹车装置,机组在惯性的作用下一时不能停下来,这时不要误认为导叶尚未关死。如继续关闭导叶,会使导叶连杆弯曲。

(2)由于自动调速器故障而引起调速失灵。

**(八)电液转换器线圈被烧断**

1. 现象

(1)调速器失控。

(2)调速器柜内有焦臭味。

2. 处理方法

更换新线圈,重新装配。

3. 故障原因

(1)线径太细,过流能力太小。

(2)线圈装配时受潮或被腐蚀。

# 复习思考题

## 一、填空题

(1)如需临时停一台主阀油泵,可连续________油泵电机的"切除"键,对应信号灯点亮,该台油泵电机退出运行,如需检修某台主阀油泵电机,则需将对应的SGK的旋钮置于________位置,拉下SGK内的________即可,并将机旁动力屏上电源抽屉开关________。

(2)调速器在安装、大修后第一次进行手动开机时,应采用________运行方式,通过手动操作________进行控制;在电调柜正常的情况下,其他需要手动开机的时候可以采用________运行方式,通过________来设定导叶开度进行控制。

(3)正常情况下,装置应在________方式下运行,其电气开度限制应置在________的位置。不允许机组长期在________的控制方式下运行,在"自动"或"电手动"运行方式下严禁转动________的旋转手轮。只有在微机调速器CPU故障且机械控制部分正常时,调速器才可改为________控制;当调速器输出模块故障或微机调速器不能正常工作且机械控制部分正常时,调速器可改为________控制,在"电手动"、"机手动"控制方式运行时,必须获得总工程师的批准,并有专人在调速器旁监视。

(4)微机调速器装置的主、从机可以________进行切换,操作其"A机/B机"选择开关时调速器相应切换到________运行。主机故障时,无故障的从机则自动升为________。进行双机切换时,不允许将主机从正常机切至________。进行双机切换后,应检查相应的指示灯转换正常,并将"A机/B机"控制选择开关进行________。

## 二、问答题

(1)进水口闸门的关闭操作步骤怎样?

(2)主阀的作用是什么?

(3)球阀油压装置事故低油压如何处理?

(4)水轮机试运行的操作步骤怎样?

(5)水轮机有哪几个主要参数?

(6)水轮机有几种类型?冲击式水轮机和反击式水轮机又可分为哪几种?

(7)水轮机正常运行时的监视检查项目有哪些?

(8)引起机组振动的原因主要有哪些方面?

(9)遇到哪些情况,禁止起动机组?

(10)机组过速时如何处理?

(11)导叶剪断销剪断应如何处理?

(12)调速器的作用是什么?

(13)微机调速器在并网负载运行和空载运行时的状态有哪些?

(14)微机调速器在“机手动”运行方式下进行导叶开度的增减应如何操作?

(15)调速器引导阀、主配压阀卡死在开启侧应如何操作?

# 第三单元
# 水轮发电机、励磁与保护装置运行及事故处理

**主要岗位工作任务**

水轮发电机组的试运行，水轮发电机组的正常开机操作，水轮发电机组的并列操作，水轮发电机组的正常停机操作，水轮发电机组的事故停机操作，水轮发电机组的有功调整和无功调整，水轮发电机组的巡视检查与监视，水轮发电机组的常见故障与处理；发电机励磁装置的监视和检查，发电机励磁装置的故障处理，发电机保护的运行及事故处理。

水轮发电机组主要由水轮发电机和水轮机组成，水轮机与调速器协同工作，在水流作用下产生机械能；水轮发电机与励磁系统、继电保护装置协同工作将机械能转换为电能，当已励磁的发电机转子由水轮机拖动旋转时，转子磁场切割三相定子绕组，在定子绕组中感应电势，当发电机出口断路器合上与负荷连通时，发电机就发出电能。本章将叙述水轮发电机与励磁系统、继电保护装置的运行及事故处理。

水轮发电机按其主轴布置的方式不同分为立式和卧式两种。由于水轮发电机组的转速较低，水轮发电机的磁极对数较多，相应机组尺寸较大，重量亦较大。水轮发电机的转子都是凸极式。

立式水轮发电机主要由定子、转子、上机架、下机架、推力轴承、导轴承、空气冷却器、励磁装置等部分组成。卧式水轮发电机主要由定子、转子、端盖、推力轴承、导轴承和励磁装置等部分组成。

## 第一节　发电机的运行方式

### 一、发电机的额定运行方式

发电机的额定运行方式是指发电机按制造厂铭牌额定参数的运行方式。发电机在额定运行方式下，损耗小、效率高，能够长期连续运行。因此，在一般情况下，发电机应尽量保持在额定或接近额定状态下运行。

不同水电站的发电机额定运行方式是不同的，其额定运行方式主要取决于发电机的技术规范、定子线圈和转子线圈的绝缘等级、发电机冷却方式。

### 二、发电机的允许运行方式

当电网负荷变化时，发电机的运行参数可能会偏离额定值，但在允许范围内，这种运

行方式称为允许运行方式,又可称为异于标准状态时的运行方式。

### (一)发电机的允许温度和温升

温度过高或高温持续时间过长都会使绝缘加速老化,缩短使用寿命,甚至引起发电机事故。一般来说,发电机温度若超过允许温度 6 ℃长期运行,其使用寿命缩短一半。所以,发电机运行时,必须严格监视各部分温度,使其在允许范围内。另外,当周围环境温度较低、温差增大时,为使发电机内各部位实际温度不超过允许值,还应监视其允许温升。

发电机的定子绕组、定子铁芯、转子绕组的允许温度和允许温升取决于发电机定子和转子采用的绝缘材料等级及测温方式。一般发电机的定子采用 A 级绝缘,温度不超过 105 ℃;转子采用 B 级绝缘,温度不超过 130 ℃。因此,发电机运行时的允许温度和温升,应根据制造厂规定的允许值确定。

### (二)发电机功率因数的允许变化范围

发电机运行时若定子电流滞后定子电压一个角度,同时向系统输出有功和无功,此工况为发电机迟相运行,对应的功率因数为迟相功率因数。当发电机运行时若定子电流超前定子电压一个角度,发电机从系统吸取无功建立磁场,并向系统输出有功,此工况为发电机进相运行,对应的功率因数为进相功率因数。

发电机工作在发电状态时,由于有功和无功负荷的变化,其功率因数也是变化的。为了保持发电机的稳定运行,发电机的功率因数一般为迟相 0.8 ~ 0.9,最大不超过 0.95。若有励磁调节器自动运行,必要时,可在功率因数为 1 的条件下运行,并允许短时间功率因数在进相 0.95 ~ 1.0 的范围内运行。但此种工况下,发电机静态稳定性差,容易引起振荡与失步,因此应迅速联系调度设法调整。

### (三)发电机电压的允许变化范围

并网运行的发电机电压由电网电压决定。发电机电压变动范围在额定值的 ±5% 内时,允许发电机长期按额定出力运行。发电机电压最大变化范围不得超过额定值的 ±10%。

(1)电压高于额定值对发电机运行的主要影响为:①励磁电流可能很大,转子绕组温度升高,同时要受到转子发热的限制;②磁通饱和,使铁损增加,铁芯发热;③磁通过度饱和,出现过多的漏磁,使定子结构部件出现局部高温;④危及定子绕组绝缘,所以要受到定子绕组发热的限制。因此,当发电机电压升高到 105% 以上时,应减少其出力。

(2)电压低于额定值对发电机运行的主要影响为:①可能降低发电机运行稳定性(并列运行稳定性和电压调节稳定性);②使定子电流增大,定子绕组温度升高;③影响厂用电动机和系统安全。因此,当发电机电压降低到 95% 以下时,若此时运行电压尚能满足用户对电压的要求,应监视定子电流大小,以转子电流不超过额定值为限。

### (四)发电机频率的允许变化范围

发电机的频率应保持在额定值 50 Hz 运行。由于系统负荷的变化 Hz,发电机的频率可能偏离额定值,正常变化范围应在 ±0.2 Hz,但最大偏差不应超过 50 Hz ±0.5 Hz。

(1)频率降低对发电机的影响为:①可能影响发电机通风冷却效果;②频率降低,若保持出力不变,定子、转子绕组温度升高;③为保持端电压不变,使发电机结构部件出现局部高温。

(2)频率升高对发电机的影响为:频率过高,发电机转速增加,转子离心力增大,会使转子部件损坏,影响机组安全运行。

**(五)定子不平衡电流的允许范围**

发电机正常运行时,其三相电流大小相等,但实际运行中,发电机可能处于不对称状态,即由于三相负载不平衡引起的三相电流不平衡。其原因主要有:①单相负荷的存在;②设备故障,如发生不对称短路、设备一次回路断线等。

不平衡电流对发电机运行的影响如下:

(1)转子表面温度升高或局部损坏。其原因为:三相负序电流产生负序旋转磁场,在激磁绕组、转子绕组、阻尼绕组等部件感应出电流,这些电流在相应部分引起损耗、发热。

(2)引起发电机振动。其原因为:三相负序电流产生的负序旋转磁场与转子磁场相互作用,产生交变力矩,作用于转子轴和定子机座,从而产生振动、噪音。

因此,机组运行时,定子三相电流任何两相之差不得超过额定电流的20%,同时任何一相的电流不得超过额定电流。通过装设的负序电流表,运行人员可监视三相电流不对称的情况。水轮发电机组允许担负的负序电流不大于额定电流的12%。

注意:若阻尼绕组的作用是减少负序阻抗,可以降低转子过热和机组振动的程度。

**(六)发电机允许的事故过负荷**

一般来说,发电机正常运行时不允许过负荷。但在系统发生事故的情况下,为维持系统静态稳定,允许发电机短时间内过负荷运行。发电机过负荷运行时间取决于其所用的绝缘材料,因此发电机过负荷运行时间及过负荷值应遵守制造厂规定。一般来说,发电机过负荷值越大,允许过负荷运行时间就越短。

在发电机过负荷运行时,应注意监视发电机线圈、轴承、热风温度不得过高。

### 三、发电机的特殊运行方式

**(一)发电机的调相运行方式**

发电机的调相运行方式是指发电机并在系统上作空载电动机运行,向系统输送无功功率,同时从系统吸收很少的有功功率用于克服空载损耗和励磁损耗,以维持额定转速。

**(二)发电机的进相运行**

发电机的进相运行是指发电机工作在欠励状态,此时发电机向系统发出有功功率,吸收无功功率,功率因数处于超前状态。为了维持发电机的稳定运行,发电机一般不允许进相运行。

## 第二节　水轮发电机组的验收

水轮发电机组在新安装完毕或大修完成后正式投入运行前应进行机组验收工作。其目的是对机组的安装和检修质量及其性能进行一次全面的动态检查和鉴定,同时也对引水设施、辅助设备、电气设备等进行检查。机组验收合格后方能正式运行。

### 一、水轮发电机组验收

水轮发电机组验收项目包括以下内容:

(1)大修工作全部结束,所用工作票均办理了工作结束手续,拆除所有安全措施和临时遮栏,恢复了常设遮栏和标识牌。

(2)已做各项预防性试验,数据合格。

(3)机组继电保护和水力机械保护检验结束,模拟正确、动作可靠。

(4)励磁装置检验、调试结束,模拟正确、动作可靠。

(5)励磁装置、现地监控装置间以及与上位机间通信正常,信号准确可靠。

(6)发电机转子碳刷及接地碳刷已全部装回,接触良好,压力均匀。

(7)电气一次设备符合运行规程相关要求。

(8)测试发电机定子吸收比及转子绝缘合格。

(9)发电机出口断路器及灭磁开关各项试验数据合格,远方、现地分合闸正常。

(10)接力器充油、调速器联调试验结束。

(11)调速器、主阀油压装置油泵的自动、备用起动值及停止值,事故低油压值动作模拟正确。

(12)在主阀全关、蜗壳压力为零的情况下,模拟机组自动开、停机,动作准确可靠。

(13)对机组各轴承冷却器和空气冷却器分别做耐压试验,要求无渗漏水现象。

(14)检查机组各轴承油槽、调速器油槽的油位及油质是否正常。

(15)机组制动系统加闸试验合格,风闸动作可靠。

(16)水轮机顶盖、调速器回复机构上无影响和妨碍运行的异物。

(17)检查机组油、水、气系统管道及阀门,管道阀门的操作方向、色标、介质流向标示清晰正确。

(18)蜗壳进人门和椎管进人门封堵严密。

(19)机组电气一次、二次设备及油、水、气系统阀门双重编号准确齐全。

## 二、水轮发电机组大修后起动试验

### (一)试运行前的检查和设备试验

(1)引水系统的检查:包括引水渠道,拦河闸及闸门的操作机构,压力水管、主阀、尾水管等检查。

(2)水轮机的检查.包括各个静止部分及紧固件检查,活动、转动部分检查。

(3)调速器和辅助系统的检查:包括调速器动作的灵活性,开度指示的位置,锁定、油压装置等,油、水、气系统,机组测温装置等检查。

(4)发电机的检查:包括发电机定、转子绝缘检查,定子绕组、转子绕组引出线的连接部分检查;还要仔细检查发电机内部有无杂物和遗留工具等。

(5)励磁系统的检查:包括励磁电源设备,各个开关的位置,各个回路熔断器等检查。

(6)电气一次、二次设备的检查:包括机旁配电设备,发电机出口开关设备及升压设备的检查。

### (二)机组起动试验的一般程序

1. 引水设备充水的试验与检查

对压力钢管引水的电站,应对钢管进行充水试验,检查钢管和主阀的渗水情况。可提起前池闸门至充水的开度对钢管进行缓慢充水；无异常后将压力钢管前的检修闸门全开，再打开主阀的旁通阀对水轮机蜗壳充水；无异常后，打开主阀或提起前池闸门至全开。

2. 机组空转运行

在对机组进行全面检查，满足起动条件，各岗位指定专人负责后，方可开始空转试运行。

试运行采用现场手动开机，操作调速器打开导水叶使机组转动；然后逐步升速，直到空载额定转速。在升速过程中，应注意监视机组的机械部分，特别注意有无异常声音。第一次开机当达到额定转速时即应操作停机，待停机完成后汇总各观测岗位意见，无异常后方可再开机。第一次开机过程中若情况不正常应立即停机检查。

空转运行过程中，应重点检查以下内容：

(1)观察水轮机主轴密封工作情况。

(2)观察和测量机组的振动和摆度。

(3)监视机组各个轴承的瓦温、油温，并做好记录，当瓦温超过 65 ℃时应立即停机处理。

(4)观察转动部分与固定部分有无摩擦、撞击声及其他异常声音。

(5)观察油、气、水系统的工作。

(6)观察调速器及油压装置的工作情况。

3. 机组空载运行

当机组以额定转速空载运行一定时间后，各个部分工作无异常，方可进行励磁、升压，进入空载运行。

(1)合上发电机的灭磁开关，对自励磁的发电机先进行起励，然后逐步升压至额定电压。在逐步分级升压过程中，当电压升到各级值时应停留一段时间，检查电气设备的工作情况。如果一切正常，才能继续升压。

(2)空载运行一定时间后，确认一切正常应进行停机操作。将导水叶开度逐渐关小至全关，励磁电流减至零并跳开灭磁开关，待转速下降至35%额定转速进行制动(刹车)。停机后应对机组以及所有设备进行全面的检查。

4. 机组带负荷运行

机组在空载运行合格后，可以进行带负荷运行。机组带负荷运行分为单机运行和并网运行。下面介绍并网运行的操作过程。

(1)手动开机，机组进入空载运行状态。

(2)检查各个部分，确认正常后采用手动准同期方式将发电机并入系统。

(3)发电机并入系统后按额定负荷的 25%、50%、75%、100% 四个阶段逐渐增加负荷。

机组带负荷运行时，应注意检查和监视以下内容：①机组各个轴承的温度以及发电机的定子温度；②各个表计的指示是否正确；③配电装置的工作情况是否正常。

5. 机组甩负荷试验

当机组带满负荷稳定运行一段时间，保护、自动装置调试、试验均正常后可进行甩负荷试验。甩负荷试验的目的是系统地检验机组在事故状态下的性能以及各种自动装置动作的灵敏性。甩负荷试验分为额定负荷的25%、50%、75%、100%四挡进行。甩负荷试验要做到统一指挥、分工明确、责任到人。当设备或自动装置失灵时,应立即进行手动操作以保证机组的安全。

甩负荷试验后,应重点检查以下内容:①调速机构、导叶的位置;②发电机的励磁装置;③各个信号装置;④机组的紧固件、传动部件;⑤压力管道、镇墩、主阀等。

## 第三节　水轮发电机组的正常运行

### 一、机组正常开机操作

发电机起动前可能处于检修、冷备用、热备用三种状态。检修状态指发电机处于检修过程中,有关电源(如发电机出线、励磁系统、互感器)及所有操作电源均已断开,并布置了与检修有关的其他安全措施;冷备用状态指检修工作已全部完毕,有关检修的临时安全措施已全部拆除,恢复固定遮栏及常设警告牌,发电机具备开机条件;热备用状态指发电机除出口断路器未合闸外,其余设备(如隔离开关、互感器一次侧和二次侧、励磁系统)均已处于运行状态,出口断路器一经合闸即可向外送电。

对于正常停机后的开机,开机前的检查和开机步骤不像机组试运行那么复杂,仅需按正常检查项目检查后即可开机。

(1)接到开机命令后,进行开机前的检查和准备。检查开机条件:①导水叶处于全关状态;②制动闸落下;③断路器在断开位置;④灭磁开关未合(采用全控桥逆变灭磁方式正常停机时不跳灭磁开关,此条取消);⑤机组无事故。

(2)当满足开机条件时,开辅机步骤为:①退出调速器锁定,打开调速器总供油阀;②开启发电机通风机,打开冷却水,若出现冷却水中断信号,经过延时,投入备用冷却水,若仍无冷却水信号,发出冷却水中断信号;③开密封水,若延时后无密封水信号,发出密封水故障信号。

(3)起动调速器。打开导水叶至“空载”开度,转速升至额定值。

(4)投励磁装置。若选用准同期方式,当转速升至80%额定转速时,合上发电机灭磁开关,起励,逐步升压至发电机额定电压。

(5)投准同期装置。当发电机端电压为90%额定电压时,投入准同期装置。

(6)合发电机出口断路器。机组并列条件满足后,准同期装置发出合闸命令,合上发电机出口断路器。

(7)开开度限制至全开。

(8)进行导水叶开度和转速调整,将机组带上所需负荷。

(9)检查机组各部分的运行情况,做好记录并向值长汇报。

采用微机监控的水电站上述开机程序可由运行人员在上位机或者现地监控单元上以一个开机命令完成,即“一键开机”。

注意:不同水电站的机组开机操作步骤大致相同,但不同的控制方式、机组型式等因素导致机组开机过程有些不相同,应具体参照水电站运行规程。

## 二、发电机的同期并列操作

### （一）发电机准同期并列条件

发电机准同期并列条件包括：①发电机电压与系统电压相等；②发电机频率与系统频率相等；③相位相同；④发电机电压相序与系统电压相序一致（除新安装机组第一次投运或者机组大修涉及电气一次引出线及相关同期二次接线时需核定相序，一般正常开机无此要求）。

上述条件①～③同时满足即为发电机准同步并列的理想条件，达到理想条件时冲击电流为零。运行人员在并列时就是要通过同期装置及仪表检测和操控力求达到冲击电流为零的目标。

在实际操作过程中不可能绝对满足上述①～③理想条件，故规定了发电机准同期并列操作的实际条件为：①发电机电压与系统电压差 $\Delta U \leqslant 5\% \sim 10\%$；②发电机频率与系统频率差 $\Delta f \leqslant \pm 0.2\% \sim \pm 0.5\%$；③发电机电势与系统电势相位差 $\Delta\varphi \leqslant 10°$。任何情况下，不满足同期并列操作的实际条件均不允许并列。

存在电压差时并列将产生无功性质的冲击电流，存在相位差时并列会引起有功性质的冲击电流；存在频差时并列，会引起脉动性质的冲击电流，严重时可能失去同步。

### （二）发电机并列方法

发电机并列方法包括准同期和自同期两种，在水电站中主要采用准同期方式。准同期又分为手动、自动两种方式。

水电站中开机并网采用自动准同期为基本并列方式，只有当自动准同期装置故障或检修时，方可用手动准同期方式并列。

发电机手动并列时注意事项：①无论采用何种方式，都不允许解除同期闭锁；②同步表指针应按顺时针方向缓慢旋转；③手动并列时应提前一定时间或一个角度发出合闸命令；④同期表指针转动太快、跳动或停在中间位置不动时，均不允许并列；⑤握住断路器合闸操作把手时，严禁调整电压、频率，如需调时，应将把手松开。

## 三、发电机功率调整

无穷大电网是指电网容量极大，其频率和电压都不受负载变化或其他各种扰动影响，而总是保持为常数。

### （一）同步发电机与无穷大电网并联时有功功率调整

有功功率调整过程：增加或减小导叶开度，即增加或减小水轮机的输入功率发电机输出有功功率就得到调整，通过调节调速器转速调整机构来实现。可在中控室上位机点击“增功”或“减功”实施，还可在机旁调速器上“现地”操作实施。

### （二）同步发电机与无穷大电网并联时无功负荷调整

同步发电机与无穷大电网并联时改变励磁电流大小即改变发电机无功功率输出大小，通过调节励磁装置上励磁调整装置来实现。仍可在中控室上位机点击“增磁”或者“减磁”实施，还可在机旁励磁装置上“现地”操作实施。

### （三）同步发电机单机运行时的调整

同步发电机单机运行时，当有功负荷一定，调节调速器转速调整机构改变进水量大小则改变机组频率；当无功负荷一定，调节励磁电流大小则改变机组电压高低。

关于同步发电机并网运行时有功调整、无功调整，以及单机运行时频率调整、电压调整的理论分析，可参见电机学的有关叙述。

## 四、机组运行中的监视检查与维护

机组运行时运行人员应对机组的运行工况进行严密监视；应按运行规程的要求对设备进行巡视检查、维护；及时发现异常情况，并消除设备的缺陷，保证机组安全运行。

### （一）机组运行工况应监视的主要内容

1. 参数的监视

参数的监视包括发电机的定子电流、转子电流、有功功率、无功功率、功率因数、频率、励磁电流和励磁电压。

2. 绝缘状况的监视

采用绝缘监视装置定期对定子绕组和转子绕组的绝缘进行监测。

3. 机组温度的监视

通过机组测温装置对发电机的定子绕组和铁芯以及各轴承的温度进行监视。对于A级绝缘的发电机定子绕组温度一般不超过105 ℃；定子铁芯的温度不应高于线圈的温度；轴承的温度一般不超过65 ℃，最高不超过75 ℃。

运行人员不应简单对各测量表计进行抄录，而且应根据这些表计显示结合平时观测数据比较及经验来判断机组的运行工况，力求找出隐患，把事故处理在发生之前。

### （二）机组运行时应检查的内容

机组运行时应检查的内容包括以下几方面：①发电机声音、振动检查；②励磁系统相关检查；③机组轴承油位、油温、油色检查；④水轮机运行监视，如剪断销、连臂等；⑤冷却系统各阀门的监视（阀门位置、水压等）。

### （三）机组运行中的维护

机组运行中的维护是指对检查和监视中发现的缺陷和不安全因素进行及时处理以及定期维护。其内容包括：①维护机组的清洁；②保持各油槽的油位；③保证各连接部分牢固，各转动部分灵活；④保持机组自动化元件完好；⑤防止电器元件受潮。

## 五、发电机组的正常停机操作

发电机组的正常停机操作步骤如下：

（1）接到停机命令后，进行卸负荷。即关小导水叶开度至“空载”位置（减有功负荷至零），减小励磁电流（减无功负荷至零）。

（2）当有、无功负荷卸完后，跳开发电机主断路器。

（3）降低发电机电压至零，跳开灭磁开关。

（4）关开度限制，关闭导水叶至“全关”位置。

（5）待转速降至额定转速的35%时，投入机组机械制动（刹车）。

(6)停辅机:关闭冷却水;关密封水;开围带;投导叶锁定,关闭发电机通风机。

(7)向值长汇报。

采用微机监控的水电站上述开机程序可由运行人员在上位机或者现地监控单元上以一个停机命令完成,即"一键停机"。

注意:不同水电站的机组停机操作步骤大致相同,但不同的控制方式、机组型式等因素导致机组停机过程有些不相同,应具体参照水电站运行规程。

### 六、发电机的事故停机

#### (一)事故停机

当发电机在运行中发生下列故障时,机组应能够自动进行事故停机。

(1)发电机电气事故,发电机保护动作。

(2)机组事故(如轴承温度过高达到 75 ℃,调速器油压事故性降低等)。

机组发生上述故障时,相应的保护动作,自动跳开发电机主断路器、灭磁开关,机组作事故停机,并发出事故信号。

#### (二)紧急事故停机

当发电机在运行中发生下列故障时,机组应能够自动进行紧急事故停机。

(1)机组过速达到 140% 额定转速。

(2)在事故停机过程中剪断销剪断。

紧急事故停机除自动跳开发电机主断路器、灭磁开关,机组作事故停机并同时发出紧急事故信号外,还要关闭机组主阀。

#### (三)手动紧急停机

当发生下列情况时,运行人员应立即关闭导叶,降低励磁,将发电机与系统解列并进行手动紧急停机。

(1)机组发生强烈的振动和严重的异响。

(2)发电机引出线电缆爆炸或接头发热冒烟。

(3)水轮机严重漏水,压力水管破裂,危及机组安全。

(4)发电机定子、转子冒烟着火。

(5)发生人身事故或自然火灾。

应特别注意,事故停机、紧急事故停机、手动紧急停机时运行人员应根据仪表、断路器位置指示、断路器分闸弹簧张紧程度等综合判断断路器确已分闸,机组转速确已降至 35% $n_e$ 以下方能刹车制动。若发电机出口断路器未分开而贸然刹车制动,强大的气隙旋转磁场将在转子轮毂、铁芯、阻尼绕组上感生涡流并严重发热,可能引起发电机燃烧的严重后果。

事故停机或紧急事故停机后,运行人员不应立即将保护复归而应及时报告上级领导或调度等待处理,并做好记录。事故停机后应进行全面检查分析,找出原因,进行处理。

## 第四节　水轮发电机常见故障及处理

由于水轮机发电机组的结构比较复杂,有机械部分、电气部分以及油、气、水系统,它不仅受系统和用户运行方式的影响,还受天气等自然条件影响,容易发生故障或者不正常运行状态。某一次故障可能是一种偶然情况,但对整个机组运行来说又是一种必然事件。运行人员应从思想、技术、组织等各个方面做好充分准备。

(1)运行人员平时应加强理论学习,尽可能掌握管辖设备的工作原理和运行性能。

(2)运行人员应熟悉各设备安装位置,各切换开关、切换片位置。

(3)运行班组应针对各种主要故障制定事故处理预案并落实到人。

(4)运行现场应准备必要的安全防护用具及应急工具。

(5)运行人员应有临危不乱沉着应对的心理素质。

## 一、发电机的异常运行及处理

发电机在运行过程中,由于外界的影响和自身的原因,发电机的参数将发生变化,并可能超出正常运行的允许范围。短时间超过规定参数运行或超过规定参数不多,虽然不会产生严重后果,但长期超过规定参数运行或者大范围超过规定参数运行就有可能引起严重的后果,危及发电机的安全应该引起重视。

### (一)发电机过负荷

运行中的发电机,当定子电流超过额定值1.1倍时,发电机的过负荷保护将动作发出报警信号。运行人员应该进行处理,使其恢复正常运行。若系统未发生故障,则应该首先减小励磁电流以减小发电机发出的无功功率;如果系统电压较低又要保证发电机功率因数,当减小励磁电流仍然不能使用定子电流降回到额定值时,则只有减小发电机有功负荷;如果系统发生故障,允许发电机在短时间内过负荷运行,其允许值按制造厂家的规定。

1. 现象

(1)发电机定子电流超过额定值。

(2)当定子电流超过额定值1.1倍时,发电机的过负荷保护将动作发出报警信号,警铃响,机旁发出“发电机过负荷”信号,计算机有报警信号。

(3)发电机有功负荷、无功负荷及转子电流超过额定值。

2. 处理方法

(1)注意监视电压、频率及电流大小,是否超过允许值。

(2)如电压或频率升高,应立即降低无功负荷或有功负荷使定子电流降至额定值,如调整无效应迅速查明原因,采取有效措施消除过负荷。

(3)如电压、频率正常或降低,应首先用减小励磁电流的方法,消除过负荷,但不得使母线电压降至事故极限值以下,同时将情况报告值长。

(4)当母线电压已降到事故极限值,而发电机仍过负荷时,应根据过负荷多少,采取限负荷运行并联系调度起动备用机组等方法处理。

注意:通过相量图可分析出,图3-1(a)减小励磁电流,会降低定子电流 $I$,功率因素 $\cos\phi$ 增大;图3-1(b)减小有功,会降低定子电流 $I$,功率因素 $\cos\phi$ 减小。

### (二)发电机转子一点接地

发电机转子接地有一点接地和两点接地,转子接地还可分为瞬时接地、永久接地、断续接地等。

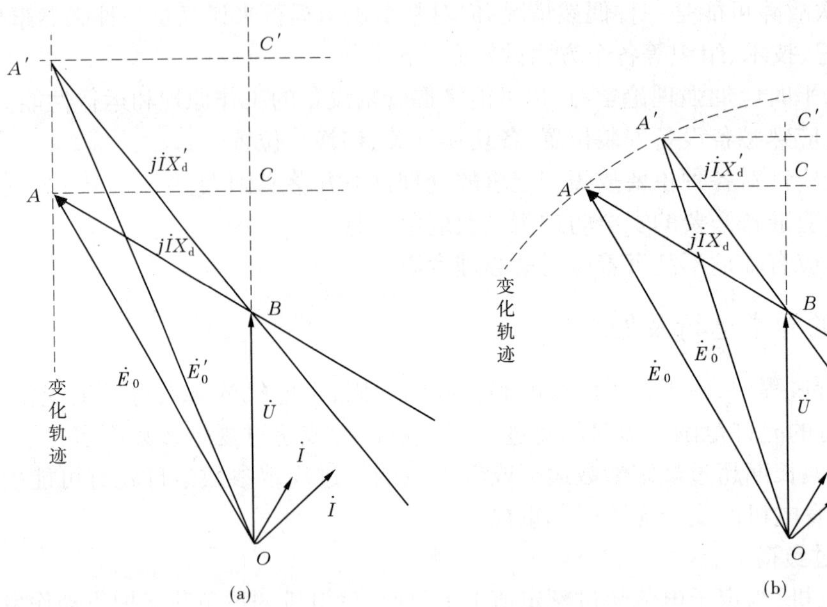


**图 3-1　相量图**

发电机转子一点接地时，因一点接地不形成回路，故障点无电流通过，励磁系统仍能短时工作。但转子一点接地将改变转子正极对地电压和负极对地电压，可能引发转子两点接地故障；继而引起转子磁拉力不平衡，造成机组振动和引起转子发热。

1. 现象

(1)警铃响，机旁发出"转子一点接地"信号，计算机有报警信号。

(2)表计指示无异常。

2. 处理方法

(1)检查转子一点接地信号能否复归，若能复归，则为瞬时接地；若不能复归，并且转子一点接地保护正常，则为永久接地。

(2)利用转子电压表，测量转子正对地、负对地电压值(如发现某极对地电压降至零，另一极对地电压升至全电压，说明确实发生一点接地)。

(3)检查励磁回路，判明接地性质和部位。

(4)如系非金属性接地，应立即报告调度设法处理，同时做好停机准备。

(5)如系金属性接地，应立即报告调度，起动备用机组，解列停机。

注意：通常来说，检查处理时间大致为 2 h，否则应停机处理。

**(三)转子回路两点接地**

发电机转子两点接地时，由于形成回路，故障点有电流通过。

1. 现象

(1)警铃响，机旁发出"转子接地"信号，计算机有报警信号。

(2)转子电流异常增大，转子电压降低。

(3)无功功率表指示降低，功率因数可能进相，有功负荷可能降低。

(4)由于磁场不平衡，机组有剧烈振动声。

(5)严重时，失磁保护有可能动作。

2. 处理方法

转子两点接地时，由于转子电流增大，可能使励磁回路设备损坏。若接地发生在转子绕组内部，则转子绕组过热，机组剧烈振动损坏设备，因此立即紧急停机，并报告调度。

**(四)发电机温度过高**

发电机在运行中，如果定子、转子或者铁芯温度超过规定值，应该及时检查处理。

1. 现象

(1)上位机发出对应“机组温度过高”信号。

(2)发电机定子线圈、定子铁芯温度或冷、热风温度高于额定值。

2. 处理方法

(1)若发电机的有功负荷或定子电流超过了额定值，则调整到额定范围内运行。

(2)若由测温装置异常引起，则退出故障测点，并通知维护专业班组进行处理。

(3)若空冷器进、出水阀开度不够，则调节空冷器进、出水阀开度。

(4)若机组冷却水压不足，则检查供水泵，同时投入机组冷却备用水，调整水压至正常。

(5)若空冷器堵塞造成水路不通，则短时加压供水或倒换机组冷却水。

(6)若由空冷器进、出水阀阀芯脱落引起，转移机组负荷降低机组出力运行，控制冷、热风温度不致过高。

(7)在不影响全厂出力和系统的条件下，适当调整各机组的有、无功负荷分配。

(8)经采取以上措施无效，定子线圈、铁芯温度超过 120 ℃，则应联系调度停机处理。

**(五)发电机转子回路断线**

1. 现象

(1)警铃响，发出“失磁保护动作”信号，计算机有报警信号。

(2)发电机转子电流表指针向零方向摆动，励磁电压升高。

(3)定子电流急剧降低，有功、无功降至零。

(4)如磁极断线，则风洞内冒烟，有焦臭味，并有很响的“吱吱”声。

2. 处理方法

(1)立即停机，检查发电机灭磁开关动作情况，并报告调度。

(2)如有着火现象，应立即进行灭火。

**(六)发电机定子接地**

发电机定子接地是指发电机定子绕组回路或与定子绕组回路直接相连的一次系统发生的单相接地短路。定子接地分为瞬时接地、永久接地、断续接地等。

1. 现象

(1)警铃响，机旁发“定子接地”信号，计算机有报警信号。

(2)定子三相电压不平衡，定子接地电压表出现零序电压指示。

2. 处理方法

(1)检测 A、B、C 三相对地电压(真接地时,定子电压表指示接地相对地电压降低或等于零,非接地相对地电压升高,大于相电压而小于线电压,且线电压仍平衡。假接地时,相对地电压不会升高,线电压不平衡。这是判断真、假接地关键)。

(2)经检查如系内部接地,报告调度,起动备用机组或转移负荷,尽快解列停机。

(3)经检查如系外部接地,应查明原因,报告调度,按调度的要求处理。

(4)在接地期间,应监视发电机接地电压,发现消弧线圈故障应立即停机。

## 二、发电机的故障及处理

### (一)发电机的非同期并列

当不满足同期并列条件将发电机并入系统,即为发电机非同期并列故障。此时合闸冲击电流很大,可能损坏发电机组,造成重大事故;特别是大容量机组与系统非同期并列还将对系统造成较大冲击,引起该机组与系统间的功率振荡,危及系统的稳定运行。所以,应尽力避免发生非同期并列。

1. 现象

发电机准同期并列不良或误并列,并发生强烈振动或较大冲击。

2. 处理方法

(1)如果能拉入同步,则可不解列,但应对发电机组本体进行一次外部检查,并加强对机组运行情况的监视,待有机会停机再作详细检查。

(2)如果发电机强烈摆动,无法拉入同步,则应立即手动解列停机,检查定子线圈端部情况,测量定子线圈绝缘电阻,并对主变进行外部检查,确认冲击电流对发变组未造成不良影响,同时查明造成非同期并列的原因,并加以消除后,方可开机升压并网。

### (二)非同期振荡处理

1. 静态稳定

所谓静态稳定是指并列运行发电机在受到来自系统或水轮机方面的干扰后,能恢复到原来运行状态。静态稳定分析图如图 3-2 所示,$A$ 点为原来稳定运行点,当干扰出现(如水轮机输入功率微小变化),工作点由 $A$ 点变化到 $C$ 点运行,如果干扰消失,工作点又由 $C$ 点回到 $A$ 点稳定运行。

(1)$\frac{dP_M}{d\theta}>0$,即同步发电机稳定运行条件。在特性曲线上,电磁功率随功角增大而增大的部分,发电机运行是静态稳定的。

(2)$\frac{dP_M}{d\theta}<0$,即电磁功率随功角增大而减小的部分,发电机运行是静态不稳定的。

(3)$\frac{dP_M}{d\theta}$所具有的大小及正负值,表征了发电机抗干扰保持静态稳定的能力。$\frac{dP_M}{d\theta}=\frac{E_0 U}{X_t}\cos\theta$,可见,提高 $U$ 可增加发电机静态稳定能力。

2. 动态稳定

当系统发生突然剧烈扰动(负载突然变化、输出线路或变压器切除等)时,机组维持

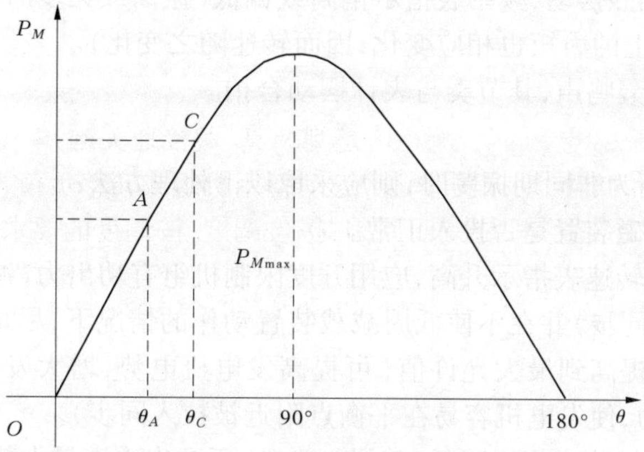


**图 3-2　静态稳定分析图**

稳定运行的能力,称为动态稳定。

例如,双回路输电线路突然切除一回输电线路,在不考虑发电机电磁暂态过程时,总电抗 $X'$ 大于双回路电抗 $X$,即极限功率值减小。

如图 3-3 所示,在切除一回线路后,工作点由 $A$ 点变化到 $B$ 点,然后在 $B$、$C$、$D$ 点之间来回移动,最终在 $C$ 点建立新的稳定运行状态。这种围绕新的平衡点、角度时大时小、转子转速围绕同步转速时高时低的情况,称为振荡。从图 3-3 可以看出,当工作点越过 $E$ 点后,功率无法平衡,发电机会造成失步。

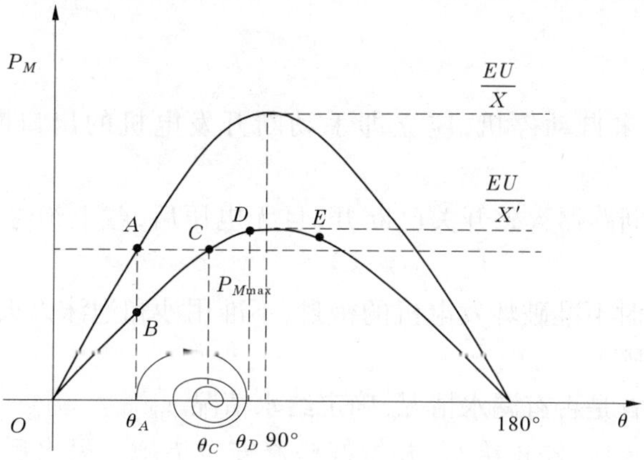


**图 3-3　切除一回线路时功角特性**

**(三)振荡或失步现象及处理**

通过从失步机组表计摆动较大、失步机组有功功率表指针摆动方向与其他机组摆动方向相反、发生振动前的操作原因或故障地点三个方面可判断失步机组。

1. 现象

(1)发电机、线路电流表周期性剧烈摆动(各并列电势间出现电势差且电势间夹角时大时小,导致环流也时大时小,因而电流表指针摆动),有功表、无功表周期性剧烈摆动,其他表计也周期性剧烈摆动，频率表指示偏高或偏低（振荡或失步时，发电机输出功率不断变化，作用在转子上的力矩也相应变化，因而转速随之变化）。

（2）发电机发出轰鸣声，其节奏与表计摆动合拍。

2. 处理方法

通过现象如判断为非同期振荡时，则应采取以下处理方法：

（1）检查自动励磁装置是否投入正常。

（2）如频率表及转速表指示升高，应用开度限制机组有功出力（减小转子上的加速力矩，使机组容易拉入同步）并在不使低周减载装置动作的情况下，尽量降低频率。同时增加无功出力，将电压提高到最大允许值（可提高发电机电势，增大发电机功率极限，增加作用在转子上的阻力，使发电机容易在平衡点附近被拉入同步）。

（3）如频率表及转速表指示降低，就增加有功、无功出力至最大值。

（4）如因发电机失磁造成发电机本身强烈振荡失去同期，应不待调度命令，立即将该机组与系统解列。

注意：系统振荡时，禁止将"调速器"切手动。

**（四）发电机着火**

1. 现象

（1）发电机可能出现事故光字、蜂鸣器响、有关保护动作。

（2）发电机有冲击声或嗡嗡声。

（3）机组可能自动事故停机。

（4）发电机上部盖板热风口或密闭不严处冒出明显的烟气、火星或有绝缘烧焦的气味。

2. 处理方法

（1）确系着火而未自动停机，应立即手动断开发电机的出口断路器并灭磁，紧急停机。

（2）确认发电机断路器灭磁开关已断开，且无电压后，戴上绝缘手套，开启机组消防水进水阀进行灭火。

（3）发电机着火时不准破坏发电机的密封，不准用沙和泡沫灭火器，严禁打开风洞门及盖板，严禁进入风洞。

（4）到水车室检查是否有漏水情况，确定给水情况。

（5）火被完全扑灭后，停止给水，并做好检修安全措施。灭火后进入风洞，必须戴上防毒面具。

（6）采取灭火措施必须果断、迅速，防止事故扩大或引起人员中毒、烧伤、触电等，并遵守有关消防工作手册的规定。

## 第五节　发电机励磁装置的运行及事故处理

本节以 LTW6200 晶闸管全控桥整流自并激静止励磁装置为例，介绍励磁装置的运行、操作及故障处理，以期达到举一反三的目的。LTW6200 晶闸管全控桥整流自并激静止励磁装置分别由励磁变压器(LB)、功率整流柜、灭磁(开关)柜(含非线性电阻柜)、励磁调节器及测量用电压互感器(YH)、电流互感器(LH)组成(后三项图中未画出),如图3-4所示。

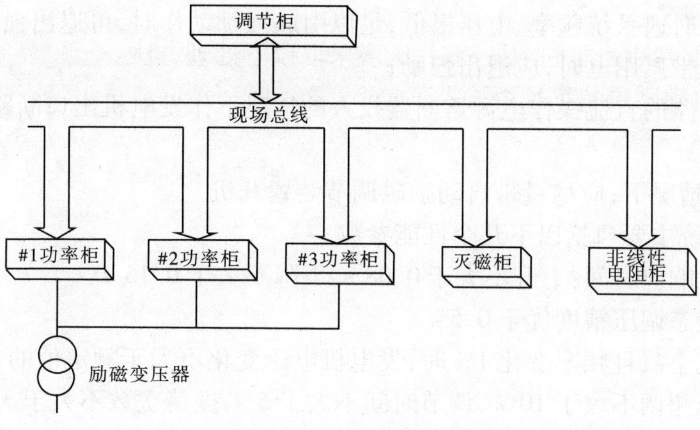


图3-4　励磁装置的构成

本励磁装置的励磁调节器为微机/微机/模拟三通道型,包括两个数字式自动通道(A、B)和一个模拟式手动通道(C)。三个通道通过两条外部总线联结,正常情况下在A通道运行,如图3-5所示。

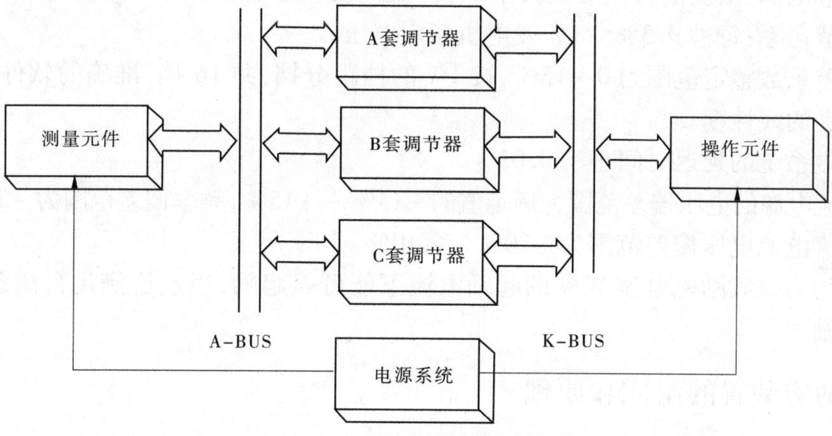


图3-5　励磁调节器的构成

## 一、基本运行规定

(1)机组在正常运行时,应将励磁调节装置投入运行。

(2)机组处于备用中,自动励磁调节装置也应处于备用状态,且应满足:

①设备内无危及安全运行的异物;

②装置的绝缘电阻不低于0.5 MΩ;

③高压熔断器柜在投入位置,二次熔断器在投入位置;

④直流操作控制电源熔断器投入。

(3)下列情况之一可停用自动励磁调节装置和强励装置：

①发电机短路干燥；

②发电机—变压器组对线路递升加压时；

③开机并列时遇系统频率、电压极低，足以引起强励动作时，可退出强励；

④发电机只带厂用电时，应退出强励；

⑤在励磁回路的直流操作电源熔断器投入的情况下作发电机出口断路器的试合试分时停用强励。

(4)在正常情况下，应尽量带自动励磁调节装置开机。

(5)励磁系统主要包括以下几个性能参数。

①励磁电压响应时间：上升不大于0.08 s，下降不大于0.15 s。

②发电机静态调压精度优于0.5%。

③在发电机空载且频率变化1%时，发电机电压变化不大于额定值的0.25%。

④零起升压超调不大于10%，调节时间不大于5 s，振荡次数不大于3次。

⑤10%阶跃响应超调量不大于阶跃量的50%，调节时间不大于5 s，振荡次数不大于3次。

⑥额定功率因数时，突甩额定负荷，电压超调不大于15%，调节时间不大于5 s，振荡次数不大于3次。

⑦调节范围：从发电机残压到大于110%发电机额定电压。

⑧调节速率：每秒0.3%~1%发电机额定电压。

⑨调差系数整定范围为0~15%，按1%的挡距分挡，共16挡，准确的软件计算保证了调差优良的线性度。

⑩励磁系统的延迟时间小于0.03 s。

⑪交流电源的电压偏差范围为额定值的-15%~+15%，频率偏差范围为-3~2 Hz。

⑫直流电源电压偏差范围为-20%~+10%。

⑬在约为空载励磁电流10%的起励电流下能可靠起励，当残压满足自激条件时，也可残压起励。

## 二、励磁装置的组成和原理

### (一)励磁调节器的组成和原理

励磁调节器为微机/微机/模拟三通道型，包括两个数字式自动通道(A、B)和一个模拟式手动通道(C)。

(1)三个调节通道及测量元件、操作元件、电源等装于一个调节柜内。测量元件包括中间变压器、中间变流器、电流/电压变换器等；操作元件包括操作开关、继电器、可编程控制器等；电源包括厂用电源切换装置、开关电源等。

(2)三通道以主从方式工作，正常方式时A通道为主通道，测量信号通过机端电压互感器(2YH)和励磁电流互感器(4LH)取得，B通道及C通道为备用通道，测量信号通过机端电压互感器(1YH)和励磁电流互感器(4LH)取得。当A通道出现故障时，自动切换到备用通道(B)运行。同样，当B通道投入运行后出现故障，自动切换到C通道运行。

(3)A、B通道可相互跟踪,C通道总是自动跟踪当前运行通道(A或B)。

(4)在正常运行工况下,调节器按发电机电压偏差或按励磁电流偏差进行调节,通过输出脉冲的相位变化,控制可控桥整流桥输出的励磁电压,以保持发电机端电压或励磁电流恒定。当系统出现异常情况时,相应的励磁限制功能将起作用,使发电机运行在一个安全的范围。若调节器本身出现故障,通过硬件“看门狗”和单片机的故障检测,自动切换至备用通道运行。调节通道之间的信息交换以及各种开关量、模拟量的输入输出均通过开关量总线和模拟量总线实现。

**(二)自并激励磁系统的组成和原理**

自并激励磁系统的励磁电流、电压取至发电机机端,励磁电流经过励磁变压器降压、全控整流桥变流的直流励磁电流,由晶闸管触发脉冲的相位进行控制。一般情况下,这种控制是以保持发电机机端电压恒定为目标的,但当发电机发生过励、欠励、V/Hz超值等越限情况时,调节器还将进行相应的限制操作,确保发电机运行在正常范围之内。在发电机并网后,随着系统电压的变化,励磁装置将对发电机的无功功率进行自动调节。

(1)励磁装置交流电源由机旁动力屏和励磁变压器LB中压侧通过自动切换装置来提供。励磁系统使用的交流电源包括风机电源、监控系统使用的变送器电源、调节器电源、照明及加热器电源。

(2)励磁装置的直流控制电源为DC 220 V,从灭磁柜引入,作为起励回路、灭磁开关操作回路和DC 24 V的开关电源模块的供电电源。

(3)励磁装置的弱电操作电源为DC 24 V,包括调节器操作回路电源、可编程控制器电源以及触发脉冲回路电源。

(4)弱电操作电源由厂用切换装置及直流操作电源并联供电,任一路电源消失均不会影响励磁装置的正常工作。

**(三)功率整流柜的组成和原理**

(1)本装置包括两个整流柜,每个整流柜内安装一个三相全控整流桥,两桥并联输出。每个功率柜的交流输入侧均安装压敏电阻,用于整流桥交流侧的过电压保护,每个晶闸管串联一个快速熔电器,用于直流输出回路的过载或短路保护。每个功率柜内都配有脉冲投切开关,可以方便地将功率柜退出运行状态。整流元件采用1 410 A级的晶闸管,单桥额定电流输出大于1 500 A,当其中一个整流桥退出运行时,励磁装置仍能保证发电机在所有的工况下连续运行,包括强励在内。

(2)功率柜采用轴流风机强迫风冷却方式,若风机出现故障停运后,励磁装置在额定工况下仍可连续运行30 min以上。

(3)两个功率柜(整流桥)的输出电流值之差必须在一定范围之内,保证均流系数达到85%以上。

**(四)灭磁及转子过电压保护的组成和原理**

(1)发电机转子灭磁电阻为高能氧化锌非线性电阻(FR1),当有20%的非线性电阻退出时,仍能满足最严重工况的灭磁要求。

(2)转子过电压保护采用非线性电阻和晶闸管跨接器配合实现,转子的正向过电压通过晶闸管跨接器和非线性电阻吸收能量,正向过电压被钳制在1 600 V,反向过电压被钳制在 1 350 V。过压保护动作时将发出动作指示信号并计数一次。

## 三、励磁装置监视和检查

### （一）一般规定

备用中的励磁装置应按规定进行运行维护和巡回检查，其安全和技术规定与运行励磁装置一样，与运行励磁装置同等对待。

### （二）励磁系统巡视检查

励磁系统巡视检查项目包括：

（1）励磁母线及各引线接头无松动发热现象。

（2）各整流器、分流器无过热、烧伤现象。

（3）励磁调节器各元件无异常，变阻器滑动接点接触紧密，各元件所处状态正确。

（4）励磁调节器各表计指示正确，现地各信号指示正确，各钮子开关位置正确，端子无松动。

（5）可控硅励磁各功率柜元件及风机运行正常。

## 四、励磁装置的运行操作

### （一）电源投入操作

（1）调节器电源和励磁装置直流 24 V 电源由来至励磁变压器交流 380 V 中压侧 A 相和厂用电 A 相切换装置输出及直流蓄电池电源并列供电。

（2）正常发电时，调节器上方交流电源开关和直流电源均投入，任一路电源消失均不影响励磁装置正常工作。

### （二）零起升压操作

（1）新机组第一次升压一般采用零起升压方式，开机前将操作面板上的“正常/零升”开关拨至零升位置。

（2）调节器对发电机电压的给定值进行预置，操作面板上“减磁”和“增/减到限”红色指示灯同时亮表示发电机电压给定值预置到下限位置。

（3）自动或人工起励，发电机应建压在下限值并保持稳定，此时用示波器观察整流桥输出波形，应具有幅值基本一致的 6 个波头，整流桥波形的开放角应比较小。

（4）若发现起励后发电机电压不能稳定，逐渐向上攀升，应立即拉开灭磁开关后检查。

### （三）正常开机操作

（1）零起升压正常后，即可进行正常开机，此时“正常/零升”开关处于“正常”位置。一般情况下，三个通道的“跟踪投切开关”均应处于投入位置。

（2）调节器在未检测到开机令时，对发电机电压给定值进行预置，调节器面板上“增磁”、“减磁”红色指示灯同时亮表示给定值预置成功，正常预置值在出厂时整定为 100% 额定值，C 通道在正常开机前调节器面板上仍为“减磁”和“增/减到限”红色指示灯同时亮。

（3）调节器接收到以下开机令之一时，发电机升压至预置值：

①发电机转速达到95% $n_e$ 且有投励磁令时；

②发电机转速达到95% $n_e$ 且人工按起励按钮时；

③发电机转速达到95% $n_e$ 且2YH电压信号大于10% $U_e$ 时。

**（四）空载运行操作**

正常开机建压至100% $U_e$，即可进行下列操作。

（1）现场控制：操作调节柜面板上的“增磁”、“减磁”按钮，可对发电机的电压进行调节。

（2）微机监控装置现地（LCU）/远方控制单元同样可以实现对发电机进行调节，这种励磁调节仅对当前的运行通道起作用，对备用通道不起作用。

（3）正常情况下，开机建压正常后不需要再进行励磁调节，除非进行发电机空载电压上、下限电压值的测试。当机端电压增至115% $U_e$ 时，“V/Hz限制”动作，红色指示灯亮，限制发电机电压在该数值不变。

（4）减少励磁，当机端电压降低至10% $U_e$ 时，励磁装置即自动停机，返回正常预置位置，等待下次（励磁）开机。

**（五）自动准同期操作**

（1）调节器可通过常规I/O方式接受双微机自动准同期装置或微机监控装置现地（LCU）或远方控制单元对励磁的接点控制以调节发电机电压，实现同期并网。

（2）调节器A通道和B通道还具有系统电压跟踪功能，该功能设有投切开关，且当发电机并网后自动闭锁该功能。

（3）在调节器A通道和B通道的面板上装有跟踪投切开关，可实现以下功能：

①当A通道或B通道处于运行状态时，此开关用于对应通道系统电压跟踪功能的投入或切除；

②当A通道或B通道处于备用状态时，此开关用于跟踪B运行通道或A运行通道的投入或切除。

**（六）并网运行操作**

（1）机组并网运行以后，即可通过调节励磁电流的大小实现无功功率的控制。

（2）调节励磁电流大小的操作方法同空载运行时一样；励磁电流的上下限也有相应的范围，当励磁电流增大到1.1倍额定励磁电流时，励磁系统的过励限制器即动作，限制励磁电流进一步上升，此时可见调节器操作面板上的“强励”灯动作。

（3）发电机作进相运行，当励磁电流逐渐减小某一数值时，励磁系统的欠励限制器即动作，限制励磁电流进一步减小，此时面板上“欠励限制”灯动作。

**（七）停机操作**

（1）正常停机灭磁：发电机停机时，微机现地监控单元（LCU）停机开出继电器控制励磁调节器自动逆变灭磁或者机组转速低于90%时自动逆变灭磁。

（2）人工逆变灭磁：在发电机空载运行时，操作调节器操作面板上的逆变灭磁旋钮开关，发电机逆变灭磁。

（3）事故停机灭磁：发电机事故停机，发电机微机保护开出继电器动作，使灭磁开关（QFG）分闸灭磁。

### （八）功率整流柜散热风机操作

（1）将散热风机选控开关置“自动”位置且该功率柜处于投入位置，风机就能随机组起动自动开、随机组停机自动停。

（2）将风机选控开关置“手动”位置，风机立即处于运转状态，直至自动开关切除或随选控开关转到“自动”状态。

### （九）整流柜在运行中退出或重新投入

（1）在运行过程中，若某一个整流柜要退出运行，必须保证其他整流柜仍在运行之中。

（2）欲退出某个整流柜，应先将柜内的脉冲投切开关置于切除位置，观察其输出电流为零，再将整流桥的交、直流刀闸开关断开，该柜即处于退出状态。

（3）当要将整流柜重新投入时，先将整流桥的交、直流刀闸开关合上，再将脉冲投切开关置于投入位置即可。

### （十）灭磁（开关）柜操作

（1）机旁动力屏和励磁变压器 LB 中压侧提供给装置的交流电源引至调节柜中，正常情况下，两个开关（QF01、QF02）均处于合闸位置。

（2）发电机正常停机时，不需要跳灭磁开关（QFG），只要由现地监控单元（LCU）的停机开出继电器置调节器处于“逆变”状态，使晶闸管逆变灭磁。仅在事故等特殊情况下，跳灭磁开关（QFG）灭磁。灭磁开关的分、合可在现地（灭磁开关柜）操作，也可以在远方（微机监控装置上）操作。

（3）当发电机转子绕组正向或反向过电压足够高而引起非线性电阻导通时，过压保护动作指示灯亮并保持，直至人工操作灭磁柜上的复位按钮。事故停机跳灭磁开关，也会导致过压保护动作指示灯亮。

（4）起励电源一般装于本柜，当机组残压不够高，不能满足起励要求时，起励电源必须投入。

## 五、励磁装置故障处理

### （一）+5 V 电源故障

1. 现象

运行通道故障后调节器将自动切换到备用通道运行；智能操作屏上发出红色闪烁报警信号；调节器面板上“电源故障”黄色指示灯亮；计算机监控装置同时报警。

2. 处理方法

检查切换备用通道后的运行情况；检查调节器抽屉内故障通道电源模块输出的 +5 V 电源是否正常；根据故障情况停机、停电处理。

### （二）电压互感器（2YH）断相

1. 现象

主通道发生 1PT（2YH）断相故障后调节器将自动切换到备用通道运行；智能操作屏发出红色闪烁报警信号；调节器面板上“PT 故障”黄色指示灯亮；计算机监控装置同时报警。

2. 处理方法

检查切换到备用通道后的运行情况；检查励磁电压互感器2YH高压熔断器是否出现熔断等断相情况，经更换熔断器故障消除后，励磁装置可继续运行；否则应停机、停电处理。

**（三）电压互感器（1YH）断相**

1. 现象

励磁调节器检测到2PT（1YH）断相故障后，智能操作屏发出红色闪烁报警信号；调节器面板上“PT故障”黄色指示灯亮；计算机监控装置同时报警。

2. 处理方法

该故障对主通道的运行无影响，如果调节器处于备用通道运行时出现此故障，应立刻人工切换到主通道运行；检查励磁电压互感器1YH高压熔断器是否出现熔断等断相情况，经更换熔断器故障消除后，励磁装置可继续运行；否则应停机、停电处理。

**（四）微机故障**

1. 现象

发生微机故障后调节器将自动切换到备用通道运行；智能操作屏发出红色闪烁报警信号；调节器面板上“调节器故障”黄色指示灯亮；计算机监控装置同时报警。

2. 处理方法

检查切换到备用通道后的运行情况，检查调节器硬件；根据故障情况停机、停电处理。

**（五）整流柜“快熔熔断”故障**

1. 现象

发生快熔熔断后，整流柜上“快熔熔断”指示灯亮；智能操作屏发出红色闪烁报警信号；计算机监控装置同时报警。

2. 处理方法

立刻将故障功率柜退出，确定是哪一只快熔熔断；检查对应的晶闸管是否损坏，更换正常后将功率柜投入运行。

**（六）转子“过电压”故障**

1. 现象

发生快熔熔断后，灭磁（开关）柜上“转子过电压”指示灯亮；智能操作屏发出红色闪烁报警信号；计算机监控装置同时报警。

2. 处理方法

检查灭磁（开关）柜内特种熔断器（RD）是否熔断，非线性电阻（FR1）是否损坏；查看“转子过电压”保护动作后的计数情况，按下复归按钮复归信号，判断“转子过电压”保护动作的正确性。

**（七）励磁装置特殊故障的处理**

（1）励磁系统正常运行时应为A通道运行，当A通道发生故障时将自动切换到B通道运行。若励磁装置最终运行于C通道，而C通道发生故障，励磁装置将自动拉开灭磁开关并发出报警信号且自动保持。

（2）此时应到现地进行检查，处理完相关故障后，按智能显示屏上的“清除”按键将保持的故障信息清除后,方能合上灭磁开关。

(3)当励磁系统出现过励保护故障时,励磁装置也将自动拉开灭磁开关并发出报警信号且自动保持。

(4)在处理完相关故障后,也应按智能显示屏上的"清除"按键将保持的故障信息清除后,才能合上灭磁开关。

# 第六节　发电机保护装置的运行及事故处理

## 一、继电保护装置运行规定

(1)运行和备用中的设备,必须有可靠的保护装置,不允许无保护运行或备用。

(2)保护装置的投入、退出等操作由值守人员负责进行。

(3)保护回路直流电源在断开时,应先断开正极电源熔断器,再断开负极电源熔断器,在投入时应先投负极电源熔断器,后投正极电源熔断器。

(4)更改保护装置的整定值或变更接线必须有经有关领导批准的定值通知单和图纸,工作完毕后应在继电保护记录台账上做好记录,并由工作人员绘出竣工图。

(5)凡调度管辖的保护装置在新投入、经过变更或改变定值时,值守人员必须和当值调度员进行整定值和有关注意事项的核对,无误后方可投入运行,并在定值通知单上签字和注明执行时间。

(6)凡总工程师管辖的保护装置在新投入、经过变更或改变定值时,值守人员必须认真核对整定值和有关注意事项,无误后方可投入运行,并在定值通知单上签字和注明执行时间。

(7)继电保护装置年检后,值守人员应对保护定值进行核对、验收,工作人员应在"继电保护记录簿"上写明工作结果后方可办理工作票的终结手续。

(8)在差动保护或方向保护的电流互感器二次回路上工作后,必须先进行负荷电流相位测定,正确后方可投入运行。

(9)保护装置检修或长期停用后投入运行前,用250 V绝缘电阻表测量其直流48 V回路的绝缘电阻不得低于0.5 MΩ,用500 V绝缘电阻表测量其直流220 V回路的绝缘电阻不得低于0.5 MΩ,用500 V绝缘电阻表测量其交流二次回路的绝缘电阻不得低于1 MΩ。

(10)保护装置投入运行前,应先检查定值是否正确、继电器是否松动、插件接触是否良好、信号指示是否正确。

(11)凡在保护装置及其相关回路上工作过,必须进行模拟试验,正确无误后方可投入运行。

(12)在交流电压回路上工作时,必须事先将有关保护装置(如距离、方向、高频、复合电压、失磁、过速等)停用,防止保护装置误动,交流电压意外中断时参照执行。

(13)运行中发现可能使保护装置误动的异常情况时,应按设备的管辖权限,及时向调度或总厂总工程师、生计部运行管理高级工程师和二次管理高级工程师汇报,紧急情况下，总值班有权决定将保护装置停用（打开压板），但事后应立即向上述人员汇报。

（14）操作、检查和清扫保护装置时，严禁震动、碰撞和轻易插拨，经插拨后的继电器应尽可能做模拟试验。

（15）在下列情况下，应停用整套微机继电保护装置：

①微机继电保护装置使用的交流电压、交流电流、开关量输入、开关量输出回路作业。

②在微机继电保护装置内部作业。

③继电保护人员输入定值。

（16）保护装置动作后，值守人员应迅速判断其动作的正确性，并按照设备的管辖权限，及时将动作情况和（或）测距结果汇报调度和电厂有关技术人员。

（17）保护装置动作后，应准确记录动作信号名称、继电器名称、液晶显示内容、故障打印报告等，无误后经总值班允许方可按下复归按钮。

（18）保护装置在运行中控制熔断器熔断（空气开关分闸）后，应迅速检查该装置有无异音、异味及发热现象，如无异常可更换同容量熔断器（重新合上空气开关）。但在此之前应打开该装置的出口压板，如熔断器再次熔断（空气开关再次分闸）应联系有关部门及时处理。

（19）保护装置内端子线的拆接、屏面电流试验压板和屏内压板的给上及打开由继电保护人员负责，屏面上其他压板的给上及打开由值守人员负责。

## 二、机组保护装置的运行方式

（1）机组通常配置的继电保护有：

①反映定子线圈及引出母线相间短路的纵差保护。

②反映发电机及其引出母线相间断路的负序过流和复合过流保护，该保护分两段时限，第一时限分主变高压侧断路器（201DL 或 202DL），第二时限分发电机断路器、灭磁开关 QFG。

③反映发电机励磁电流消失的失磁保护。

④QFG 跳闸连锁切机保护。

⑤反映发电机甩负荷等造成定子电压过高的过电压保护。

⑥转子一点接地保护。

⑦定子单相接地作用于信号。

（2）运行中的发电机因某种原因确需停用保护时，纵差保护和负序电流保护、复合过流保护不得同时停用。

（3）发电机在递升加压、短路烘烤和校验保护时，应将负序过流一段、复合过流一段压板 4LP 与 2LP 和继电强励压板 1LP 打开。

## 三、发电机保护装置巡视检查

发电机保护装置巡视检查项目包括：

（1）屏柜完好、清洁无异，标示清晰，柜门关闭严密，开关正常。

（2）各装置插件插接严密稳固，标示清晰。

(3)工控机外观完好无损,电源、时间指示正常,无死机现象,无异常指示,工作电源指示灯亮,打印纸装填正常。

(4)各压板完好无损、标示清晰,除备用压板外均在投入位置。

(5)照明正常,各装置连线牢固,无过热现象。装置接地线完好,接地牢固。电缆标示清楚,电缆孔洞封堵严密。

(6)端子排连线整齐美观,标识完整清晰,连接牢固,无松动断线,无过热、烧焦现象,无裸露导线出现。

(7)电源空气开关完好无损,投入正常。

(8)保护装置外观完好,标示清晰,接点无烧伤粘连,无异常发热,无异常电磁声响。

(9)工控机2个风机运行正常,无异常声响。

## 四、机组保护装置的操作

(1)机组微机保护装置时钟校对:

①点击"状态切换"菜单。

②在下拉菜单中选定"退出"。

③按击"ENTER"键。

④在弹出的"请输入口令"对话框中输入口令。

⑤按击"ENTER"键。

⑥在弹出的"退出"对话框中选择"确认"。

⑦点击"确认"按钮或按击"ENTER"键进入DOS系统。

⑧在"C:\TEST >"目录下键入"CD\"。

⑨按击"ENTER"键回到"C:\ >"。

⑩键入"date"设置日期。

⑪按击"ENTER"键。

⑫按mm-dd-yy格式输入日期,例如07-31-2004。

⑬按击"ENTER"键回到在"C:\ >"。

⑭键入"time"设置时间。

⑮按击"ENTER"键。

⑯按系统提示时间格式输入日期,例如2:54p。

⑰按击"ENTER"键回到"C:\ >"。

⑱键入"CD TEST"进入"C:\TEST >"目录。

⑲键入"TEST"。

⑳按击"ENTER"键进入正常状态。

(2)机组微机保护装置定值清单打印:

①点击"定值处理"菜单。

②在下拉菜单中选定"定值查看"。

③按击"ENTER"键。

④在弹出的"WFB-100型微机发变组保护定值浏览/打印"对话框中选择"打印"按

钮。

⑤点击“打印”按钮或按击“ENTER”键。

(3)机组微机保护装置报告打印：

①点击“数据浏览”菜单。

②在下拉菜单中选定“故障报表打印”。

③按击“ENTER”键。

④在弹出的“请找打印文件名”对话框中选择要打印的报表文件。

⑤点击“打印”按钮或按击“ENTER”键。

## 五、继电保护装置的故障和事故处理

### (一)保护装置控制、操作熔断器(空气开关)熔断(跳闸)

当发生保护装置控制、操作熔断器(空气开关)熔断(跳闸)故障时,应做以下处理：

(1)打开装置出口压板。

(2)检查装置有无异音、异味及发热现象。

(3)按规定更换同规格的熔断器(合上空气开关)。

(4)给上装置出口压板。

(5)若再次熔断(跳闸)则联系继电保护人员处理。

### (二)保护装置信号熔断器熔断

当发生保护装置信号熔断器熔断故障时应做：

(1)更换同规格的熔断器。

(2)若再次熔断则联系继电保护人员处理。

### (三)保护装置合闸熔断器熔断

当发生保护装置合闸熔断器熔断故障时,应做以下处理：

(1)检查装置合闸接触器、合闸线圈有无异味。

(2)检查装置操作熔断器是否正常。

(3)确认合闸接触器在断开位置。

(4)按规定更换同规格的熔断器。

(5)改变合闸电源的环网运行方式,投入该回路的电源。

(6)若再次熔断则联系继电保护人员处理。

(7)若合闸接触器在合闸位置或其常开接点未断开,严禁更换熔断器。

# 复习思考题

## 一、填空题

(1)发电机电压正常变化范围为________,最大变化范围为________。

(2)发电机频率正常变化范围为________,最大变化范围为________。

(3)发电机功率因素一般应工作在________,功率因数达到0.95~1.0或进相0.95

发电机也可运行,但应注意________。

(4)发电机过负荷时间取决于________________。

## 二、问答题

(1)电压高于或低于额定值对发电机运行有何影响?

(2)频率低于或高于允许值对发电机运行有何影响?

(3)写出水轮发电机组正常开机操作步骤。

(4)写出水轮发电机组正常停机操作步骤。

(5)分析与无穷大电网并列运行时,有功功率调整方法。

(6)分析与无穷大电网并列运行时,无功功率调整方法(要求画出相量图说明)。

(7)画出相量图分析说明发电机过负荷时现象及处理方法。

(8)不平衡电流对发电机有何影响。

(9)分析发电机静态稳定调整过程。

(10)分析发电机动态稳定调整过程。

(11)定子接地时,如何判断其是真接地还是假接地?

(12)转子接地的判断方法如何?

(13)正常开机操作过程如何?

(14)各种停机操作过程如何?

(15)说出电压互感器断相的现象和处理方法。

(16)励磁装置巡视检查项目有哪些?

(17)整流柜"快熔熔断"故障如何处理?

(18)发电机保护装置巡视检查项目有哪些?

# 第四单元
# 变压器与保护的运行及事故处理

**主要岗位工作任务**

变压器投运前的试验验收、冷却装置检查、投入试运行及冲击试验，变压器的正常运行操作，变压器的日常巡视检查、特殊巡视检查，变压器保护的巡视与操作，变压器异常运行监视及事故处理。

变压器是水力发电厂中的重要设备，其重要性仅次于水轮发电机。水力发电厂中的主变压器是把发电机发出的较低电压（几千伏到十几千伏）升高到很高的电压（十几千伏到几百千伏乃至上千千伏），通过输电线路将电能送到远方的负荷中心。水力发电厂中的厂用变压器是把发电机发出的电压降到几千伏或400 kV，供水电厂中的厂用负荷使用。变压器的保护是保证变压器安全运行不可或缺的技术措施。

## 第一节　油浸式变压器结构

如图4-1是油浸式电力变压器，现简略介绍一下变压器的结构。变压器主要由铁芯、绕组、油箱、呼吸器、油枕、绝缘套管、分接开关和气体继电器等组成。

### 一、铁芯

铁芯是变压器的磁路部分。其运行时因产生磁滞损耗和涡流损耗而发热。为降低发热损耗及减小体积和质量，铁芯采用小于0.35 mm导磁系数高的冷轧晶粒取向硅钢片构成。依照绕组在铁芯中的布置方式，有铁芯式和铁壳式之分。芯式变压器结构简单，高压绕组与铁芯距离较远，绝缘容易处理。而壳式变压器的结构较坚固，绕组能承受较大的电磁力，特别适合通过大电流的变压器，但制造工艺较复杂，且高压绕组与铁芯柱的距离较近，绝缘处理较困难。

在大容量的变压器中，为使铁芯损耗发出的热量能够被绝缘油在循环时充分带走，以达到良好的冷却效果，常在铁芯中设有冷却油道。

### 二、绕组

绕组和铁芯都是变压器的核心元件。由于绕组本身有电阻或接头处有接触电阻，由 $Q = I^2Rt$ 知要产生热量，故绕组不能长时间通过比额定电流高的电流。另外，通过短路电流时将在绕组上产生很大的电磁力而损坏变压器。变压器的基本绕组有同心式和交叠式两种。

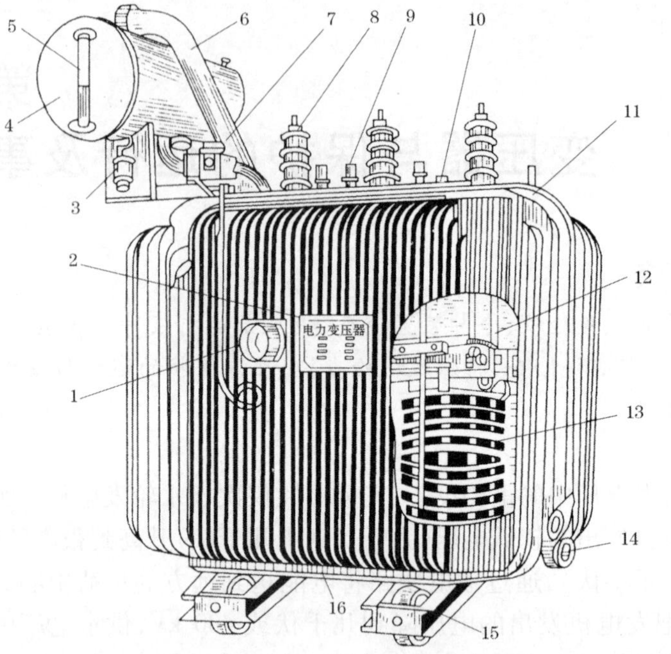


1—温度计;2—铭牌;3—呼吸器;4—储油柜;5—油位计;6—安全气道;7—气体继电器;8—高压套管;9—低压套管;10—分接开关;11—油箱;12—铁芯;13—绕组;14—放油阀;15—小车;16—接地端子

**图 4-1　油浸式电力变压器**

变压器绕组主要故障是匝间短路和对外壳短路。匝间短路主要是由于绝缘老化,或由于变压器的过负荷以及穿越性短路时绝缘受到机械损伤而产生的。变压器内的油面下降,致使绕组露出油面时也能发生匝间短路;另外有穿越短路时,由于过电流作用使绕组变形,绝缘受到机械损伤,也会产生匝间短路。

匝间短路时,短路绕组内电流可能超过额定值,但整个绕组电流可能未超过额定值。在这种情况下,瓦斯保护动作,情况严重时,差动保护装置也会动作。

对外壳短路的原因也是绝缘老化或油受潮、油面下降,或因雷电和操作过电压而产生的。除此以外,在发生穿越短路时,因过电流而使绕组变形,也会产生对外壳短路的现象。对外壳短路时,一般都是瓦斯保护装置动作和接地保护动作。

变压器绕组回路断线是因短路时的电动应力或连接处不良引起的。回路断线时产生电弧,这种电弧能使绝缘油劣化,并能引起相间短路和对外壳短路。因断线产生电弧时,瓦斯保护会动作,有时差动保护也动作。

变压器铁芯损坏较严重的情况就是所谓铁芯起火。这是由于个别硅钢片间的绝缘破坏或夹紧螺丝间的绝缘破损,因有涡流而产生局部过热而引起。夹紧螺丝的绝缘破坏,如只在铁芯的一侧接地,还不能直接“起火”,但有“起火”的危险,若第二个螺丝接地,就会组成一个短接回路,在此回路中有很大的电流,致使螺丝过热,绝缘破损,并使铁芯“起火”扩大,油温上升,瓦斯保护装置动作。另外,铁芯未接地或接地不良,即在绕组电磁感应作用下产生一定的过电压,就可能在铁芯与接地的油箱之间产生断续的放电,使油温增加,进而使油变质。

## 三、油箱

油浸式变压器的器身(绕组及铁芯)都装在充满变压器油的油箱中,油箱用钢板焊成。中、小型变压器的油箱由箱壳和箱盖组成,变压器的器身放在箱壳内,将箱盖打开就可吊出器身进行检修。大、中型变压器,由于器身庞大和笨重,起吊器身不便,都做成箱壳可吊起的结构。这种箱壳好像一只钟罩,当器身要检修时,吊去较轻的箱壳,即上节油箱,器身便全部暴露出来了。

大容量变压器的油箱广泛采用全封闭结构,即主油箱与油箱顶部钢板之间或上节油箱与下节油箱之间都采用焊接焊死,不使用密封垫,以防止密封不牢靠。为便于检修,在适当部位开有人孔门或手孔门。

## 四、油枕

油枕又叫油柜,是一种油保护装置。它是由钢板做成的圆桶形容器,水平安装在变压器油箱盖上,用弯曲管与油箱连接。油枕的一端装有一个油位计(油标管),从油位计中可以监视油位的变化。油枕的容积一般为变压器油箱所装油体积的8% ~10%。

当变压器油的体积随着油的温度膨胀或缩小时,油枕起着储油及补油的作用,从而保证油箱内充满油。同时,由于装了油枕,变压器油缩小了与空气的接触面,减少了油的劣化速度。

油浸式变压器油中含有万分之一的水,其绝缘将下降1/8,也就是说,绝缘油受潮后容易造成击穿和闪络,甚至造成事故,故检修变压器要选择气候、地点和时间。

另外,变压器油若与空气接触而氧化,结果使油的酸性上升并产生中性物质。酸性的加大使铜、铁及绝缘材料受腐蚀,介质损失增大,中性物质使油的黏度增加,油色加深,从而使变压器油的散热困难,油泥增多阻塞油道,减小爬电距离,造成击穿。另外,温度对油质的影响也非常大。试验证明,油在60 ~70 ℃时就开始氧化,但很少发生变质,当温度达到120 ℃ 时氧化激烈,变质加剧。因此,大型变压器采取的热虹滤油器就是解决这一问题的措施之一,在运行中应加强对油的管理,注意以下几点:①按期取样做油化试验,不合格者及时处理;②监视变压器上层油温,上层油温不得超过95 ℃,一般情况下不宜长时间超过85 ℃;③减少绝缘油与空气的接触,预防水分渗入;④对运行中电压为35 kV 级以上、容量在1 000 kVA级以上的油浸式变压器,每年至少进行一次溶解绝缘油里的气体的气相色谱分析试验。

防止油与大气和水分接触的根本措施,就是无油枕和呼吸器的封闭式变压器,其寿命可高达40 ~50 年,如$S_{11}$ - M 型配电变压器。

大型变压器为防止油与大气接触的机会,其油枕常用隔膜式油枕和胶囊式油枕。

## 五、呼吸器

呼吸器又称吸湿器,通常由一根管道和玻璃容器组成,内装干燥剂(硅胶或活性氧化铝)。当油枕内的空气随变压器油的体积膨胀或缩小时,排出或吸入的空气都经过呼吸器,呼吸器内的干燥剂吸收空气中的水分,对空气起过滤作用,从而保持油的清洁。浸有氯化钴的硅胶,其颗粒在干燥时是钴蓝色的,但是随着硅胶吸收水分接近饱和时,粒状硅胶将转变成粉白色或红色,据此可判断硅胶是否已失效。受潮后的硅胶可通过加热烘干而再生,当硅胶颗粒的颜色变成钴蓝色时,再生工作就完成了。

## 六、压力释放装置

压力释放装置在保护电力变压器方面起着重要作用。充有变压器油的电力变压器中,如果内部出现故障或短路,电弧放电就会在瞬间使油汽化,导致油箱内压力极快升高。如果不能极快释放该压力,油箱就会破裂,将易燃油喷射到很大的区域,可能引起火灾,造成更大破坏,因此必须采取措施防止这种情况发生。压力释放装置有防爆管和压力释放器两种,防爆管用于小型变压器,压力释放器用于大、中型变压器。

(1)防爆管(又称喷油管)。防爆管装于变压器的顶盖上,喇叭形的管子与大气连接,管口由薄膜封住。当变压器内部有故障时,油温升高,油剧烈分解产生大量气体,使油箱内压力剧增。当油箱内压力升高至0.05 MPa时,防爆管薄膜破碎,油及气体由管口喷出,防止变压器的油箱爆炸或变形。

(2)压力释放器也称减压器,它装在变压器油箱顶盖上,类似于锅炉的安全阀。当油箱内压力超过规定值时压力释放器密封门(阀门)被顶开,气体排出,压力减小后,密封门靠弹簧压力又自行关闭。可在压力释放器投入前或检修时将其拆下来测定和校正其动作压力。

压力释放器动作压力的调整,必须与气体继电器动作流速的整定相协调。如压力释放器的动作压力过低,可能会使油箱内压力释放过快而导致气体继电器拒动,扩大变压器故障范围。

压力释放器安装在油箱盖上部,一般还接有一段升高管使释放器的高度等于油枕的高度,以消除正常情况下油压静压差。

压力释放器与防爆管相比,具有开启压力误差小、延迟时间短(仅2 ms)、控制温度高、能重复动作使用等优点,故被广泛应用于大、中型变压器上。

## 七、散热器

散热器形式有扇形、圆形、排管等,散热面积越大,散热的效果就越好。当变压器上层油温与下部油温有温差时,通过散热器形成油的对流,经散热器冷却后流回油箱,起到降低变压器温度的作用。为提高变压器冷却效果,可采用风冷、强迫油风冷和强迫油水冷等措施。散热器的主要故障是漏油。

## 八、绝缘套管

变压器绕组的引出线从箱内穿出油箱引出时必须经过绝缘套管,以使带电的引线绝缘。绝缘套管主要由中心导电杆和磁套组成。导电杆在油箱内的一端与绕组连接,在外面的一端与外线路连接。它是变压器易出故障的部件。

绝缘套管的结构主要取决于电压等级。电压低的一般采用简单的实心磁套管。电压较高时,为了加强绝缘能力,在瓷套和导电杆间留有一道充油层,这种套管称为充油套管。

电压在 110 kV 以上,采用电容式充电套管,简称为电容式套管。电容式套管除在瓷套内腔中充油外,在中心导电杆(空心铜管)与法兰之间,还有电容式绝缘体包着导电杆作为法兰与导电杆之间的主绝缘。

变压器套管漏油是最常见的故障,其原因是套管上部算盘珠状橡胶密封圈和套管底部橡胶平垫老化。这两处橡胶件老化除橡胶件本身质量外,另一个重要的原因是导管中导电杆两端连接处接触不良发热,尤其是导电杆下部与变压器绕组连接处螺栓松动很难发现。严重的套管故障表现在套管对外壳击穿,套管对外壳击穿的原因往往是套管出现裂纹或套管脏污。前述原因使导管严重发热遇雨骤然冷却从而使导管出现裂纹或者掉块。

## 九、分接开关(又称切换器)

分接开关是调整变压比的装置。双绕组变压器的一次绕组及三绕组变压器的一、二次绕组一般有 3、5、7 个或 19 个分接头位置,分接头的中间分头为额定电压的位置。3 个分接头的相邻分头电压相差 5%,多个分头的相邻分头电压相差 2.5% 或 1.25%。操作部分装于变压器顶部,经传动杆伸入变压器的油箱。根据系统运行的需要,按照指示的标记来选择分接头的位置。

变压器的高压装置分为无载调压和有载调压两种。无载分接开关,是在不带电情况下切换,其结构简单。有载分接开关,是在不停电情况下切换,为了在切换过程中不造成两切换抽头间线匝短路,必须接入一个过渡电路,通常利用一个电阻或电抗跨接在切换器的两抽头之间作为过渡。因此,有载分接开关过渡电路,结构较复杂,但其分接头可在带负荷下进行,故在电力系统中被广泛采用。

分接开关是变压器最易出故障的部位。分接开关的故障大部分是开关的接触面烧毁。其原因是接触面不足或接触面压力不够。当近处发生短路时,因过电流的热作用使其烧毁。分接开关发生事故时,一般是瓦斯保护装置动作。

变压器分接头一般都从高压侧抽头,主要原因在于:①变压器高压绕组一般在外侧,抽头引出连接方便;②高压侧电流小,因而引出线和分接头开关的载流部分导体截面小,接触不良的问题易于解决。

从原理上讲,抽头从哪一侧抽均可,要作技术经济比较而定。例如 500 kV 大型降压变压器抽头是从 220 kV 侧抽出的,而 500 kV 侧是固定的。

## 十、气体继电器

气体继电器构成的瓦斯保护是变压器的主要保护措施之一,它可以反映变压器内部的各种故障及异常运行情况,如油位下降、绝缘击穿、铁芯和绕组受潮、发热放电故障等,且动作灵敏迅速,结构连线简单,维护检修方便。另外,还有一个难能可贵的优点,就是对匝间短路等轻微故障产生的少量气体存积到一定“量”而动作,有“故障积累”的功能。

气体继电器装设于变压器油箱与油枕之间的连管上,继电器上的箭头方向应指向油枕并要求有 1% ~1.5% 的安装坡度,以保证变压器内部故障时所产生的气体能顺利地流向气体继电器。

安装在地震烈度为Ⅶ级以上地区的变压器，应装用防震型气体继电器。除特殊情况外，800 kVA 以下变压器无气体继电器。

### 十一、净油器（又称温差过滤器）

净油器是一个充满吸附剂（硅胶或活性氧化铝）的容器，它安装在变压器油箱的侧壁或强油冷却器的下部。在变压器运行时，由于上、下油层之间的温差，变压器油从上向下经过净油器形成对流。油与吸附剂接触，其中的水分、酸和氧化物等被吸收，使油质清洁，延长油的使用寿命。当使用硅胶时，其质量为变压器油质量的 1%；用活性氧化铝时，其质量为变压器油质量的 0.5%。

## 第二节　变压器的允许运行方式

变压器是电力系统最核心的元件，它的运行必须严格遵守变压器技术说明和要求进行。

### 一、温度与温差的允许运行方式

#### （一）允许温度

运行中的变压器，由于铜损耗和铁损耗，必然温度升高。空载时比停运时高，负载时比空载时高，过载时比轻载时高，短路时的温升更高而且是突然猛升的。铁损基本不变，而铜损是与电流的平方成正比的。变压器温度对变压器最主要的是影响变压器绝缘材料的绝缘强度。由于出厂运行的变压器的绝缘是一定的，其绝缘材料的绝缘强度（包括机械强度）也是一定的，随着时间的推移，特别是长期在温度的作用下，变压器绝缘材料的原有绝缘性能将会不断降低，这一过程叫做变压器的绝缘老化。温度越高，其绝缘老化越快，同时变脆而碎裂，绕组的绝缘层的保护也会失去。经认证，当变压器绝缘材料的工作超过其允许的长期工作最高温度时，每升高 6 ℃，其使用寿命将减少一半。这就是变压器运行的 6 ℃原则（干式变压器是 10 ℃原则）。

油浸式变压器的最高温度到最低温度的次序是：绕组→铁芯→上层油温→下层油温。变压器绕组热点温度的额定值（长期工作的允许最高温度）为正常寿命温度，绕组热点温度的最高允许值（非长期）为安全温度。油浸式变压器一般通过监测上层油温来监视变压器绕组的温度。

变压器绝缘材料的耐热温度与绝缘材料等级有关，A 级绝缘材料的耐热温度为 105 ℃，B 级绝缘材料的耐热温度为 130 ℃。一般油浸式变压器用的是 A 级绝缘材料。为使变压器绕组的最高运行温度不超过绝缘材料的耐热温度，规程规定当最高环境温度为 40 ℃时，油浸式变压器上层油温允许值见表 4-1。

由于 A 级绝缘变压器绕组的最高允许温度为 105 ℃，绕组的平均温度约比油温高 10 ℃，故油浸自冷或风冷变压器上层油温最高允许温度为 95 ℃，考虑油温对油的劣化影响（油温每增加 10 ℃，油的氧化速度增加 1 倍），故上层油温的允许值一般不超过 85 ℃。

对于强迫油循环风冷或水冷变压器，由于油的冷却效果好，上层油温和绕组的最热点温度降低，但绕组平均温度与上层油温的温差较大（一般绕组的平均温度比上层油温高20～30 ℃），故变压器运行上层油温一般为75 ℃，最高上层油温不超过85 ℃。

**表4-1　油浸式变压器上层油温允许值**　　（单位：℃）

| 冷却方式 | 环境温度 | 长期运行上层油温度 | 最高上层油温度 |
| --- | --- | --- | --- |
| 自然循环冷却、风冷 | 40 | 85 | 95 |
| 强迫油循环风冷 | 40 | 75 | 85 |
| 强迫油循环水冷 | 40 | 75 | 85 |

为了监视和保证变压器不超温运行，变压器装有温度继电器和就地温度计。温度计用于就地监视变压器的上层油温。温度继电器的作用是：当变压器上层油温超过允许值时，发出报警信号；根据上层油温的范围，自动地起、停辅助冷却器；当变压器冷却器全停，上层油温超过允许值时，延时将变压器从系统中切除。

**（二）允许温升**

如果说允许温度是反映变压器绝缘材料耐受温度破坏能力的话，那么允许温升是反映变压器绝缘材料承受对应热损坏的允许空间。绝缘材料一定，其承受热损坏的空间温度就不允许超过对应要求值。

变压器上层油温与周围环境温度的差值称为温升。温升的极限值（允许值）称为允许温升，故A级绝缘的油浸变压器，周围环境温度为+40 ℃时，上层油的允许温升值规定如下：

（1）油浸自冷或风冷变压器，在额定负荷下，上层油温升不超过55 ℃。

（2）强迫油循环风冷变压器，在额定负荷下，上层油温升不超过45 ℃。

（3）强迫油循环水冷却变压器，冷却介质最高温度为+30 ℃时，在额定负荷下运行，上层油温升不超过40 ℃。

运行中的变压器，不仅要监视上层油温，而且要监视上层油的温升。这是因为变压器内部介质的传热能力与周围环境温度的变化不是成正比关系，当周围环境温度下降很多时，变压器外壳的散热能力将大大增加，而变压器内部的散热能力却提高很少。所以，当变压器在环境温度很低的情况下带大负荷或超负荷运行时，因外壳散热能力提高，尽管上层油温未超过允许值，但上层油温升可能已超过允许值，这样运行也是不允许的。例如，一台油浸自冷变压器，周围空气温度为20 ℃，上层油温为75 ℃，则上层油的温升为75 ℃－20 ℃＝55 ℃，未超过允许值55 ℃，且上层油温也未超过允许值85 ℃，因此这台变压器运行是正常的。如果这台变压器周围空气温度为0 ℃，上层油温为60 ℃（未超过允许值85 ℃），但上层油温为60 ℃－0 ℃＝60 ℃＞55 ℃，故应迅速采取措施，使温升降低到允许值以下。需特别指出的是，变压器在任何环境下运行，其温度温升均不得超过允许值。

## 二、变压器的允许过负荷

在正常冷却条件下，变压器负荷的变化，也即电流的变化，是变压器温度波动的原因。过负荷电流或短路电流是变压器温度突变而影响寿命的根本原因。根据对变压器的影响及与时间的关系，把变压器的负荷划分为正常周期性负荷、长期急救周期性负荷和短期急救性负荷三类。其特点分别如下。

### （一）正常周期性负荷（正常过负荷）

正常过负荷是指在系统正常情况下，以不损害变压器绕组绝缘和使用寿命为前提的过负荷。

变压器允许正常过负荷运行的依据是：变压器负荷大小在一定范围内周期性变化时，其绝缘寿命可以互补。

变压器在额定条件下或周期性负荷中运行，某段时间环境温度较高或超过额定电流，可以由其他时间环境温度较低或低于额定电流，在热老化方面等效补偿。变压器可以长期在这种负荷方式下正常运行。

变压器正常过负荷的允许值和对应的过负荷允许时间，应根据变压器负荷曲线、冷却介质温度及过负荷前变压器所带负荷来确定。

### （二）长期急救周期性负荷

要求变压器长时间在环境温度较高，或超过额定电流下运行，而且这种负荷方式可能持续几星期或几个月。变压器在这种负荷方式下运行将导致变压器的老化加速，虽不直接危及绝缘的初始值但将在不同程度上缩短变压器的寿命，应尽量减少出现这种负荷方式；必须采用时，应尽量缩短超额定电流运行的时间、超额定电流的倍数，有条件时（按制造厂规定）投入备用冷却器。当变压器有较严重缺陷或绝缘有弱点时，不宜超额定电流运行。超额定电流负荷系数和电流运行的时间可按《油浸式电力变压器负载导则》（GB/T 15164）的规定确定。在长期急救周期性负荷运行期间，应有负荷电流记录，并计算该运行期间的平均相对老化率。

### （三）短期急救负荷（事故过负荷）

要求变压器短时间大幅度超额定电流运行，就是以前所说的事故过负荷。事故过负荷时，变压器负荷和绝缘温度均超过允许值，绝缘老化速度比正常加快，使用寿命会减少。但由于事故过负荷几率小，平常又多在欠负荷下运行，故短时间内事故过负荷运行对绕组绝缘寿命无显著影响。

这种负荷方式可能导致绕组热点温度达到危险程度，出现这种情况，应投入包括备用在内的全部冷却器（制造厂另有规定的除外），并尽量减少负荷、缩短时间，一般不超过0.5 h。当变压器有严重缺陷或绝缘有弱点时，不宜超额定电流运行。在短期急救负荷运行期间，应有详细的负荷电流记录，并计算该运行期间的相对老化率。

## 三、变压器运行的允许电压

在电力系统中运行的变压器，系统的电压波动及升压变压器绕组的特点，决定了变压器绕组不可能处在额定电压值下运行。当变压器电源电压低于额定值，对变压器运行无任何危害；当电源电压高于额定值，则对变压器运行有不良影响。因为如果忽略变压器的内部阻抗，可以认为变压器的电源电压即一次电压 $U_1=E_1=4.44fN_1\phi_m$，式中，频率 $f$、一次侧匝数 $N_1$ 均为不变的常数，因此当电源电压 $U_1$ 升高时，磁通 $\phi_m$ 也将随之增加，从而使励磁电流也相应地增加。变压器的励磁电流增大后，会使励磁电流的铁芯损耗增大而过热。同时，变压器的励磁电流为无功电流，因此励磁电流的增加会使无功功率增加。由于变压器的容量 $S$ 是一定的，当无功功率 $Q$ 增加时，相应的有功功率 $P$ 应会减小。因此，电源电压升高以后，变压器允许通过的有功功率将会降低。此外，变压器的电源电压升高后，磁通增大，会使铁芯饱和，从而使变压器的电压和磁通波形畸变。电压畸变后，电压波形中的高次谐波分量也将随之加大，这样，由于高次谐波使电压畸变而产生尖峰波对用电设备有很大的破坏性，如：①引起用户的电流波形畸变，增加电机和线路的附加损耗；②可能使系统中产生谐振过电压，从而使电气设备的绝缘遭到破坏；③高次谐波会干扰附近的通信线路。因此，相关规定为，运行中的变压器，正常电压不得超过额定电压的5%，最高不得超过额定电压的10%。

从过电压形式而言，变压器的过电压有大气过电压和操作过电压两类。操作过电压的数值一般为额定电压的2～4.5倍，而大气过电压则可达额定电压的8～12倍；变压器设计时绝缘强度一般按2.5倍额定电压承受力考虑。为了防止过电压损坏变压器，首先安装避雷器来限制过电压的幅值；其次在110 kV及以上变压器上加装静电屏、静电极等，以改善起始电压和最终电压分布均匀，从而对变压器绝缘起到保护作用。

## 四、冷却装置的运行方式

### （一）冷却方式

冷却方式与变压器容量的大小有关。油浸自冷适用小型变压器，油浸风冷适用于中型变压器，强迫油循环冷却适用于大型变压器，强迫油循环导向冷却适用于巨型变压器，风冷冷却适用于干式变压器。

1. 油浸自冷

油浸自冷即为油在油箱内自然循环，将热量带到油箱壁，由其周围空气对流传导进行冷却。变压器运行时，绕组和铁芯由于损耗产生的热量使油的温度升高，体积膨胀，密度减小，油自然向上流动，上层热油流经散热器冷却后，因密度增大而下降，于是形成了油在油箱和散热器间的自然循环流动，通过油箱壁和散热器散热而得到冷却。

2. 油浸风冷

在油浸自冷的基础上，在散热器上加装了风扇，风扇将周围空气吹向散热器，加速散热器中油的冷却，使变压器油温迅速降低。小容量或较小容量的变压器一般采用油浸自冷或油浸风冷冷却方式。加装风冷后，可使变压器容量增加30%～35%。

图4-2为油浸风冷风扇电动机的控制电路图。油浸风冷变压器运行时，其冷却风扇根据变压器上层油温的高低，自动投入和切除。投、切的原则是：上层油温在45 ℃以下，冷却风扇不起动，变压器无风扇运行；上层油温在55 ℃及以上，冷却风扇自动投入，低于45 ℃，风扇自动停止运行，变压器负荷在额定容量的70%及以上，冷却风扇必须投入运行。根据上述冷却风扇的起、停原则，对风扇实行自动或手动控制。在图4-3中，风扇电

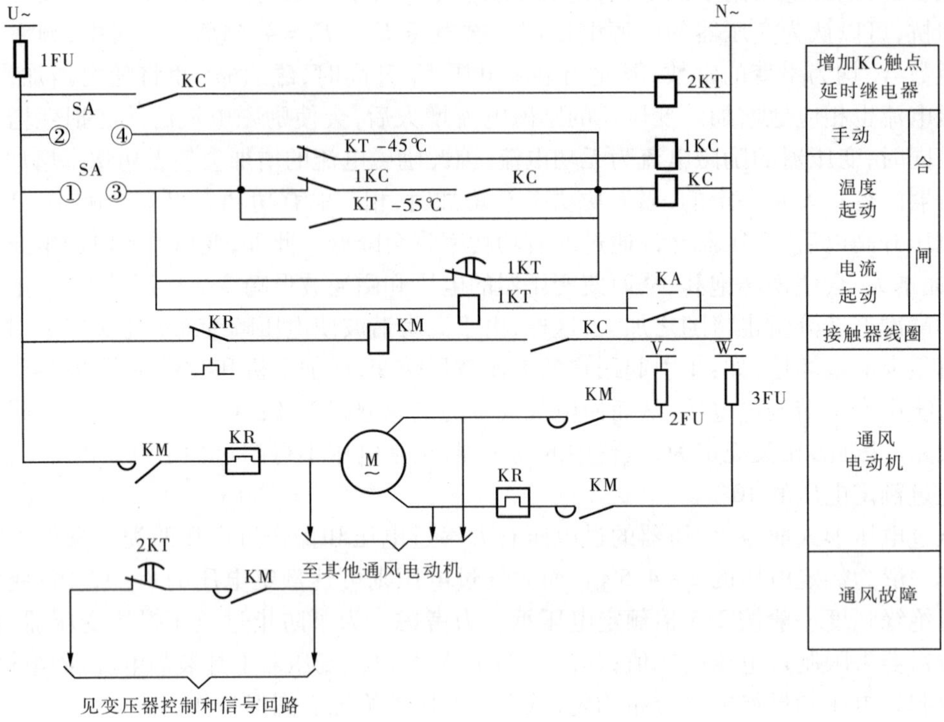


KM—接触器;KR—热继电器;KC、1KC—中间继电器;1KT、2KT—时间继电器;
KA—电流继电器;SA—转换开关;1FU～3FU—熔断器;KT—温度继电器;M—风扇电动机

**图4-2　油浸风冷风扇电动机的控制电路**

动机的电源由接触器KM供给,其起动回路有手动和自动两种方式。自动控制按变压器温度和变压器负荷电流起动。当变压器油温超过55 ℃时,其温度继电器动合触点KT－55 ℃闭合起动接触器KM。当温度低于45 ℃时,动合触点KT－45 ℃闭合,将接触器KM断开。如果变压器需按负荷电流起动,则在其起动回路中并联一个由监视变压器负荷电流的电流继电器KA和一个中间继电器KC,最后将接触器KM起动。

3. 强迫油循环冷却

强迫油循环冷却包括强迫油循环风冷和强迫油循环水冷。

1) 强迫油循环风冷

在油浸风冷的基础上,加装了潜油泵,用潜油泵加强油在油箱和散热器之间的循环,使油得到更好的冷却效果。其冷却过程(见图4-3)是:油箱上层热油在潜油泵作用下抽出→经上蝴蝶阀门2→进入上油室4→经散热器5→进入下油室12→经过滤油器10→潜油泵11→冷油经下蝴蝶阀门13进入油箱1的底部。如此不断循环,使绕组、铁芯得到冷却。

2) 强迫油循环水冷

强迫油循环水冷冷却过程(见图4-4)为:变压器油箱的上层油由潜油泵抽出,经冷却器冷却后,再进入变压器油箱的底部,如此反复循环,使变压器的铁芯和绕组得到冷却。

在冷却器中，冷水管内通冷水，管外流过热油，冷却水将油的热量带走，使热油得到冷却。大容量变压器一般都采用强迫油循环风冷或水冷冷却方式。

强迫油循环冷却方式，若把油的循环速度提高3倍，则变压器的容量可增加30%。

4. 强迫油循环导向冷却

所谓导向是指经过变压器外部冷却器冷却后的冷油由潜油泵送回变压器油箱后，冷油在变压器油箱内是按给定的路径流动的。为此，在变压器器身底部夹件两侧，各装有一根与外部冷却管道相通的钢管，冷油由此流入，再由管子分几路穿过绕组下面的支持平面，往上流经铁芯内的冷却油道及绕组内的油道，使冷油与发热部件充分接触，更有效地带走热量，提高铁芯和绕组的冷却效果。巨型变压器常采用强迫油循环导向冷却方式。

5. 风冷冷却

风冷冷却一般适用于室内干式电力变压器。

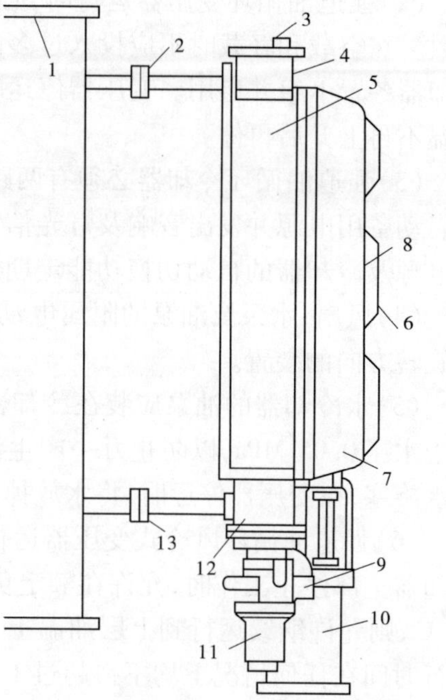


1—油箱；2—上蝴蝶阀门；3—排气塞；4—上油室；5—散热器；6—风扇；7—导风筒；8—控制箱；9—继电器；10—热虹吸滤油器；11—潜油泵；12—下油室；13—下蝴蝶阀门

**图4-3 强迫油循环风冷装置示意图**

**（二）冷却器运行方式**

（1）油浸风冷变压器在风扇停止工作时允许的负载和运行时间应遵守制造厂规定。油浸风冷变压器当上层油温不超过65 ℃时，允许不开风扇带额定负载运行。

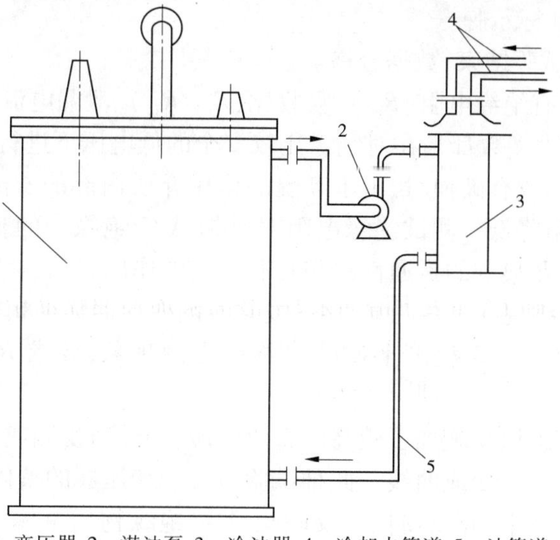


1—变压器；2—潜油泵；3—冷油器；4—冷却水管道；5—油管道

**图4-4 强迫油循环水冷的工作原理图**

(2)强迫油循环变压器运行时，必须投入冷却器，并根据负载情况决定投入冷却器的台数。在空载和轻载时不应投入过多的冷却器。按温度或负载投切的辅助冷却器及备用冷却器各置1组并启用。变压器停运时应先停变压器，冷却装置需继续运行一段时间待油温不再上升后再停。

(3)强迫油循环冷却器必须有两路电源，且可自动切换；同时，当工作电源故障时，自动启动备用电源并发出音响及灯光信号。为提高风冷自动装置的运行可靠性，要求对风冷电源及冷却器的自动切换功能定期进行试验。

(4)风扇、水泵及油泵的附属电动机应有过负荷、短路及断相保护，应有监视油泵电机旋转方向的装置。

(5)水冷却器的油泵应装在冷却器的进油侧，并保证在任何情况下冷却器中的油压大于水压0.05 MPa，以防止万一产生泄漏时，水不致进入变压器内。冷却器出水侧应装放水旋塞，在变压器停运时，将水放掉，防止冬天水结冰胀破油管。

(6)强迫油循环风冷式变压器运行中，当冷却系统(指油泵、风扇、电源等)发生故障，冷却器全部停止工作时，允许在额定负荷下运行20 min。若20 min后上层油温尚未达到75 ℃，则允许继续运行到上层油温上升到75 ℃。但切除全部冷却装置后变压器的最长运行时间在任何情况下均不得超过1 h。

## 第三节　变压器的验收及试验

### 一、变压器投运前的准备工作

#### (一)验收项目

(1)大修工作结束后，所有工作票均已办理工作完毕手续，拆除所有安全措施和临时遮栏，恢复常设遮栏和标示牌。

(2)各种预防性试验结束，数据合格。

常用的试验项目有绝缘电阻($R_{60}$)、吸收比($R_{60}/R_{15}$)、泄漏电流($I_S$)、介质损耗($\tan\delta$)和交流耐压($U$)等。大多数都是在对绝缘比较安全的低电压下进行的。

当介质受潮、脏污或有破损时，由于潮湿的作用介质内部的游离电子增加，传导电流也增加，因此绝缘电阻降低。测试绝缘电阻对掌握A级绝缘物的整体或部分受潮、表面脏污以及有无放电火花痕迹的贯通性缺陷具有一定的作用。

A级绝缘物的吸收现象不甚明显，用其变化判断变压器绝缘状况不够灵敏，但在变压器的整体试验时能够在一定程度上反映出绝缘受潮现象，要求$R_{60''}/R_{15''}>1.3$(温度在10～30 ℃时)合格。

泄漏电流试验对绝缘物施加了较高的直流电压，当介质受潮或有缺陷时，因传导电流的急剧增加而使伏安特性变成曲线。此种试验对发现变压器的整体绝缘缺陷十分有效。

在一定电压与频率下，介质损耗能反映出A级绝缘物的总体状况，尤其是对容量较小的变压器的整体绝缘缺陷反映灵敏。此外，介质损耗试验对绝缘油的电气性能也有很高的灵敏性。

交流耐压试验是向被试的绝缘物施加工频高压以检验其绝缘状况。当介质受潮或有缺陷时,有可能击穿或使缺陷更加明显。交流耐压试验对考核变压器主绝缘强度,特别是发现主绝缘的局部缺陷有决定性的作用。必须指出交流耐压试验是一种破坏性试验,有可能击穿变压器的绝缘,故必须在变压器其他试验项目进行并合格后方可进行该项试验。

通过以上几个项目的试验,对其结果进行综合分析并与原来的测试结果相比较,便可评定出变压器的绝缘状况。

强迫油循环风冷和油浸风冷变压器大、小修后投入运行前,应测量潜油泵和风扇电机的绝缘电阻,使用500 V摇表测量的绝缘电阻不低于0.5 MΩ。

(3)继电保护检验结束,模拟正确,动作可靠。

(4)温度计指示正确。整定值符合要求。

(5)分接开关安装正确,三相一致,挡位符合电网运行要求。

(6)相位满足运行要求,核相工作完毕并有明确结论。

(7)冷却器及控制系统检验结束,试运行正常。

(8)变压器顶盖无遗留杂物。

(9)变压器坡度合格,本体冷却器系统无渗油,油漆完整,相色标志正确。

(10)油箱及铁芯接地可靠。

(11)吸湿器系统通畅,干燥器合格,油封良好,能起到正常呼吸作用。

(12)油路通畅,各阀门开闭标示明晰,开闭位置正确。

(13)储油柜及充油套管的油位正常,油质合格,油位标示线清晰。

(14)气体继电器应无残余气体。

(15)事故排油及消防设施完好。

**(二)冷却装置的检查及运行**

1.检查冷却器装置并投入运行

检查项目包括测量冷却装置电机的绝缘电阻应合格;检查每组冷却器进出油碟阀在开启位置;潜油泵转向正确,运行中无异响和明显振动,电机温升正常;油流继电器动作正常;风扇电动机转向正确,冷却器组控制箱内各分路电磁开关合闸正常,无明显噪声和跳跃现象,冷却系统总控制箱内开关状态和信号正确。在变压器投入运行前,将全部冷却器装置投入运行,以排除残余空气。运转1 h后,再按规定将辅助和备用冷却器停运。当变压器长期低负荷运行时,可以切除部分冷却器。

变压器开启部分冷却器时应监控上层油温和温升不超过规定值。

2.投入变压器冷却装置时应注意事项

(1)在投入强油风冷装置时,严禁先起动潜油泵,后开启该组散热器上、下连管的阀门。停止强油风冷装置时,严禁在未停下潜油泵的情况下,关闭其阀门。这是为了防止将大量空气抽入变压器本体内或损坏潜油泵轴承及叶轮。

(2)在投入强油水冷装置时,必须先起动潜油泵,待油压止升后才可开启冷却水,且保持油压高于水压,以免冷却器泄漏时水渗入油中,影响油的绝缘性能,进而造成变压器的故障。冷却装置停用时的操作顺序相反。

(3)若变压器运行中投入某组强油风冷装置时,为防止瓦斯保护误动作,应将其短时退出运行(重瓦斯保护由跳闸改投信号)。

**(三)变压器大修后试运行流程**

(1)编制完善的试运行组织措施。

(2)试运行前的检查,其内容包括:①预防性试验的检查;②继电保护的检查;③按规定通过了各项验收。

(3)发电机对变压器递升加压试验,其相关内容包括:①试验条件;②按规定用发电机对变压器递升加压试验,详细内容见变压器操作;③试验过程的检查。

(4)变压器冲击合闸试验。变压器正式运行前要做空载合闸冲击试验。做空载合闸冲击试验的理由是:①拉开空载变压器时,有可能产生操作过电压。在电力系统中性点不接地或经消弧线圈接地时,过电压幅值可达4~4.5倍相电压;在中性点直接接地时,过电压幅值可达3倍相电压。为了检验变压器绝缘强度能否承受全电压或操作过电压的作用,故在变压器投入运行前,需做冲击试验。②带电投入空载变压器时,会产生励磁涌流,其值可达6~8倍额定电流。励磁涌流开始衰减较快,一般经0.5~1 s后即减到0.25~0.5倍额定电流值,但全部衰减完毕时间较长,大容量变压器可达几十秒。由于励磁涌流产生很大电动力,为了考虑变压器机械强度,同时考核励磁涌流衰减初期能否造成继电保护误动,故需做冲击试验。

每次冲击试验后,都要检查变压器有无异常声音、异常状况。

变压器送电前继电保护装置与测量仪表应全部投入。

变压器冲击合闸试验步骤如下:①试验条件;②按规定对变压器进行冲击合闸试验,详细内容见变压器操作;③试验过程的检查。

(5)变压器试运行时间一般不少于24 h,在此期间还应增加变压器巡检次数,试运行结束后,还应分析比较试运行前后变压器的色谱数据,应无明显变化。

## 第四节　变压器的正常运行操作、监视与维护

### 一、变压器的正常运行操作

**(一)变压器停送电操作原则**

(1)变压器的停送电必须使用断路器而不能用隔离开关,对空载变压器也如此。变压器的空载电流较大,且为纯感性电流。大容量变压器空载电流是其额定电流0.6%~4%,中小容量变压器更大,达额定电流的5%~11%。用隔离开关切断变压器空载电流所产生的电弧,有时可能大大超过隔离开关的自然灭弧能力而拉不开,甚至引起弧光短路,因此要尽量用断路器接通或切断变压器回路。当变压器回路无断路器时,允许用隔离开关拉、合空载电流不超过2 A的变压器。切断20 kV级以上的变压器空载电流,必须用带有消弧角和机械传动装置并装在室外的三联隔离开关。对10 kV/320 kVA及以下、35 kV/1 000 kVA及以下的变压器,可用隔离开关分合其空载电流。如400 kVA以下的配电变压器,如无高压断路器,其配电变压器切断空载电流可用跌落保险来进行。该跌落保险在短路时起断路器保护作用,在正常操作时起隔离开关的操作作用。分闸时,先分中间相

(V 相),后拉两边相(U、W 相),如遇风,逆风顺序拉开;合闸则相反。

(2)变压器停送电操作顺序。变压器送电时,先送电源侧,后送负荷侧,停电时与上述顺序相反。这是因为按上述顺序送电时,若变压器有故障,可有保护装置动作于断路器跳闸,切除故障,便于按送电范围检查故障和对故障的判断及处理。按上述顺序停电还可防止变压器反充电;否则,先停电源侧,加大了电源侧断路器切断电路的负担,同时遇变压器内部故障,可能造成保护误动或拒动,延长故障切除时间或扩大停电范围。

(3)对高压侧装隔离开关、低压侧装低压断路器或负荷开关的配电变压器,合闸时应先合高压侧后合低压侧,分闸时则相反。

(4)对于发变单元接线的变压器,送电时尽可能安排由零起升到额定值,再与系统并列;停电时顺序相反。

(5)变压器的投入或停用,均应先合上各侧中性点接地隔离开关。中性点接地隔离开关合上的目的,一方面可防止单相接地产生过电压和避免产生某些操作过电压,保护变压器绕组不因承受过电压而损坏;另一方面,中性点接地隔离开关合上后,当发生单相接地时就是单相短路时,有接地故障电流流过变压器,使变压器差动保护和零序电流保护动作,将故障点切除。因此,变压器投入或停用前,中性点接地隔离开关必须先合上。如果变压器为充电状态,中性点接地隔离开关也应在合闸位置。

(6)两台变压器并联运行,中性点接地隔离开关的切换原则是:两台变压器并联运行时,根据系统需要,一台变压器中性点接地,另一台变压器中性点不接地。当这两台变压器中性点接地隔离开关需要进行切换操作时,应先将未接地变压器中性点接地隔离开关合上,再拉开另一台变压器中性点接地隔离开关,并进行零序电流保护的切换。其原因是:若先拉开已接地的变压器中性点隔离开关,在未合上另一变压器的中性点隔离开关时却突然发生单相短路,由于大接地系统变为不接地系统,单相短路实质上变为单相接地故障,非故障相相电压升高,变压器中性点对地电压也升高,这对包括变压器在内的设备非常危险。因此,大电流接地系统变压器中性点接地隔离开关的切换原则是保证电网不能失去接地点,即采用先合后拉的操作方法:合备用接地点隔离开关→拉工作接地点隔离开关→将零序保护切换到中性点接地变压器上。

(7)变压器保护使用原则。送电前,变压器保护应全部投入,禁止将无保护的变压器送电和运行。变压器停电后,在不影响备用设备或运行设备的情况下,或现场无继电保护班工作时,保护连接片可以不用断开,需要断开的保护连接片应在交接班记录簿上详细记录。

(8)变压器分接开关的切换。分接开关用于变压器调压。通过切换开关,改变变压器分接头位置(即改变变比),达到调压目的。分接开关分为有载调压和无载调压两种。无载分接开关的切换应在变压器停电状态下进行,分接开关切换后,必须用欧姆表测量分接开关接触电阻合格后,变压器方可送电。有载分接开关在变压器带负荷状态下,可手动或电动改变分接头位置进行调压。

**(二)主变压器的送电操作**

主变压器的送电操作程序如下(以图 4-5 电路为例):

(1)检修工作结束,工作人员全部退出现场,无遗留物件,收回工作票,办理工作票结

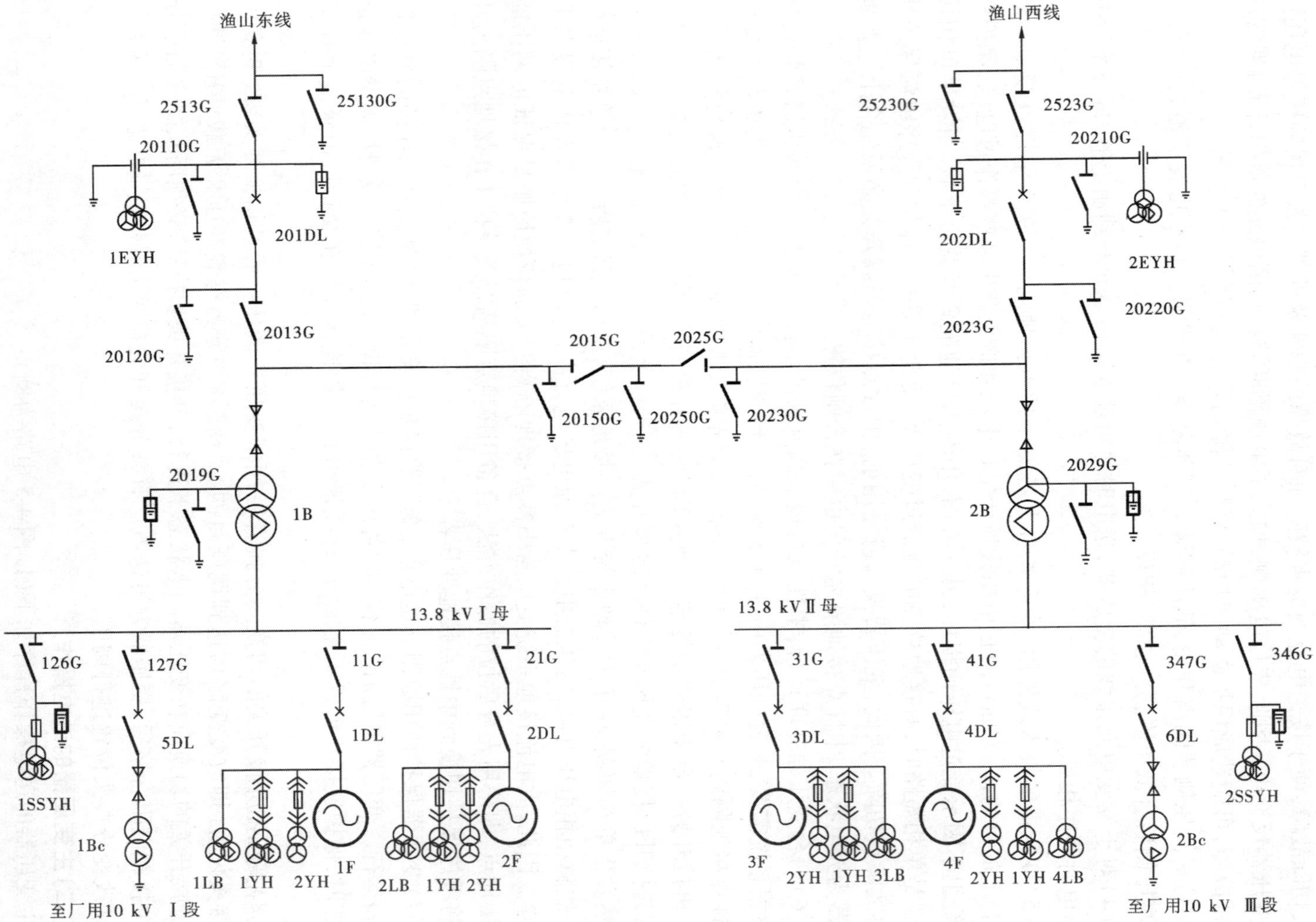


图 4-5 某水电厂的电气主接线图

束手续,拆除临时遮栏和标示牌,恢复固定遮栏,拆除接地线或拉开接地刀闸。

(2)对变压器进行一次详细的外观检查,特别要注意高压侧分接开关的位置是否符合规定。

(3)分别测量变压器高压线圈对地、低压线圈对地、高压线圈对低压线圈的绝缘电阻,应满足要求。用1 000 V绝缘电阻表测量冷却器潜油泵电动机的绝缘电阻,不应低于1 MΩ。

(4)投入主变微机保护直流电源小开关。

(5)将变压器规定启用的保护压板投入。

(6)给上变压器冷却系统直流220 V控制电源熔断器1 RD、2 RD。

(7)检查400 V厂用电室主变冷却器电源空气开关D1 – 3ZK和D8 – 2ZK在合闸位置。

(8)在主变冷却器电源箱上合上冷却器交流电源空气开关,将冷却器进水阀全关,然后起动冷却器运行,监视其运行正常。

(9)检查变压器高压侧六氟化硫断路器201DL(202DL)在分闸位置,合上隔离开关2013G(2023G)或者联系调度同意合上线路隔离刀闸2513G(2523G)。

(10)主变中性点接地刀闸2019G(2029G)必须合上(投入系统正常运行时按照调度命令执行)。

(11)在220 kV线路充电正常后,联系调度同意,检查无压合上相应六氟化硫断路器201DL(202DL)向变压器全电压充电,使变压器投入系统运行。

**(三)厂用配电1Bc(2Bc)变压器的送电操作**

厂用配电1Bc(2Bc)变压器的送电操作程序如下(参考图4-5及图4-6):

(1)检修工作结束,工作人员全部退出现场,无遗留物件,收回工作票,办理工作票结束手续,拆除临时遮栏和标示牌,恢复固定遮栏。

(2)拆除1Bc(2Bc)高、低压侧接地线,拉开低压侧接地刀闸500G(600G),拆除10 kV Ⅳ段(10 kV Ⅴ段)母线上的接地线。

(3)用2 500 V绝缘电阻表测量1Bc(2Bc)高、低压侧及对地绝缘电阻合格,用1 000 V绝缘电阻表测量1Bc(2Bc)冷却风机电机绝缘合格。

(4)投入冷却风机动力和控制电源,检查线圈温度指示正常。

(5)投入1Bc(2Bc)保护电源,检查无异常后,按规定投入保护压板。

(6)检查发电机出口断路器1DL、2DL(3DL、4DL)和1Bc(2Bc)低压侧断路器50DL(60DL)在分闸位置。

(7)投入10 kV Ⅳ段(10 kV Ⅴ段)母线电压互感器4SYH(5SYH)高压侧熔断器,将母线电压互感器4SYH(5SYH)手车推至工作位置(10kV Ⅳ段、Ⅴ段图中未画出)。

(8)检查1Bc(2Bc)高压侧断路器5DL(6DL)在分闸位置,合上5DL(6DL)隔离开关127G(347G),投入5DL(6DL)操作电源熔断器。

(9)合上5DL(6DL)对1Bc(2Bc)进行充电。

(10)检查1Bc(2Bc)各部正常,测量10 kV Ⅳ段(10 kV Ⅴ段)母线三相电压正常。

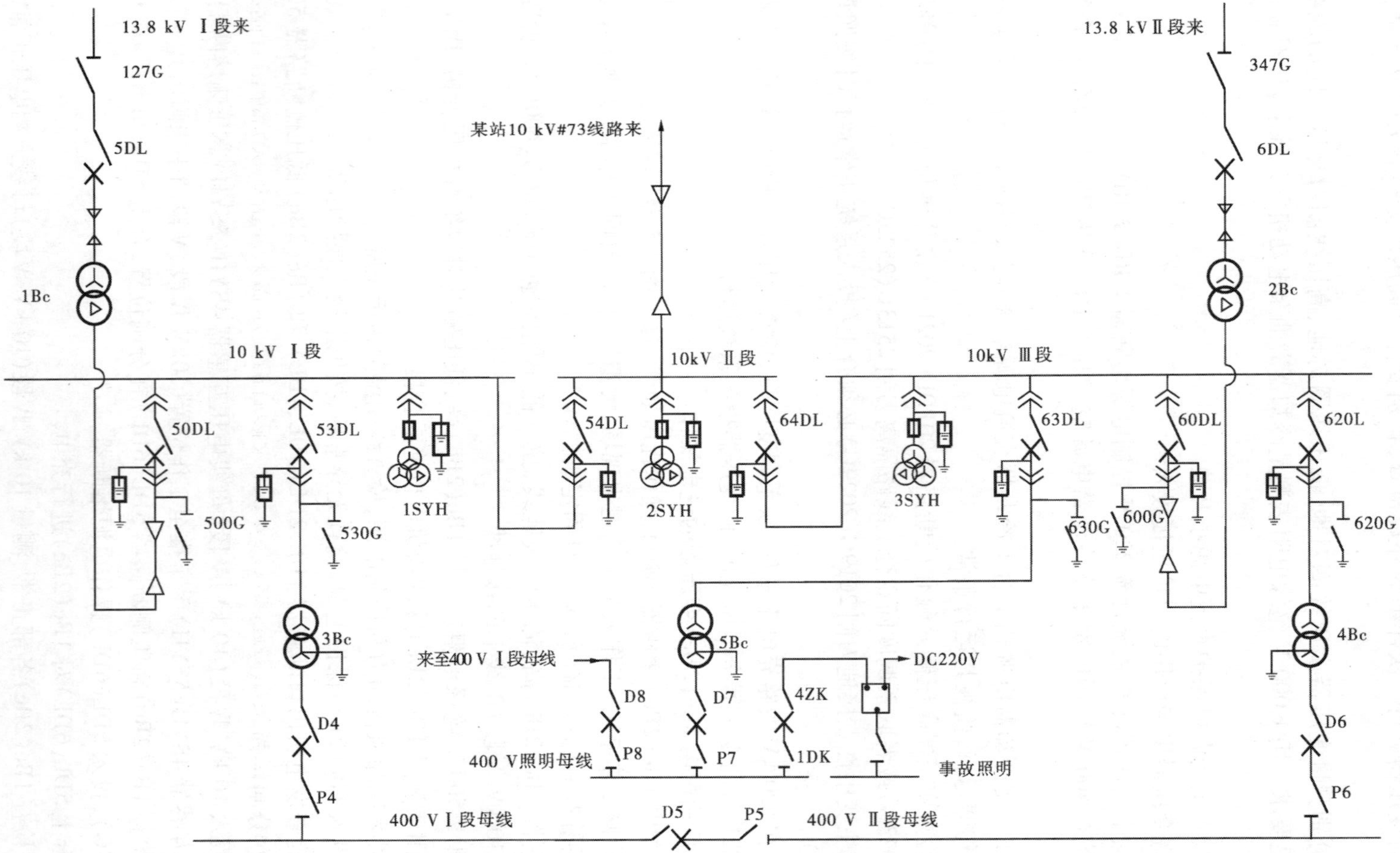


图 4-6 某水电厂厂用电系统接线图

**(四)主变压器1B(2B)的停电操作**

主变压器1B(2B)的停电操作程序如下(参考图4-5):

(1)移去变压器所带的负荷。

(2)跳开变压器高压侧断路器201DL(202DL)。

(3)停止冷却器运行。

(4)检查主变高、低压侧断路器分闸后,拉开高压侧的隔离开关2013G(2023G),并取下断路器的合闸熔断器或操作熔断器。

(5)根据工作需要取下冷却器控制电源熔断器1RD、2RD。

(6)根据工作需要打开保护压板。

(7)根据工作需要断开主变微机保护直流电源小开关。

(8)根据需要装设三相短路接地线、合上接地刀闸,悬挂标示牌或装设临时遮栏。

**(五)变压器的其他操作**

1. 对主变压器做递升加压试验

新安装或大修后的主变压器,在投入运行前,必须做递升加压试验(对于厂用变压器应尽可能做递升加压试验),其操作程序如下:

(1)做递升加压的变压器应处于备用状态,其他设备应加以隔离。

(2)对变压器做递升加压的发电机,强励压板1LP应打开,变压器中性点接地刀闸2019G(2029G)必须合上,其余均应处于备用状态(机组递升加压参见水轮发电机部分)。

(3)开机空载,合上发电机出口真空断路器,用励磁装置手动运行方式或外接设备缓慢递升电压,可在1~2 min内递升到额定电压的50%,其余50%应分5次递升,每次递升10%的时间为2~3 min,每次递升时应指定专人对变压器进行监视。当电压达到额定值时,应维持10 min,然后切断变压器电压。

(4)递升加压合格,经总工批准后,变压器方可投入运行。

2. 变压器的冲击合闸试验

变压器的冲击合闸试验操作程序如下:

(1)确认变压器已处于备用状态,具备冲击合闸的条件。

(2)合上变压器有保护装置的电源侧断路器。

(3)检查变压器本体各部及保护装置正常。

(4)10 min后拉开变压器有保护装置的电源侧断路器。

(5)5 min后重复执行以上项目。

(6)用冲击法将变压器连续投入5次(大修后的变压器只冲击3次),冲击合闸必须从变压器高压侧进行,第一次冲击合闸持续时间不小于10 min,间隔时间应大于15 min,每次全电压冲击合闸后,应对变压器进行全面检查。

3. 摇测变压器的绝缘电阻

摇测变压器的绝缘电阻的程序如下:

(1)确认变压器已经停电并退出备用,具备摇测绝缘电阻的条件。

(2)检查变压器中性点接地刀闸已经分闸或中性点接地线已经拆除。

(3)验明变压器高低压侧确无电压。

(4)对变压器高低侧充分放电。

(5)将变压器低压侧三相短路接地后摇测其高对地绝缘电阻。

(6)对变压器高压侧充分放电后拆除变压器低压侧三相短路接地线。

(7)将变压器高压侧三相短路接地后摇测其低对地绝缘电阻。

(8)对变压器低压侧充分放电后拆除变压器高压侧三相短路接地线。

(9)摇测变压器高对低绝缘电阻。

(10)对变压器高低压侧充分放电。

4. 变压器更改分接头的操作

变压器更改分接头的操作程序如下:

(1)将变压器停电,从高低压侧完全隔离,装设接地线或合上接地刀闸,悬挂标示牌或装设临时遮栏。

(2)将变压器分接开关调整到指定挡位,并核对无误。

(3)由试验人员使用电桥法测量各相直流电阻,相间误差不得超过2%,与出厂时或安装时测得的直流电阻换算到相同温度下相差不得超过2%(参见相关文献)。

## 二、变压器的运行监视和检查

### (一)基本要求

变压器的运行监视和检查所要达到的基本要求如下:

(1)巡视人员应严密监视变压器的电压、电流等各项运行参数(各项运行参数包括电压、电流、功率、上层油温、线圈温度等)在规定的范围内运行。

(2)每班应对运行和备用中的变压器至少巡回检查两次,每轮值应对运行和备用中的变压器至少每天巡检两次。

(3)备用中的变压器及其全部附属设备应按规定进行运行维护和巡回检查,其安全和技术规定与运行变压器一样,与运行变压器同等对待。

(4)未经调度同意,不得在备用的1B、2B上工作。

(5)备用变压器及其全部附属设备应经常处于完好状态,保证能随时投入运行。

(6)按照定期工作的安排对变压器进行熄灯检查,检查电气设备有无电晕放电以及过热等现象。

### (二)变压器的巡视检查

1. 变压器的特殊巡视检查的条件

在下列情况下应对变压器进行特殊巡视检查,增加巡视检查次数:

(1)新设备或经过检修、改造的变压器在72 h内。

(2)有严重缺陷时(如冷却系统不正常、严重漏油、有局部过热现象、油中溶解气体分析结果异常等)或绝缘有弱点时。

(3)气象突变(如大风、大雾、大雪、冰雹、寒潮等)时。

(4)雷雨季节特别是雷雨后。

(5)高温季节、高峰负载期间。

(6)变压器急救负载运行时。

2. 变压器日常检查项目

变压器日常检查项目包括以下内容：

(1)倾听变压器的声音有无增大、异常。

(2)变压器的油枕、套管的油位、油色是否正常，变压器各部是否有渗油、漏油现象。

(3)变压器套管是否清洁，有无破裂、严重油污、损坏、放电痕迹，以及其他异常现象。

(4)变压器的油温和温度计应正常，油枕的油位应与温度对应，各部位无渗油、漏油。

(5)变压器防爆筒的隔膜是否完好，压力释放阀关闭是否严密。

(6)变压器上的瓦斯继电器通向本体的阀门应打开，瓦斯继电器应无气体。

(7)变压器连接引线接头是否有发热现象，变色漆是否变色，外壳及箱沿有无异常发热，接地装置接地是否良好。

(8)变压器的进、出油阀门是否已全部打开。

(9)变压器呼吸器硅胶是否变色。

(10)变压器各引线支持绝缘子是否清洁，有无破损、裂纹、放电痕迹。

(11)变压器事故排油阀门应关严。

(12)变压器油箱外部是否有渗油、漏油的现象。

(13)变压器外部是否清洁。

(14)各控制箱和二次端子箱应关严，无受潮。

(15)干式变压器的外部表面应无积污。

(16)变压器室的门、窗、照明应完好，房屋不漏水，通风设备完好，温度正常。

(17)变压器的储油池和排油设施应保持良好状态，通向变压器的防火门应处于关闭位置。

(18)变压器的消防设施应齐全、可靠。

3. 主变压器冷却器巡视检查

主变压器冷却器巡视检查包括以下内容：

(1)检查冷却器控制箱内各切换开关的投入位置是否正确，各压接部分有无过热现象，信号指示正常。

(2)检查油流继电器指示是否正常。

(3)检查冷却器各部，特别是法兰结合处是否有漏水、漏油的现象。

(4)冷却器各进、出油阀门，进、出水阀门位置正确。

(5)潜油泵运转正常，无异音和显著振动。

(6)潜油泵检修后，还应判明盘式电动机转向是否正确。

(7)冷却器的备用电源应正常。

(8)干式变压器风扇运转正常，无异音，叶片无裂纹、断裂现象，风扇电动机按《厂用电及电动机运行规程》进行检查。

## 三、变压器的维护保养

### (一)变压器的维护保养规定

变压器的维护保养规定包含以下内容：

(1)为保证设备正常运行的安全可靠,变压器必须定期进行测试维护工作,发现问题要及时通知检修维护人员处理。

(2)每月应按照"电站电气设备温度监测表"的要求测量相应电气设备的温度。

(3)运行值守人员应根据变压器的运行状态进行分析,发现设备有异常趋势,应及时对设备进行维护保养,保证变压器的安全运行。

(4)各值守人员应按照要求搞好所辖变压器的清洁卫生。

(5)运行值守人员应按规定进行定期维护工作,并做好记录。

**(二)变压器的维护保养方法**

变压器的维护保养方法如下:

(1)每日定时抄录1次变压器的顶层油温。

(2)每周切换运行变压器冷却装置的备用电源和冷却器。

(3)吸湿器内有2/3的吸附剂变色时应进行更换。

(4)每年应对变压器冷却器清扫1次。

(5)每年应对变压器的套管清扫1次。

(6)每年应对变压器的各种控制箱、二次回路检查和清扫1次。

(7)每半年应对变压器进行1次取油样分析。

(8)在更改变压器分接头前后1周各进行1次取油样分析。

## 第五节 变压器保护运行与操作

电力变压器是电力网中极其重要的电气设备,它的安全运行对于保证电力网的安全和电能质量起着决定性的作用。因此,针对电力变压器可能发生的故障和不正常运行,装设各种保护装置。根据《继电保护与安全自动装置的运行条例》,电力变压器一般装设瓦斯保护、纵差保护或电流速断保护、相间短路的后备保护(过电流保护、复合电压起动的过电流保护、负序电流或单相式低压过电流保护)、接地保护等。现以某水电厂变压器保护为例,简单叙述变压器保护运行方式、巡视检查与操作,以期达到举一反三的目的。

### 一、主变保护装置的运行方式

(1)变压器所装设的保护:①反映变压器内部及引出母线上短路的纵联差动保护。②反映变压器内部故障的瓦斯保护。③反映主变220 kV高压侧单相接地的零序保护。④轻瓦斯保护动作后发出故障信号。

(2)运用中的主变压器确需停用保护时,变压器的重瓦斯保护和差动保护不得同时停用。

### 二、保护屏巡视检查项目

(1)屏柜完好、清洁无异,标示清晰,柜门关闭严密,开关正常。

(2)各装置插件插接严密稳固,标示清晰。

(3)各压板完好无损、标示清晰,除备用压板外均在投入位置。

(4)照明正常,各装置连线牢固,无过热现象。装置接地线完好,接地牢固。电缆标示清楚,电缆孔洞封堵严密。

(5)端子排连线整齐美观,标识完整清晰,连接牢固,无松动断线,无过热、烧焦现象,无裸露导线出现。

(6)电源空气开关完好无损,投入正常。

(7)其外观完好,标示清晰,接点无烧伤粘连,无异常发热,无异常电磁声响。

### 三、变压器保护的操作

(1)变压器微机保护装置时钟校对。

(2)变压器微机保护装置定值清单打印。

(3)变压器微机保护装置报告打印等操作,与发电机保护相同,在此不再赘述。

## 第六节　变压器故障处理

### 一、故障和事故处理原则

(1)根据仪表(上位机)显示、设备异常现象和外部征象判断故障或事故确已发生。

(2)在总值班的统一指挥下,协调安排值守人员进行处理,采取有效措施遏制故障或事故的发展,解除对人身和设备的危害,恢复设备的安全稳定运行,按照设备的管理权限,及时将处理情况向调度、发电部、生计部及安监部汇报,发生严重事故应向总工程师、生产副厂长汇报,发生着火事故还应汇报武装保卫部。

(3)在处理过程中,值守人员应坚守岗位,迅速正确地执行总值班的命令。对重大突发事件,值守人员可依照有关规定先行处理,然后及时汇报。

(4)对事故设备应尽快隔离,对正常设备保持或尽快恢复运行。

(5)处理完毕后,当班总值班应如实记录故障或事故发生的经过、现象和处理情况。处理过程中要注意保护事故现场,未经总值班同意不得复归事故信号或任意改动现场设备情况,紧急情况(如危及人身安全时)除外。

(6)变压器有下列情况之一者应立即停运:

①变压器声响明显增大,很不正常且不均匀,内部有爆裂声。

②严重漏油或喷油,油面下降到低于油标(油位计)的指示限度。

③油枕冒油或压力释放装置喷油、喷烟、喷火。

④变压器正常负荷及冷却条件运行时,由于内部故障上层油温急剧升高,超过最大允许值。

⑤套管有严重的破损,有闪络放电现象。

⑥变压器冒烟着火。

⑦发生危及变压器安全的故障,而有关保护装置拒动。

⑧变压器附近的设备着火、爆炸或发生其他情况,对变压器构成严重威胁。

(7)变压器发生下列现象时,应采取有效措施设法消除故障并做好停电的准备工作。

①变压器内部声音异常升高，且不均匀。

②套管裂纹，有闪络放电现象。

③油色变化过速，化验不合格，油面降低至下限。

④压接接头接触不良，已发热烧红。

⑤威胁变压器安全运行的其他因素。

## 二、变压器的故障和事故判断及处理流程

### （一）变压器声音不正常

变压器运行时，应发出均匀的"嗡嗡"声。这是因为交流电流通过变压器绕组时，在铁芯中产生周期性变化的交变磁通，磁通的变化引起铁芯的振动。如果变压器产生不均匀声音或其他异音，都属于变压器声音不正常。引起不正常声音的原因有以下几点：

（1）变压器过负荷。过负荷使变压器发出不均匀且较大的"嗡嗡"声。

（2）变压器负荷急剧变化。如系统中的大动力设备（如电弧炉、汞弧整流器等）起动，使变压器的负荷急剧变化，变化器发出较重的"呜哇"声；或随负荷的急剧变化，变压器发出"割割割"突发的间歇响声。

（3）变压器短路。系统发生短路时，变压器流过短路电流使变压器发出很大的噪声。

出现以上情况运行值班人员应对变压器加强监视。

（4）电网发生过电压。如中性点不接地系统发生单相接地或系统产生铁磁谐振，致使电网发生过电压，变压器发出时粗时细的噪声，这时可结合电压表的指示作综合判断。

（5）变压器铁芯夹紧件松动。铁芯夹紧件松动致使螺栓、螺丝、夹件、铁芯松动，使变压器发出"叮叮当当"的锤击声和"呼呼呼"似刮大风的声音。此时，变压器油位、油色、油温均正常，运行值班人员应加强监视，待大修时处理。

（6）内部故障放电打火，内部接头焊接或接触不良，分接开关接触不良，铁芯接地线断开等故障，使变压器发出"哧哧"或"劈啪"的放电声。此时，变压器应停电处理。

（7）绕组绝缘击穿或匝间短路。如绕组绝缘发生击穿，变压器声音中夹杂不均匀的爆裂声；绕组匝间短路，短路处严重局部过热，变压器油局部沸腾，使变压器声音中夹杂有"咕噜咕噜"的水沸腾声，此时应将变压器停电处理。

（8）外界气候引起的放电。如大雾、阴雨天气或夜间，变压器套管处有蓝色的电晕或火花，发出"嘶嘶"或"嗤嗤"的声音，这说明瓷件污秽严重或设备线卡接触不良，应加强监视此情况，待停电时处理。

### （二）变压器油温异常

在正常负荷和正常冷却条件下，变压器上层油温较平时高出 10 ℃以上，或变压器负荷不变而油温不断上升，则应认为变压器温度异常。

1. 原因

变压器温度异常可能是下列原因造成的：

（1）变压器内部故障。如绕组匝间短路或层间短路绕组对围屏放电，内部引线接头发热，铁芯多点接地使涡流增大而过热等。这时应停电检修变压器。

（2）冷却装置运行不正常。如潜油泵停运，风扇损坏停转，散热器管道积垢使冷却效

果不良，散热器阀门未打开。此时，在变压器不停电状态下，可对冷却装置的部分缺陷进行处理。

2. 现象

变压器顶层油温升高，超过了规定的正常温度。

3. 处理方法

(1)检查备用或辅助冷却器是否投入，如没投入应手动帮助，并查明原因。

(2)检查变压器是否过负荷，三相负载是否对称，如不对称应调整负荷。

(3)检查冷却器运行是否正常，进出油阀和进出水阀是否全部打开，冷却水是否正常。

(4)核实膨胀型温度计、电阻型温度计和酒精温度计指示的温度值，差值是否很大。

(5)与以往相同负荷、相同冷却条件下的变压器上层油温进行比较，确有明显的升高，且并不是由上述原因造成的，应判定为变压器内部故障，应立刻汇报总工程师，联系调度同意，停电检查处理。

**(三)变压器油色不正常**

变压器油有新油和运行油两种。新油呈亮黄色或天蓝色且透明，运行油呈透明微黄色。运行值班人员巡视时，发现变压器油位计中油的颜色发生变化，应取样分析化验。当化验发现油内含有碳粒和水分、酸价增高、闪光点降低、绝缘强度降低时，说明油质已急剧下降，容易发生内部绕组对变压器外壳的击穿事故。此时，该变压器应停止运行。若运行中变压器油色骤然变化，油内出现碳质并有其他不正常现象时，应立即停用该变压器。

**(四)变压器油位不正常**

为了监视变压器的油位，变压器的油枕上装有玻璃管油位计或磁针式油位计。油枕采用玻璃管油位计时，油枕上标有油位监视线，分别表示环境温度为 -20 ℃、+20 ℃、+40 ℃时变压器正常的油位；如果采用磁针式油位计，在不同环境温度下，指针应停留的位置由制造厂提供的曲线确定。

变压器运行时，正常情况下，变压器的油位随温度的变化而变化，而温度取决于变压器所带的负荷多少、周围环境温度和冷却系统运行情况。变压器油位异常有如下三种表现形式。

1. 油位过高

油位因油温升高而高出最高油位线，有时油位到顶而看不到油位，就判断为油位过高。油位过高的原因是：①变压器冷却器运行不正常，使变压器油温升高，油受热膨胀，造成油位上升；②变压器加油时，油位偏高较多，一旦环境温度明显上升，引起油位过高。

如果油位过高是因冷却器运行不正常引起的，则应检查冷却器表面有无积灰堵塞，油管上、下阀门是否打开，管道有否堵塞，风扇、潜油泵运转是否正常合理，冷却介质温度是否合适，流量是否足够。如果油位过高是因为加油过多引起的，应放油至适当高度，若油位看不到，应判断为油位确实高出最高油位线，再放油至适当高度。

2. 油位过低

当变压器油位较当时油温对应的油位显著下降，油位在最低油位线以下或看不见时，就判断为油位过低。造成油位过低的原因是：①变压器漏油；②变压器原来油位不高，遇有变压器负荷突然下降或外界环境温度明显降低时,使油位过低;③强油水冷变压器油流入冷油器时间较长,也会使油位过低。

油位过低,会造成轻瓦斯保护动作。若为浮子式继电器,还会造成重瓦斯保护跳闸。严重缺油时,变压器铁芯和绕组会暴露在空气中,这不但容易使铁芯和绕组受潮降低其绝缘能力,而且可能造成绝缘击穿。

因此,变压器油位过低或油位明显降低时,应尽快补油至正常油位。如因漏油严重使油位明显降低,应禁止将瓦斯保护由跳闸改为信号,消除漏油,并使油位恢复正常。若大量漏油,油位低至气体继电器以下或继续下降,应立即停用该变压器。

3. 假油位

造成假油位的原因可能有:当非胶囊密封式油枕油标管堵塞、呼吸器堵塞或防爆管气孔堵塞时,均会出现假油位;当胶囊密封式枕内存有一定数量的空气、胶囊受潮呼吸不畅、胶囊装设位置不合理及胶囊袋破裂等也会造成假油位。处理时,应先将重瓦斯保护解除,再采取其他措施。

变压器运行时,一定要保持正常油位。运行值班人员应按规定检查油位计的指示。油位过高时(如夏季),应及时放油;在油位过低时(如冬季),应及时补油,以维持正常油位,确保变压器安全运行。

**(五)变压器轻瓦斯动作**

变压器装有气体继电器,重瓦斯保护反映变压器内部短路故障,动作于跳闸;轻瓦斯保护反映变压器内部轻微故障,动作于信号。由于种种原因,变压器内部产生少量气体,这些气体积聚在气体继电器内,达到一定数量后,轻瓦斯保护动作报警,提醒运行值班人员分析处理。

轻瓦斯保护动作可能原因有:①变压器内部轻微故障,如局部绝缘水平降低而出现间隙放电及漏电,产生少量气体;②空气侵入变压器内部,如滤油、加油或冷却系统不严密,导致空气进入变压器而积聚在气体继电器内;③变压器油位降低,低于气体继电器,使空气进入气体继电器;④二次回路故障,如直流系统发生两点接地,或气体继电器引线绝缘不良引发误发信号。

1. 现象

上位机发出对应主变"轻瓦斯动作信号"信号。

2. 处理方法

(1)对变压器进行外观检查,确认有无漏油,油色是否正常,油位是否降低引起轻瓦斯动作。

(2)仅因低温造成油位降低,在气体继电器观察窗处尚能观察到油位时,变压器可继续运行,并按规定进行补油,否则应将变压器停运。

(3)根据运行情况判明是否由于变压器油中的气泡引起轻瓦斯动作,如确系空气混入变压器油中引起轻瓦斯动作,应放出瓦斯继电器中积聚的空气,变压器仍可继续运行。

(4)使用专用针管在瓦斯继电器排气堵塞处收集气样,并判断故障性质(见相关文献)。如果瓦斯气样属于3种可燃气体,必须立即将变压器停电。

①气体无色、无味、不可燃者为空气。应放出空气,并注意下次发出信号的时间间隔。

若间隔时间逐渐缩短，应切换至备用变压器供电，短期内查不出原因，应停用该变压器。

②气体为可燃且色谱分析不正常时，说明为变压器内部故障，应停用该变压器。

③气体为淡灰色，有强烈臭味且可燃，说明为变压器内绝缘材料故障，应停用该变压器。

④气体为黑色、易燃，说明为油故障（可能是铁芯烧坏，或内部发生闪络引起油分解），应停用该变压器。

⑤气体为微黄色，且燃烧困难，可能为变压器内木质材料故障，应停用该变压器。

(5)联系油化人员做绝缘油闪点试验，如闪点比上次记录下降5 ℃，应汇报总工程师作出是否继续运行的决定。

(6)如上述检查未发现异常，应联系维护人员检查轻瓦斯保护动作的正确性。

(7)当值应将变压器空气混入后轻瓦斯发信号的次数、时间间隔详细地记录在"值长交接记录簿"上，如信号间隙逐渐缩短，应立刻请示总工程师，并做好停电的一切准备工作。

### （六）变压器重瓦斯动作

1. 现象

(1)发出变压器重瓦斯动作信号。

(2)变压器的高、低压两侧断路器分闸。

2. 处理方法

(1)检查变压器的外部有无严重漏油、喷油的现象，油位、油色是否正常，有无损坏及其他异常现象，是否有其他继电保护装置动作的情况。

(2)立即在瓦斯继电器排气塞处收集气样进行分析判断，如系空气混入造成重瓦斯保护动作，应使绝缘油充分循环后，排除瓦斯继电器中积聚的空气，经总工程师批准后，可根据情况作递升加压或全电压冲击合闸后送电。如果是其他3种可燃气体，在未查明原因消除故障前，不得将变压器投入运行。

(3)测量变压器高、低压绕组对地及高、低压绕组间的绝缘电阻应合格。

(4)调查是否由于现场人员误动引起，若确系现场人员误动作，应立刻恢复变压器运行。

(5)通知专业班组测量主变线圈直流电阻，取油样进行分析，并检查瓦斯保护动作的正确性。

(6)如上述检查未发现异常，应怀疑是否由于重瓦斯保护误动作引起，经总工程师批准，在变压器差动保护或速断保护投入情况下，根据现场情况将重瓦斯保护停用或改投"信号"位置。用机组对主变递升加压正常后将变压器投入运行。

### （七）变压器差动保护动作

(1)检查高、低压两侧断路器是否分闸，如未分闸，立即拉开。

(2)根据事故征象判断是否为继电保护误动。若确系误动又无法立即消除缺陷，应汇报总工程师同意停用差动保护，将变压器送电，但重瓦斯保护必须启用，且这种运行方式一般不应超过24 h，应通知维护检修人员尽快消除故障，将差动保护投入运行。

(3)首先对主变压器差动保护范围内的一次设备进行详细的外观检查，检查有无短路痕迹，若发现着火，立即按规定进行灭火。

(4)做好安全措施，测量变压器的绝缘电阻是否符合相关规程的规定。

(5)通知专业班组检查差动保护装置是否正常,发现问题立即处理。

(6)如未发现任何异常现象或在事故原因消除后,请示总工程师同意后起动机组对变压器进行递升加压试验,升压过程中应严密监视发电机定子三相电流为零,发现异常立即停机处理,如升压试验正常,即可将变压器重新投入系统运行。

(7)检查如确系因人员误碰引起差动保护动作分闸,应立即恢复主变压器运行。

**(八)变压器着火**

1.现象

(1)变压器可能出现事故光字,蜂鸣器响,有关保护动作。

(2)变压器室传来冲击声或其他异常声响。

2.处理方法

(1)确系已着火而变压器高、低压两侧断路器还未自动分闸,应立即拉开。

(2)尽可能停用变压器冷却装置,为防止着火变压器威胁到其他运行变压器,将有关的通风机停止运行,必须关闭防火门,将邻近的带电运行设备停电。

(3)确保变压器已完全隔离电源,灭火人员应戴上防毒面具,对1B、2B主变压器立即起动75 kW消防泵电机,开启着火变压器的闸阀,投入喷雾型灭火。对主变及其他变压器还可用"1211"、"四氯化碳"等干式灭火器进行灭火,变压器油流到地面燃烧时,也可用干燥的沙子灭火;干式变压器着火时严禁用泡沫灭火器或沙子灭火。

(4)若油浸变压器绝缘油溢出至钟罩上部着火,则应在保证人身安全情况下开启变压器底部事故排油阀,将油放到集油坑里,使油面低于着火处。

(5)及时通知领导组织消防人员前来灭火。

(6)灭火措施必须果断、迅速,防止事故扩大或引起人员中毒、烧伤、触电等,并遵守《电厂消防手册》的规定。

# 复习思考题

## 一、名词解释

(1)什么是6 ℃原则?

(2)什么是绝缘老化?

(3)什么是允许温升?

## 二、判断题

(1)可用隔离开关来分合变压器。 (  )

(2)当变压器运行时,冷却装置延缓投入。 (  )

(3)变压器停电操作时,先停电源侧,后停负荷侧。 (  )

(4)变压器停运后,才可停其保护和冷却装置。 (  )

## 三、问答题

(1)说明变压器分闸时应从负荷侧到电源侧,合闸相反的道理?

(2)变压器投运前,为什么须做冲击试验?

(3)变压器运行时,为什么必须监视允许温度和允许温升?

(4)变压器保护屏巡视检查项目有哪些?

(5)变压器运行时,轻瓦斯保护动作原因是什么?如何处理?

(6)变压器运行时,重瓦斯保护动作原因是什么?如何处理?

(7)变压器分接开关如何操作?

(8)举例说明变压器倒闸操作的过程。

# 第五章元
# 配电装置中电气设备的运行及事故处理

**主要岗位工作任务**

油断路器、六氟化硫断路器、真空断路器运行中的巡视检查，断路器操动机构的巡视检查，断路器的特殊巡视检查，断路器的事故处理；隔离开关运行中的巡视检查，隔离开关的操作，隔离开关的事故处理；电流互感器、电压互感器运行中的巡视检查，电流互感器、电压互感器的操作，电流互感器、电压互感器的事故处理；防雷装置、母线、绝缘子运行中的巡视检查。

配电装置是电气一次主接线在工程上的实物形态，是发电厂及变电站的重要组成部分。它由高压断路器、隔离开关、电流互感器、电压互感器、避雷器、母线和测量电器等设备构成，在正常情况下，用来接受和分配电能，在发生事故时能迅速切断故障部分，恢复非故障部分的工作。

## 第一节　断路器的运行及事故处理

断路器是高压配电装置中最重要的电气设备，正常时根据电网运行的需要，将部分电气设备或电力线路投入或退出运行，在电气设备或线路发生故障时，继电保护自动装置发出跳闸信号，起动断路器，将故障部分设备或线路从电网中迅速切除，确保电网中无故障部分的正常运行。

### 一、断路器的运行总则

断路器的运行总则如下：

(1)在正常运行时，断路器的工作电流、最大工作电压、额定开断电流不得超过额定值。

(2)为使运行中的断路器正常工作，应检查其操作电源完备可靠，气体断路器的气压正常，液压操动断路器的油压、弹簧操动断路器的储能、电磁操动断路器的合闸电源及远距离操作电源均应符合运行要求。

(3)所有运行中的具有远距离操作接线的断路器，在带有工作电压时的分(合)闸操作，一般均应采用远距离操作方式，禁止使用手动机械分闸，或手动就地操作按钮分闸。只有在远距离分闸失灵或当发生人身及设备事故而来不及远距离拉开断路器时，方允许手动机械分闸(油断路器)，或者用就地操作按钮分闸(空气断路器)。对运行中断路器的就地操作，禁止手动慢分闸和慢合闸。在操作空载线路时应迅速就地操作，但只限于操动机构为三相联动方式的断路器，对分相式操动机构的断路器，则不允许分相就地操作。对于装有自动重合闸的断路器，在条件可能的情况下，应先解除重合闸后再进行手动分闸；若条件不可能，应在手动分闸后，立即检查是否重合上了，若已重合上了，应再手动分闸。

（4）明确断路器的允许分、合闸次数，以保证一定的工作年限。根据标准，一般断路器允许空载分、合闸次数（也称机械寿命）应达1 000～2 000次。为了加长断路器的检修周期，断路器还应有足够的电气寿命，即允许连续分、合短路电流或负荷电流的次数。一般来说，装有自动重合闸的油断路器，在切断3次短路故障后，应将重合闸停用；少油式断路器在切断4次短路故障后，应对断路器进行计划外检修，以避免断路器再次切断故障电流时造成断路器的损坏或爆炸。

（5）禁止将有拒绝分闸缺陷或严重缺油、漏油、漏气等异常情况的断路器投入运行。

（6）对采用空气操动的断路器，其气压应保持在允许的调整范围内，若超过允许值，应及时调整，否则需停止对断路器的操作。

（7）一切断路器均应在断路器轴上装分、合闸机械指示器，以便运行人员在操作或检查时用它来校对断路器断开或合闸的实际位置。

（8）在检查断路器时，运行人员应注意辅助触点的状态。若发现触点在轴上扭转、松动或固定触片自转盘脱离，应紧急检修。

（9）检查断路器三相合闸的同时性。因调整不当，合闸后因拉杆断开或横梁折断而造成一相未合上，导致两相运行时，应立即停止运行。

（10）少油式断路器外壳均带有工作电压，故运行中值班人员不得任意打开断路器室的门或网状遮栏。

（11）需经同期方可合闸的断路器，必须满足同期条件后才能合闸送电。

## 二、断路器运行中的巡视检查

在断路器运行时，运行值班人员必须依照现场规程和制度，对断路器进行巡视检查，及时发现缺陷，并尽快设法消除，以保证断路器的安全运行。实践证明，对断路器在运行中的巡视检查，特别是通过对容易造成事故的部位（如操作机构、出线套管等）的巡视检查，可以发现大部分缺陷。因此，运行中的巡视和检查是十分重要的。

### （一）油断路器运行中的巡视检查项目

（1）油位检查。在油断路器中，火弧是靠油来进行的，因此断路器本身和充油套管在运行中必须保持正常油位，即油位计应指在规定的两条红线之间，不得高于油位计的最高红线，也不得低于油位计的最低红线，见图5-1。

（2）油位计的检查。检查断路器和充油套管的玻璃油位计有无裂纹或破损，耐酸橡皮垫是否合适，有无腐蚀、软化、胀出现象，盘根处有无渗漏油；油位计中是否有油泥和油的沉淀物；油位计的透明有机玻璃是否发生脆化或变形，油标管是否漏油等，见图5-1。

（3）油色的检查。油位计中的油，在运行中的颜色应当鲜明，不变质。我国生产的新油一般是淡黄色，运行后呈浅红色。

（4）断路器渗漏油的检查。渗、漏油会形成油污，降低瓷件的绝缘强度。漏油严重会使断路器油位降低，油量不足。

（5）瓷套管的检查。检查瓷套管是否清洁，有无裂纹、破损和放电痕迹。

(6)引线接头、铝板与铜铝过渡板连接的检查。与断路器连接的接头是电路中较薄弱的环节之一。由于接头发热造成电气设备或系统事故是较多的，因此该项是巡视检查的重点之一。

(7)断路器分合位置的检查。断路器分合位置的指示应与当时的实际运行工况相符。

(8)接地是否完好。

**(二)$SF_6$ 断路器运行中的巡视检查项目**

(1)套管不脏污，无破损裂痕及闪络放电现象。

(2)检查连接部分有无过热现象，如有应停电退出，进行消除后方可继续运行。

(3)内部无异声(漏气声、振动声)及异臭味。

(4)壳体及操作机构完整，不锈蚀；各类配管及其阀门有无损伤、锈蚀，开闭位置是否正确，管道的绝缘法兰与绝缘支持是否良好。

(5)断路器分合位置指示是否正确，其指示应与当时的实际运行工况相符。

(6)检查 $SF_6$ 气体压力是否保持在额定表压，$SF_6$ 气体压力正常值为 0.4 ~0.6 MPa，如压力下降即表明有漏气现象，应及时查出泄露位置并进行消除，否则将危及人身及设备安全，见图 5-2。

图 5-1　油位与油位计检查

图 5-2　$SF_6$ 断路器气体压力检查

**(三)真空断路器运行中的巡视检查项目**

(1)断路器分合位置指示是否正确，其指示应与当时的实际运行工况相符。

(2)支持绝缘子有无裂痕、损伤，表面是否光洁。

(3)真空灭弧室有无异常(包括有无异常声响)，如果是玻璃外壳可观察屏蔽罩的颜色有无明显变化。

(4)金属框架或底座有无严重锈蚀和变形。

(5)可观察部位的连接螺栓有无松动、轴销有无脱落或变形。

(6)接地是否良好。

(7)引线接触部位或有示温蜡片的部位有无过热现象,引线弧度是否适中。

**(四)断路器运行中的特殊巡视检查项目**

(1)在系统或线路发生事故,使断路器跳闸后,应对断路器进行下列检查:①检查有无喷油现象,油色和油位是否正常;②检查油箱有无变形等现象;③检查各部分有无松动、损坏,瓷件是否断裂等;④检查各引线接点有无发热、熔化等。

(2)高峰负荷时应检查各发热部位是否发热变色、示温蜡片是否熔化脱落。

(3)天气突变、气温骤降时,应检查油位是否正常,连接导线是否紧密等。

(4)下雪天应观察各接头处有无溶雪现象,以便发现接头发热。雪天、浓雾天气,应检查套管有无严重放电闪络现象。

(5)雷雨、大风过后,应检查套管瓷件有无闪络痕迹、室外断路器上有无杂物、导线有无断股或松股等现象。

**(五)断路器的紧急停运**

当巡视检查发现下列情况之一时,应立即用上一级断路器断开连接该断路器的电源,将该断路器进行停电处理。

(1)断路器套管爆炸断裂。

(2)断路器着火。

(3)内部有严重的放电声。

(4)油断路器严重缺油,$SF_6$ 断路器中 $SF_6$ 气体严重外泄。

(5)套管穿心螺丝与导线(铝线)连接处发热熔化等。

**(六)断路器操动机构运行中的巡视检查项目**

用来接通或断开断路器,并保持断路器在合闸或断开位置的机构称为断路器的操动机构。对断路器来说,操动机构是重要部件,也是易出问题的部件。

1. 弹簧操动机构检查项目

(1)机构箱门平整,开启灵活,关闭紧密。

(2)断路器在运行状态,储能电动机的电源开关或熔断器应在投入位置,并不得随意拉开。

(3)检查储能电动机,行程开关触点无卡住和变形,分、合闸线圈无冒烟、异味。

(4)断路器在分闸备用状态时,分闸连杆应复归,分闸锁扣到位,合闸弹簧应储能。

(5)防潮加热器良好。

(6)运行中的断路器应每隔 6 个月用万用表检查熔断器情况。

2. 液压操动机构检查项目

(1)机构箱门平整、开启灵活,关闭紧密,箱内无异味。

(2)油箱油阀正常,无渗漏油。

(3)液压指示在允许范围内。

(4)加热器正常完好。

(5)每天记录油泵起动次数。

运行注意事项:一是经常监视液压机构油泵起动次数,当断路器未进行分合闸操作时，油泵在24 h内起动，大多为高压油路渗油，应汇报调度和领导，并及时处理。高压油路渗油油压降低至下限，机械压力触点闭锁，断路器将不能操作。二是液压机构储压时间应不大于5 min，在额定油压下，进行一次分合闸操作，油泵运转不大于3 min。三是运行中的断路器严禁慢分合操作（油压过低或开放高压放油阀将油压释放至0），紧急情况下，在液压正常时，可就地用手按下分闸按钮进行分闸。

3. 电磁操动机构检查项目

（1）机构箱门平整，开启灵活，关闭紧密。

（2）分合闸线圈及合闸接触器线圈无冒烟、异味。

（3）直流电源回路线圈无松动，无铜绿或锈蚀。

运行注意事项：①严禁用手动杠杆和千斤顶的办法带电进行合闸操作；②以硅整流作电磁操动机构的合闸电源，合闸电源应符合要求。

## 三、高压断路器的常见故障及其处理

### （一）油断路器的常见故障及其事故处理

1. 油断路器声音异常

运行中的油断路器，内部有异常声音，如放电的“噼啪”声或开水似的“咕噜”声，则应尽快将断路器和断路器两侧隔离开关拉开，使断路器与电源隔离。

断路器运行中内部出现声音，主要有以下几个原因：

（1）断路器内部绝缘损坏，造成带电部分向外壳（地）放电，形成较有规律的“噼啪”声。

（2）断路器内应与带电部分等电位的绝缘部分连接松脱，则由于悬浮电位放电，形成不规则的放电声。

（3）断路器动静触头接触不良，形成主电流回路放电和接触不良，造成电弧在油中急剧燃烧，则会有不断的开水似的“咕噜”声。

以上这几种异常，都是比较严重的。因此，一旦作出判断，应尽快将运行中的断路器断开（或用上一级断路器将其断开），如属新投运的断路器，则应立即将其断开，并拉开断路器两侧的隔离开关。对这个故障的断路器，在退出运行后，一般应认真地进行内部检查和油的分析化验，以确定故障的性质。

2. 油断路器严重缺油

油断路器严重缺油，引起油面过低，在开断负荷电流和故障电流时，弧光冲出油面，游离气体混入空气中产生燃烧，甚至可能爆炸。另外，绝缘暴露在空气中极易受潮。

油断路器运行中缺油，是否已严重到不能保证分闸时的灭弧性能，应根据情况作出判断。油断路器油面较低时，在冬季，气温很低时会看不到油面，而在气温有所上升时又能看到很低的油面。一天中，后半夜和凌晨会看不到油面，而在气温有所上升时又能看到很低的油面。上述情况并不是已无灭弧能力，但应尽快加油，若发现断路器油位计看不到油面，同时有明显的漏油现象（漏油较多），才能确定是严重缺油，已不能保证可靠灭弧，并不能安全地断开电路。

油断路器严重缺油时，只能当做隔离开关使用，为防止造成严重事故，应采取以下措施:①立即断开缺油断路器的操作电源,断路器改为非自动状态;②在操作把手上挂“不许拉闸”标示牌;③可经改变运行方式将断路器退出运行,停电加油。

有双母线接线时,可将缺油断路器经倒闸操作,倒至单独的一段母线上与母联断路器串联运行,用母联断路器断开电路后停电加油并处理漏油。

有旁母线接线时,可将缺油断路器倒至与旁母断路器并联,拔掉旁母断路器操作熔断器,用拉无阻抗并联电路的方法将缺油断路器两侧隔离开关拉开,停电加油并处理漏油。

利用本站(所)主接线的特点,不使用户停电,用其他倒运行方式的方法,将缺油断路器停电加油并处理漏油。

不能倒运行方式者,应汇报调度和有关上级。将负荷转移,断路器只能断开与隔离开关许可条件相同的空载线路(电容电流小于5 A的35 kV及以下线路)和空载设备(空载电流小于2 A的变压器);否则,只能在不带电情况下断开电路,断路器停电后加油并处理漏油。

3. 油断路器跳闸后严重喷油冒烟

断路器切合较大的短路电流时,对断路器本身的要求是相当严格的,此时,如果油断路器存在遮断容量(断流容量)不足的缺陷,则由于切合时间延长,电弧燃烧时间过长,会产生大量的气体,使断路器内的压力骤增,就会出现断路器喷油冒烟现象。

影响断路器遮断容量(断流容量)的主要因素有以下几点:①断路器油量不足,油质不符合要求,含水量太大;②断路器灭弧室堵塞,通气不畅;③断路器分闸速度不够;④断路器触头熔焊,影响分闸速度及分闸后的距离;⑤断路器分合闸行程不够等。

当油断路器切合故障电流发生喷油现象时,运行人员不应对该断路器盲目强送或试送,应报告调度,待查明原因,经过检修后,方可继续使用。

4. 油断路器着火

油断路器着火,可能有以下原因:

(1)外部套管污秽或受潮,造成对地闪络或相间闪络。

(2)油不清洁或受潮,引起内部的闪络。

(3)分、合闸动作速度缓慢(机械卡滞或储能压力过低)。

(4)断路器遮断容量不够、油质劣化等,事故跳闸时灭弧能力差。

(5)油面过高使油箱内缓冲空间不足,事故跳闸时内部压力过大。

(6)油面过低,事故跳闸时弧光冲出油面。

为了防止油断路器着火事故发生,应采取以下措施:首先,平常应做好对断路器维护工作,经常保持瓷质部分清洁,严重污染区要严格落实防污闪措施。其次,认真做好检修后的质量验收。最后,断路器遮断容量不足时,合理安排运行方式(如经常分段运行等)使母线短路容量减少,适当延长遮断容量不足的断路器重合闸动作时间或退出重合闸装置,经常使断路器油面保持在允许范围内等。

当发生了断路器着火事故后,应沉着冷静,迅速果断地将断路器与无故障部分隔离,并切断故障断路器各侧电源后灭火。将着火断路器与电源隔离,火势较大时应注意将可能波及的设备及直接连接的设备也与电源隔离。若断路器着火的同时母线失压(保护动作),应先将故障隔离,恢复供电(火势波及不到的部分),再灭火(人手够时可与送电同时进行）。

故障点与电源隔离后，可用适合熄灭电气火灾的灭火器灭火，如四氯化碳、干粉、1211灭火器、灭火弹等。室外断路器灭火时，断路器内流出的油（特别是多油断路器）会引起火灾蔓延，除用灭火器外，还应用砂子和土来压盖淌出的油流。扑灭火灾时，重要的是防止火势危及临近设备（特别是带电设备）。高压室内灭火时，应注意开通风机排烟，打开各房门散烟，以防止人员中毒和窒息。

5. 油断路器过热

断路器过热，主要靠值班人员在巡视检查中发现，如不尽早消除，则可能会发展成严重过热而将断路器绝缘件烧坏、绝缘子烧裂，或造成断路器冒烟、喷油甚至爆炸。值班人员发现断路器发热异常时，应向调度员报告，并设法减少或转移该断路器所带的负荷。必要时，应停电处理。值班人员应戴防毒面具（或口罩）进入高压室内进行检查、操作和灭火。

6. 断路器拒绝合闸

断路器拒绝合闸，既可能是本身的原因，也可能是操作回路的原因。因此，对拒绝合闸的断路器，应从以下几个方面依次查找原因：

（1）检查直流电源是否正常、有无电压、电压是否合格、控制回路熔断器是否完好。

（2）检查合闸线圈是否烧坏或匝间是否短路、合闸回路是否断线（以绿色信号来监视）、合闸接触器辅助触头接触是否良好。

（3）检查操作把手触点、连线、端子处有无异常，操作把手与断路器是否联动。

（4）检查油断路器机构箱内辅助触点是否接触良好、联动机构是否起作用、电缆连接有无开脱断线的情况。

（5）检查断路器合闸机构是否有卡涩现象、连接杆是否有脱钩情况。

（6）检查液压机构油压是否低于额定值、合闸回路是否闭锁。

（7）检查弹簧储能机构合闸弹簧是否储能良好（检查牵引杆位置）和检查分闸连杆复归是否良好、分闸锁扣是否钩住。

根据以上步骤，就会逐步找到断路器拒绝合闸的原因，然后再加以排除。

7. 断路器拒绝跳闸

断路器拒绝跳闸，应从以下几个方面检查：

（1）检查直流回路是否良好。直流电压是否合格，操作回路空气开关（或熔断器）是否完好，直流回路接线是否完好。

（2）检查跳闸回路。跳闸回路有无断线（以红灯监视），跳闸线圈是否烧坏或匝间是否短路，跳闸铁芯是否卡涩，行程是否正确。

（3）检查操作回路。操作把手是否良好，断路器内辅助触点是否良好，控制电缆接头有无开、松、脱、断情况。

（4）检查断路器本身有无异常，断路器跳闸机构有无卡涩，触头是否熔焊在一起。

（5）检查液压机构压力是否低于规定值，断路器跳闸回路是否被闭锁。

### （二）$SF_6$ 断路器的常见故障及其处理

1. $SF_6$ 断路器漏气故障

可能的原因有：①密封面紧固螺栓松动；②焊缝渗漏；③压力表渗漏；④瓷套管破损。

相应的处理方法是：①紧固螺栓或更换密封件；②补焊、刷漆；③更换压力表；④更换新瓷套管。

2. $SF_6$ 断路器本体绝缘不良，放电闪络故障

可能的原因有：瓷套管严重污秽和瓷套管炸裂或绝缘不良。

相应的处理方法是：清洁污秽及其异物，更换合格瓷套管。

3. $SF_6$ 断路器爆炸和气体外逸故障

$SF_6$ 断路器发生意外爆炸事故或严重漏气导致气体外逸时，值班人员接近设备需要谨慎，尽量选择从上风接近设备，并立即投入全部通风装置。在事故后 15 min 以内，人员不准进入室内，在 15 min 以后，4 h 以内，任何人进入室内时，都必须穿防护衣、戴防毒面具。若故障时有人被外逸气体侵袭，应立即清洗后送医院治疗。

### （三）真空断路器常见故障及其处理

1. 真空断路器灭弧室真空度降低

真空灭弧室真空度降低的原因有：

（1）真空灭弧室漏气。这主要是由于焊缝不严密，或密封部分存在微观漏气造成的。

（2）真空灭弧室内部金属材料含气释放。在真空灭弧室最初几次电弧放电过程中，触头材料中释放出一些残余的微量气体，使灭弧室压力在一段时间内上升，导致真空灭弧室真空度降低。

当真空灭弧室真空度降低到一定数值时将会影响它的开断能力和耐压水平。因此，必须定期检查真空灭弧管内的真空度是否满足要求。规程规定，在大、小修时要测量真空灭弧室的真空度。

2. 真空断路器接触电阻增大

真空灭弧室的触头接触面在经过多次开断电流后会逐渐被电磨损，导致接触电阻增大，这对开断性能和导电性能都会产生不利影响，因此规程规定要测量导电回路电阻。处理方法是：对接触电阻明显增大的，除要进行触头调节外，还应检测真空灭弧室的真空度，必要时更新相应的灭弧室。

3. 真空断路器拒动现象

在真空断路器检修和运行过程中，有时会出现不能正常合闸或分闸的现象，被称为拒动现象。当发生拒动现象时首先要分析拒动的原因，然后针对拒动的原因进行处理。分析的基本思路是：先找到控制回路，若确定控制回路无异常，再在断路器方面查找。若断定故障确实出在断路器方面，再将断路器从线路上解列下来进行检修。

真空断路器发生的拒动现象、原因及处理方法如表 5-1 所示。

4. 真空断路器其他故障

（1）当真空断路器灭弧室发出“嘶嘶”声时，可判断为内部真空损坏，此时值班人员应向上级汇报申请停电处理。

（2）当发现真空管发热变色时，应加强监视，并进行负荷转移及处理。

表 5-1　拒动现象及其原因和处理方法

| 动作异常现象 | 原因 | 处理方法 |
| --- | --- | --- |
| 不能进行合闸动作 | 1. 合闸线圈烧坏或断线<br>2. 各触点接触不良 | 1. 更换<br>2. 用砂纸打磨触点 |
| 有合闸动作,但合不上闸 | 1. 由于受合闸时的冲击力,跳闸杠杆跳起<br>2. 由于摩擦,跳闸拉杆及其他各连杆回不去 | 1. 调整跳闸杠杆的位置达到产品技术要求<br>2. 检查销子是否被卡住,并注入润滑油 |
| 不能分闸 | 1. 分闸线圈烧坏或断线<br>2. 辅助触点接触不良<br>3. 由于摩擦,跳闸杠杆变紧 | 1. 更换<br>2. 调整触点或更换触点<br>3. 检查销子是否被卡住,注入黄油,调整到合适位置 |
| 计数器指示不准 | 操作计数器的拉杆偏斜 | 松开拉杆的螺钉,重新调整 |

(3)当真空断路器开断短路电流达到额定次数时,应解除该断路器的重合闸压板。

## 第二节　隔离开关的运行及事故处理

在电力系统的变、配电设备中,隔离开关的数量最多。隔离开关与断路器不同,它没有灭弧装置,不具备灭弧性能。因此,严禁用隔离开关来开、合负荷电流和故障电流。隔离开关主要用来使电气回路间有一个明显可见的断开点,以便在检修设备和线路停电时隔离电源,保证人身和设备安全。另外,用隔离开关与断路器配合,可进行改变运行方式的倒闸操作,达到安全运行的目的。此外,隔离开关还可以切断一些小电流电路。

### 一、隔离开关的操作及注意事项

**(一)用隔离开关来开、合小电流电路**

由于隔离开关本身具有一定的自然灭弧能力,所以可利用隔离开关切断电流较小的电路。在系统正常工作的前提下,允许用隔离开关来开、合下列电路或设备:①电压互感器;②避雷器;③变压器中性点接地回路;④消弧线圈;⑤空载电流较小的空载变压器(运行经验表明,220 kV 及以下的隔离开关可开、合励磁电流小于 2 A 的空载变压器);⑥充电电流较小的母线;⑦电容电流不超过 5 A 的空载线路。

虽然可以利用隔离开关来开、合电压互感器及小容量变压器等一些设备。但为了简化记忆,防止误操作,运行人员不一定要记住隔离开关允许操作的设备或线路,只要遵守下面事项,下列操作就不会产生误操作:① 若隔离开关所在的回路中有断路器、接触器等具有灭弧性能的开关电器或起动器,则不允许用隔离开关来开、合电路;②若隔离开关所在回路中没有断路器、接触器等具有灭弧性能的开关电器或起动器等,就可以用隔离开关来开、合电路。

在设计时,上述的 7 种电路或设备就没有考虑断路器或接触器等电气设备。

### （二）隔离开关合闸操作及注意事项

在进行隔离开关合闸操作时必须迅速果断，但合闸终了时用力不可过猛，防止冲击过大损坏隔离开关及其附件。合闸后应检查是否已合到位，动、静触头是否接触良好等。

如果在隔离开关合闸操作的过程中发现触头间有电弧产生（即误合隔离开关时），应果断将隔离开关合到位。严禁将隔离开关再拉开，以免造成带负荷拉刀闸的误操作。

### （三）隔离开关拉闸操作及注意事项

在进行隔离开关拉闸操作前，应首先检查其机械闭锁装置，确认无闭锁后再进行拉闸操作。在拉闸操作的开始期间，要缓慢又谨慎，当刀片刚刚离开静触头时注意有无电弧产生。若无电弧产生等异常情况，则迅速果断拉开，以利于迅速灭弧。隔离开关拉闸后应检查是否已拉到位。

如果在隔离开关刀片刚刚离开静触头瞬间有电弧产生，应果断地将隔离开关重新合上，停止操作，待查明原因并处理完毕后再进行拉闸操作。

如果在隔离开关刀片刚刚离开静触头瞬间有电弧产生（即误拉隔离开关时），仍强行拉开隔离开关的话，可能造成带负荷拉刀闸的严重事故。

### （四）隔离开关与断路器配合操作及注意事项

隔离开关与断路器配合操作时的操作顺序是：断开电路时，先拉开断路器，再拉开隔离开关；送电时，先合隔离开关，再合断路器。总之，在隔离开关与断路器配合操作时，隔离开关必须在断路器处于断开（分闸）位置时才能进行操作。

## 二、隔离开关运行中的检查项目及注意事项

隔离开关在运行中，要加强巡检，及时发现异常和缺陷并进行处理，防止异常和缺陷转化为事故，具体检查项目如下：

（1）隔离开关触头应无发热现象。隔离开关在正常运行时，其电流不得超过额定电流，温度不得超过 70 ℃，若接触部位的温度超过 80 ℃，应减少其负荷。

（2）绝缘子应完整无裂纹，无电晕和放电现象。

（3）操作机构和各机械部件应无损伤和锈蚀，安装牢固。

（4）闭锁装置应良好，销子锁牢，辅助触点位置正确。

（5）动、静触头的消弧部分应无烧伤、不变形。

（6）动、静触头无脏污、无杂物、无烧痕。

（7）压紧弹簧和铜辫子无断股、无损伤。

（8）接地用隔离开关应接地良好。

（9）动、静触头间接触良好。

## 三、隔离开关异常运行及事故处理

### （一）隔离开关接触部位过热

现场运行经验表明，隔离开关触头因发热而烧损的现象比较普遍，甚至有时在 60% 额定负荷的情况下，温度就超过了允许值。隔离开关触头发热的原因及相应的处理方法如下。

1. 触头压紧弹簧性能(如弹簧)下降

触头压紧弹簧弹性下降会使动、静触头间接触面压力不够,从而导致接触电阻的增大。接触电阻的增大又会使发热量增加,导致接触面温度进一步上升。温度的升高又会使压紧弹簧弹性进一步下降,形成恶性循环。这种现象如果得不到及时处理,就会酿成动、静触头烧损,从而导致非正常停电的重大事故。

处理方法:更换或调整弹簧。

2. 动、静触头间接触不良

如触头氧化或腐蚀导致接触电阻增大。动、静触头间的接触不良,就会使动、静触头间的接触电阻增大。因此,动、静触头间接触不良情况的演变和后果,与触头压紧弹簧性能下降一样。

处理方法:去除氧化层,并在结合面上涂导电膏。

3. 动、静触头间接触面积偏小

动、静触头间接触面积偏小,就会使动、静触头间的接触电阻增大。因此,动、静触头间接触面积偏小情况的演变和后果,与触头压紧弹簧性能下降一样。

处理方法:重新调整触头,使动、静触头间完全接触。

4. 隔离开关与铜排连接处接触不良

如连接处氧化或腐蚀,导致接触电阻增大。隔离开关与铜排连接处接触不良,就会使隔离开关与铜排连接处的接触电阻增大。接触电阻增大会使连接处发热量增加,从而使连接处温度上升;而温度上升又反过来使接触电阻进一步增大,形成恶性循环。这种现象如果得不到及时处理,就会酿成隔离开关与铜排连接处烧断,从而导致非正常停电的重大事故。

处理方法:去除氧化层,并在结合面上涂导电膏。

5. 隔离开关与铜排连接处固定不紧

隔离开关与铜排连接处固定不紧,会导致连接处接触电阻增大。这种情况的演变和后果与隔离开关与铜排连接处接触不良相同。

处理方法:紧固连接。

**(二)支柱绝缘子闪络**

隔离开关导电部分与基座之间是靠支柱绝缘子连接并形成绝缘的。当支柱绝缘子脏污或有裂纹时,就会产生爬电或闪络现象。如果爬电或闪络现象得不到及时处理,就会引起接地事故的发生。支柱绝缘子闪络产生的具体原因及相应的处理方法如下。

1. 绝缘子表面脏污或有杂物

绝缘子表面脏污或有杂物,使得绝缘子的绝缘性能下降,从而引发闪络事故。

处理方法:清洁绝缘子并擦干。

绝缘子的污秽闪络(即由脏污引起的闪络)的进一步演化过程如下:

①绝缘子表面的污染过程;②绝缘子表面受污层的湿润过程;③局部放电过程;④局部放电发展为贯穿性放电的过程。

常用的防污闪技术措施如下:

(1)调整绝缘子的爬电距离,或更换成抗污闪性能更好的绝缘子,如大爬距绝缘子、防尘绝缘子等。

(2)清扫、净化绝缘子。

(3)采用各种防污闪涂料,如硅油、硅脂地蜡等。

2. 绝缘子表面有裂纹

绝缘子表面有裂纹,也会使绝缘子的绝缘性能下降,从而引发闪络事故。

处理方法:更换绝缘子。

说明:绝缘子发生闪络现象后,闪络处温度会上升,导致绝缘子因各部位不均匀受热、温度差异较大而爆裂。

**(三)隔离开关拒绝分、合闸**

1. 隔离开关拒绝分闸

隔离开关拒绝分闸,一般是由于隔离开关操动机构故障或断路器与隔离开关间闭锁装置损坏或因断路器处于合闸位置从而正常闭锁造成的。具体原因及相应的处理方法如下:

(1)隔离开关操动机构故障。

处理方法:修复操动机构。

(2)断路器与隔离开关间闭锁装置故障或损坏。

处理方法:修复或更换闭锁装置。

(3)断路器处于合闸位置。

处理方法:按正常倒闸操作程序,先将断路器拉闸,再拉开隔离开关。

2. 隔离开关拒绝合闸

隔离开关拒绝合闸,一般也是由于隔离开关机构故障或断路器与隔离开关闭锁装置损坏或因断路器处于合闸位置从而正常闭锁造成的。具体原因及相应的处理方法如下:

(1)隔离开关操动机构故障。

处理方法:修复操动机构。

(2)断路器与隔离开关间闭锁装置故障或损坏。

处理方法:修复或更换闭锁装置。

(3)断路器处于合闸位置。

处理方法:按正常倒闸操作程序,先将断路器拉闸,再合隔离开关,然后再合断路器。

## 第三节 电流互感器的运行及事故处理

电流互感器的作用是使电气一、二次系统相互联络,并且把一次系统的大电流转换成统一标准的小电流,供二次系统的测量仪表、继电保护和自动装置等设备使用,使这些设备可以在小电流状态下工作。

使用电流互感器有两个目的:第一,使二次系统及其设备与高电压的一次系统隔离,而且电流互感器二次侧均接地,保护二次设备和人身安全。第二,通过电流互感器将一次系统的大电流转换成统一标准的小电流后,可以使测量仪表、继电保护和自动装置等二次设备标准化、小型化,并使其结构简单、价格便宜,便于屏内布置。

## 一、电流互感器的允许运行方式

具体要求如下：

(1)运行中的电流互感器，其二次回路不得开路；否则，可能会产生高电压而危及人身和设备的安全。

(2)运行中的电流互感器，其二次绕组的一端和铁芯必须可靠接地。为了防止一、二次绕组间绝缘击穿时，高电压窜入二次侧，从而危及人身和二次侧设备的安全，电流互感器二次侧必须有一端可靠接地。这样，当一、二次绕组因绝缘破坏而击穿时，可将高电压引入大地。

(3)电流互感器运行中的容量(即二次侧负载)不准超过其铭牌上所标的规定值。

(4)投入运行的电流互感器绝缘电阻应符合下列要求：

一是一次侧额定电压为1 000 V及以上的电流互感器的绝缘电阻不得小于1 MΩ(采用1 000 V或2 500 V摇表测量)。

二是一次侧额定电压为1 000 V以下(不含1 000 V)的电流互感器的绝缘电阻不得小于0.5 MΩ(采用500 V摇表测量)。

三是电流互感器二次侧回路的绝缘电阻不得小于0.5 MΩ(采用500 V摇表测量)。

(5)电流互感器一、二次侧回路都不得装设熔断器。

(6)电流互感器所带的负载必须串联在二次回路中。

(7)电流互感器的二次侧电流一般为5 A或1 A，常用的为5 A。电流互感器一次侧绕组通常只有一匝或几匝，串联在被测电气设备的一次回路中。因此，一次绕组的电流完全取决于被测电路的负荷电流，与二次绕组的负荷大小无关。电流互感器的二次绕组匝数较多，二次回路所接仪表或继电器的线圈必须串联在二次回路中。由于电流互感器二次侧所接的仪表和继电器等的电流线圈阻抗很小，因此电流互感器在正常运行时，其二次侧回路接近于短路状态。

(8)电流互感器的额定变比$K_n$是电流互感器重要的技术参数。额定变比是指一、二次额定电流之比，即

$$K_n = \frac{I_{1n}}{I_{2n}}$$

## 二、电流互感器投入运行前的检查项目

为了防止将异常或有故障的电流互感器投入运行，从而影响正常的安全运行，电流互感器在投入运行前必须经过仔细、全面的检查，具体要求如下：

(1)电流互感器周围应无影响送电的杂物。

(2)各连接部位接触良好，无松动现象。

(3)电流互感器及其绝缘子无裂纹、无脏污、无破损现象。

(4)接地部分接地良好。

(5)电流互感器附属设备及回路应情况良好，无影响运行的异常或缺陷。

(6)二次回路中的试验端子接触牢固、无断开现象。

## 三、电流互感器运行中的检查项目及注意事项

电流互感器在运行中，运行人员应加强巡回检查（具体间隔时间各个单位有所不同，但间隔时间最好不超过 4 h），以便及时发现异常和缺陷并进行处理，防止异常和缺陷转化为事故。具体检查项目如下：

（1）电流互感器二次回路中无开路现象。

（2）各连接部位接触良好，无松动现象，试验端子接触良好。

（3）电流互感器及其绝缘子无裂纹、无脏污、无破损现象。

（4）没有焦味及烧损现象。

（5）无放电（声音、弧光）现象。

（6）接地部分接地良好。

## 四、电流互感器异常及事故处理

因为电流互感器是直接串联在其所服务的一次设备的回路中的，因此电流互感器不像电压互感器那样可以单独退出运行。电流互感器发生了必须退出运行的异常或故障，则其所服务的一次设备（如发电机、线路等）也必须同时退出运行。

### （一）电流互感器表面放电或闪络

现象和后果：运行人员只要加强巡检，电流互感器表面放电或闪络现象是很容易发现的。只要关掉灯光，仔细观察，就会发现弧光，并且能听到“吱吱”的放电声。电流互感器放电或闪络如果得不到及时处理，最终会转化为绝缘击穿事故。

原因：可能是电流互感器脏污、受潮，也可能是绝缘损坏。

处理方法：若是由于电流互感器脏污、受潮造成的，则将电流互感器随同其所服务的一次设备退出运行后，进行清扫、干燥等处理即可；若是由于电流互感器绝缘损坏（如瓷套管裂纹等）所造成的，则将电流互感器退出运行后，进行修复绝缘或更换电流互感器。

### （二）电流互感器发热且温度升高

现象和后果：电流互感器发热，温度比正常情况下明显增高，如果得不到及时处理，就会导致电流互感器着火事故。

原因：可能是电流互感器内部有局部短路现象（如匝间短路、层间短路等），也可能是接地故障所造成的。

处理方法：电流互感器发热、温度高，若是由于电流互感器内部故障或是主导体接触不良所引起的，则立即将电流互感器及其所服务的一次设备退出运行，更换电流互感器或检查主回路，将主导体接触不良部位紧固，使其接触良好；若是由于电流互感器二次回路开路所引起的，则仔细检查二次回路，将开路部位连接好。

### （三）电流互感器内部发出焦味、冒烟、着火

现象和后果：电流互感器内部产生焦味、冒烟、着火等现象，可能造成某些保护和自动装置误动作，从而影响正常的生产。如果电流互感器着火得不到及时处理，会酿成火灾。

原因：可能是电流互感器内部局部短路（匝间短路、层间短路等），或者是接地故障得不到及时处理，从而导致事故扩大。焦味、冒烟、着火往往意味着电流互感器绝缘已烧坏。

处理方法:立即将电流互感器及其服务的一次设备退出运行后,更换电流互感器。

**(四)电流互感器内部有异常声音(如放电声)**

现象和后果:电流互感器内部放电,表面看不出来,但仔细倾听,能听到"噼噼叭叭"的放电声。若电流互感器内部放电得不到及时处理,最终会转化为绝缘击穿事故。

原因:可能是电流互感器内部短路、接地以及夹紧螺丝松动等引起的。其主要原因是绝缘损坏,如果得不到及时处理,会导致电流互感器击穿。

处理方法:立即将电流互感器及其所服务的一次设备退出运行后,更换电流互感器。

**(五)油浸式电流互感器渗、漏油,油位下降**

现象和后果:电流互感器表面有油渍,仔细观察发现油位比正常情况低,如果得不到及时处理,会使电流互感器因严重缺油而出现事故。

原因:可能是密封老化损坏,套管部件间结合面螺丝松动等引起。

处理方法:若渗、漏油现象不太严重,且油位尚在能正常运行的范围内,则可根据生产情况,选择合适的时间处理;若漏油非常严重,或是油位已低至不能保证安全运行的要求,则应立即停用电流互感器及其所服务的一次设备,进行处理。

**(六)油浸式电流互感器油变色**

现象和后果:油色变暗红或局部黑色。油色变化往往暗示着电流互感器内部有某种异常或故障存在,因此若得不到足够的重视,可能会延误发现异常或故障的时机,导致因异常或故障得不到及时的处理而引发事故。

原因:油浸式电流互感器使用的是变压器油。清洁、合格的变压器油呈透明、无色状。油色变暗红或局部黑色,往往是由于电流互感器内部有放电情况,从而导致变压器油分解所致。

处理方法:可根据生产情况,选择合适的时间处理。当然,处理不能只是简单地对变压器油进行处理或换油,而应查明变色的原因,并作出相应的处理后再换油。

## 第四节　电压互感器的运行及事故处理

电压互感器的作用是使电气一、二次系统相互联络,并且把一次系统的高电压转换成统一标准的低电压,供二次系统的测量仪表、继电保护和自动装置等设备使用,使这些设备可以在低电压状态下工作。

使用电压互感器的目的有两个:第一,使二次系统及其设备与高电压的一次系统隔离,而且电压互感器二次侧均接地,保护二次设备和人身安全。第二,通过电压互感器将一次系统的高电压转换成统一标准的低电压后,可以使测量仪表、继电保护和自动装置等二次设备标准化、小型化,并使其结构简单、价格便宜,便于屏内布置。

### 一、电压互感器的允许运行方式

具体要求如下:

(1)运行中的电压互感器,其二次回路不得短路。因为电压互感器本身阻抗很小,短路会使二次回路产生很大的电流,使二次侧熔断器熔断,影响测量仪表的工作,甚至会引起继电保护和自动装置误动作。

(2)运行中的电压互感器,其二次绕组的一端和铁芯必须可靠接地(在发电厂中,一般采用B相接地)。为了防止一、二次绕组间绝缘击穿时,高电压窜入二次侧,从而危及人身和二次侧设备的安全,二次侧有一端可靠接地。当一、二次绕组因绝缘破坏而击穿时,可将高压引入大地。

(3)电压互感器运行中的容量(即二次侧负载)不准超过其铭牌上所标的规定值。

(4)投入运行的电压互感器绝缘电阻应符合下列要求:

一是一次侧额定电压为1 000 V及以上的电压互感器的绝缘电阻不得小于1 MΩ(采用1 000 V或2 500 V摇表测量)。

二是一次侧额定电压为1 000 V以下(不含1 000 V)的电压互感器的绝缘电阻不得小于0.5 MΩ(采用500 V摇表测量)。

三是电压互感器二次侧回路的绝缘电阻不得小于0.5 MΩ(采用500 V摇表测量)。

(5)电压互感器一、二次侧回路都必须装设熔断器。具体要求如下:

一是一次侧(即高压侧)熔断器的熔断电流不得大于1 A,一般为0.5 A。电压互感器高压侧装设熔断器的目的是防止一次系统受电压互感器本身及其引线故障的影响,它并不能防止电压互感器受到过负荷的影响。

二是二次侧(即低压侧)熔断器的熔断电流不得大于2 A。电压互感器过负荷保护是依靠二次侧(低压侧)的熔断器来实现的,因此电压互感器二次侧必须装设熔断器。

三是一、二次侧熔丝必须用消弧绝缘套住。

(6)电压互感器所带的负载必须并联在二次回路中。通常,电压互感器的二次侧额定电压统一规定为100 V。

(7)电压互感器的额定变比$K_n$是电压互感器重要的技术参数。额定变比是指一、二次额定电压之比,即

$$K_n = \frac{U_{1n}}{U_{2n}}$$

## 二、电压互感器的操作及注意事项

### (一)电压互感器投入运行前的检查项目

为了防止将异常或有故障的电压互感器投入运行,从而影响正常的安全生产,电压互感器在投入运行前必须经过仔细、全面的检查,具体要求如下:

(1)电压互感器周围应无影响送电的杂物。

(2)各连接部分接触良好,无松动现象。

(3)电压互感器及其绝缘子无裂纹、无脏污、无破损现象。

(4)接地部分接地良好。

(5)电压互感器附属设备及回路应良好,无影响运行的异常或缺陷。

(6)充油式电压互感器油位正常、油色清洁,无渗、漏油现象。

### (二)电压互感器的操作及注意事项

1.投入运行的操作及注意事项

(1)电压互感器及其所属设备、回路上无检修等工作,工作票已收回。

(2)检查电压互感器及其附属回路、设备均正常,没有影响送电的异常情况。

(3)装上一、二次侧熔丝。

(4)合上电压互感器隔离开关。

(5)电压互感器投入运行后,应检查电压互感器及其附属回路、设备运行正常。

注意事项:若在投入运行过程中,发现异常情况,应立即停止运行操作,待查明原因并处理完毕后再行投入运行。

2.退出运行的操作及注意事项

(1)先将接在该电压互感器回路上的、在该电压互感器退出运行后可能引起误动作的继电保护和自动装置停用(如低压保护、备用电源自投装置等)。

说明:如果相关继电保护装置和自动装置可以切换至另一组电压互感器回路运行,则不必将它们停用,通过电压互感器的自动或手动切换装置切换至另一组电压互感器回路即可。

(2)拉开电压互感器高压侧隔离开关。

(3)取下高压侧熔丝。

(4)取下低压侧熔丝。

(5)根据需要,做好相应的安全措施。

注意事项:若无特别要求,停用的电压互感器,除取下高压侧熔丝外,还应取下低压侧熔丝,以防止低压侧电源反充至高压侧。

**(三)二次侧切换操作的注意事项**

(1)电压互感器一次侧不在同一系统时,其二次侧严禁并列切换。

(2)当低压侧熔丝熔断后,在没有查明原因前,即使电压互感器在同一系统,也不得进行二次侧切换操作。

## 三、电压互感器运行中的检查项目及注意事项

电压互感器在运行中,运行人员应加强巡回检查(具体间隔时间各个单位有所不同,但间隔时间最好不超过4 h),以便及时发现异常和缺陷并进行处理,防止异常和缺陷转化为事故。具体检查项目如下:

(1)电压互感器高、低压侧熔丝应完好。

(2)各连接部位接触良好,无松动现象,辅助开关接点接触良好。

(3)电压互感器及其绝缘子无裂纹、无脏污、无破损现象。

(4)没有焦味及烧损现象。

(5)无放电(声音、弧光)现象。

(6)接地部分接地良好。

(7)充油式电压互感器油位正常、油色清洁,无渗、漏油现象。

## 四、电压互感器异常及事故处理

在进行电压互感器异常或事故处理时,若需要将电压互感器退出运行,必须先将可能引起误动作的保护和自动装置(如低电压保护、备用电源自投装置等)停用或切换至另一

组电压互感器二次回路。

**(一)高压侧或低压侧熔丝熔断**

现象和后果:电压互感器熔丝熔断(无论是高压侧熔丝熔断,还是低压侧熔丝熔断),都会带来下列现象和后果:

(1)相应的"PT 电压回路断线"光字牌亮。

(2)各种表计没有指示或指示异常(比正常指示值低)。

(3)低电压保护有可能误动作、强励信号发信(若三相熔丝熔断,则强励误动作)。

说明:若设计合理,低电压保护由接于不同线电压上的两只低电压继电器的动断触点串联起来起动低电压保护,则一相熔丝(无论是高压侧熔丝,还是低压侧熔丝)熔断不会造成低电压保护误动作。只有当两相或两相熔丝熔断时,才会造成低电压保护误动作。但如果低电压保护由一个低电压继电器的动断触点来起动,则低电压保护可能会误动作。

(4)若是自动励磁调节装置用的电压互感器熔丝熔断,则发电机无功负荷下降,电压降低、电流减小。

原因:若为低压侧熔丝熔断,往往是过负荷或电压互感器二次侧短路造成的;若为高压侧熔丝熔断,则可能是电压互感器击穿或因绝缘下降而产生放电或闪络所造成的。

处理方法:若为低压侧熔丝熔断,则应先检查电压互感器二次回路有无短路现象,若二次回路短路,则先排除短路故障后,再更换熔丝即可。若无短路,那么低压侧熔丝熔断一般是由于过负荷引起的,这时应主要检查二次回路及二次设备有无绝缘下降或损坏现象并处理后,再更换熔丝即可。

若为高压侧熔丝熔断,则应检查电压互感器是否已击穿(高压或低压线圈相间绝缘击穿或短路,高压侧与低压侧间击穿、高压或低压线圈对地击穿等)。若检查结果是击穿造成的,那么修复或更换电压互感器。若没有击穿现象,则往往是由于电压互感器受潮、脏污等使绝缘下降引起的,对其进行相应的处理并用摇表测量相关部位的绝缘电阻,合格后,更换高压侧熔丝。

说明:

(1)一般情况下,设计人员设计时,均已考虑到电压互感器的负载情况,因此若二次回路及二次设备均状态良好的话,电压互感器负荷基本上是恒定的,一般不会过负荷。在使用中电压互感器过负荷往往是由于二次回路及二次设备存在绝缘下降或损坏现象,如表计或电压继电器线圈匝间短路等。

(2)根据运行的经验,电压互感器高、低压侧熔丝(尤其是高压侧熔丝)受到瞬时的冲击而熔断的情况较为常见。许多情况下,熔丝熔断并不意味着电压互感器或其一、二次回路有异常或故障。因此,若电压互感器熔丝熔断,在经过仔细而又简单的望、闻、听等检查后,没有发现异常和故障的情况下,可以不进行进一步的检查,直接更换熔丝即可投入运行。但若电压互感器熔丝连续两次熔断,则必须将电压互感器退出运行,进行检修,待查明原因并处理完毕后,再将其投入运行。

**(二)电压互感器表面放电或闪络**

现象和后果:运行人员只要加强巡检,电压互感器表面放电或闪络现象是很容易发现的。只要关掉灯光,仔细观察,就会发现弧光,并且能听到"吱吱"的放电声。电压互感器放电或闪络如果得不到及时处理，最终会演化为绝缘击穿事故。

原因：可能是电压互感器脏污、受潮，也可能是绝缘损坏。

处理方法：若是由于电压互感器脏污、受潮造成，则将电压互感器退出运行后进行清扫、干燥等处理即可；若是由于电压互感器绝缘损坏（如瓷套管裂纹等）所造成的，则将电压互感器退出运行后，进行修复绝缘或更换电压互感器。

### （三）电压互感器发热且温度增高

现象和后果：电压互感器发热，温度比正常情况下明显增高，如果得不到及时处理，就会导致电压互感器着火事故。

原因：可能是电压互感器内部有局部短路现象（如匝间短路、层间短路等），也可能是接地所造成的。

处理方法：立即将电压互感器退出运行后，更换电压互感器。

### （四）电压互感器内部发出焦味、冒烟、着火

现象和后果：电压互感器内部产生焦味、冒烟、着火等现象。这样可能造成某些保护和自动装置误动作，从而影响正常的生产。如果电压互感器着火得不到及时处理，会酿成火灾。

原因：可能是电压互感器内部局部短路（匝间短路、层间短路等），或者是接地故障得不到及时处理，从而导致事故扩大。焦味、冒烟、着火往往意味着电压互感器绝缘已烧坏。

处理方法：立即将电压互感器退出运行后，更换电压互感器。

### （五）电压互感器内部有异常声音（如放电声）

现象和后果：电压互感器内部放电，从表面看不出来，但仔细倾听，能听到"噼噼叭叭"的放电声。若电压互感器内部放电得不到及时处理，最终会演化为绝缘击穿事故。

原因：可能是电压互感器内部短路、接地以及夹紧螺丝松动等引起的。主要原因是绝缘损坏，如果得不到及时处理，会导致电压互感器击穿。

处理方法：立即将电压互感器及其所服务的一次设备退出运行后，更换电压互感器。

### （六）油浸式电压互感器渗、漏油，油位下降

现象和后果：电压互感器表面有油渍，仔细观察发现油位比正常情况低，如果得不到及时处理，会使电压互感器因严重缺油而出现事故。

原因：可能是密封老化损坏、套管部件间结合面螺丝松动等引起的。

处理方法：若渗、漏油现象不太严重，且油位尚在能正常运行的范围内，则可根据生产情况，选择合适的时间处理；若漏油非常严重，或是油位已低至不能保证安全运行的要求，则应立即停用电压互感器，进行处理。

### （七）油浸式电压互感器油变色

现象和后果：油色变暗红或局部黑色。油色变化往往暗示着电压互感器内部有某种异常或故障存在，因此若得不到足够的重视，可能会延误发现异常或故障的时机，导致因异常或故障得不到及时的处理而引发事故。

原因：油浸式电压互感器使用的是变压器油。清洁、合格的变压器油呈透明、无色状。油色变暗红或局部黑色，往往是由于电压互感器内部有放电情况，从而导致变压器油分解所致。

处理方法：可根据生产情况，选择合适的时间处理。当然，处理不能只是简单地对变压器油进行处理或换油，而应查明变色的原因并作出相应的处理后再换油。

## 第五节　防雷装置与接地装置的运行及事故处理

电气设备在日常运行中，常常会受到各种类型的雷击和雷电波的入侵。为了保护电气设备安全可靠的运行，必须采取措施，使电气设备免遭雷击。在电力系统中，防雷装置是必不可少的安全装置。

使电气设备免遭雷击和雷电波入侵的装置，称为防雷装置。防雷装置的工作原理就是设法将各种类型的雷击引向防雷装置自身，并通过接地装置将高电压、大电流的雷电波引入大地，从而使被保护的电气设备免遭雷击；或者将高电压、大电流的雷电波在入侵电气设备前，通过防雷装置及其附属的接地装置引入大地，使被保护的电气设备免遭雷电波入侵。

由上述分析可知，防雷装置必须与接地装置配合使用方能起到防雷的作用。此外，在电力系统中，为了防止电气设备因绝缘损坏而导致设备外壳带电，从而威胁人身安全，一般都将电气设备的外壳接地或接零。如变压器中性点直接接地或通过消弧线圈接地、防雷装置的接地等。

电气设备某部分经导体与大地良好的连接称为接地，它是由接地装置来实现的。

### 一、防雷装置

防雷装置不管形式如何多样，主要是由引雷部分、接地引下线和接地体三部分组成的。根据预防对象的不同，常用的防雷设备主要分为下列几类：

(1)防止直击雷。①避雷针：主要用于保护建筑物或户外电气设备(例如户外安装的变压器、配电装置等)免遭直击雷的雷击。②避雷线：避雷线又称为架空地线，主要用于保护输电线路免遭直击雷的雷击。③避雷带：主要用于保护建筑物免遭直击雷的雷击。建筑物的屋角、屋檐等突出部分都应装设避雷带。

(2)防止感应雷。感应雷也会严重威胁建筑物的安全和电力系统的正常运行。预防感应雷的主要措施是采用屏蔽措施，建筑物内的金属设备、金属管道及结构钢筋等可靠接地。

(3)防止侵入波。①避雷器：避雷器主要用于保护电气设备免遭雷电波的入侵。避雷器主要有阀型避雷器、管型避雷器和金属氧化物避雷器等种类。②保护间隙：在某些要求不高的情况下可以用保护间隙代替避雷器。

#### (一)防雷装置投入运行前的检查项目及注意事项

为了保证防雷装置投入使用后，能安全可靠地工作，防雷装置在投入运行前必须经过仔细、全面的检查，具体要求如下：

(1)防雷装置的接地电阻应符合规定要求。

(2)各连接部分连接良好，无松动现象，焊接部位焊接合格。

(3)避雷器已完成各项试验并符合要求。

(4)防雷装置各组成部分应无异常。

(5)避雷器本体无裂纹、无赃物及无破损现象。

(6)控制部分动作正常。

(7)检查避雷器与被保护之间的电气距离是否符合要求。

说明:避雷器应尽量靠近被保护的电气设备。10 kV 及以下变、配电所阀型避雷器与变压器之间的电气距离应符合表 5-2 所示的要求。

**表 5-2 避雷器与 10 kV 及以下变压器的最大电气距离**

| 雷雨季节经常运行的进线回路数 | 1 | 2 | 3 | 4 |
|---|---|---|---|---|
| 允许的最大电气距离(m) | 15 | 23 | 27 | 30 |

**(二)防雷装置运行中的检查、维护项目及注意事项**

防雷装置在运行中,要加强巡检,及时发现异常和缺陷并进行处理,严防防雷装置形同虚设或防雷性能下降。具体检查项目如下:

(1)防雷装置引雷部分、接地引下线和接地体三者之间连接良好。

(2)运行中应定期测试接地电阻,接地电阻应符合规定要求。

(3)避雷器应定期做好预防性试验。

(4)避雷针、避雷线及其接地线无机械损伤和锈蚀现象。

(5)避雷器绝缘套管应完整,表面应无裂纹、无严重污染和绝缘剥落现象。

(6)定期抄录放电记录器所指示的避雷器的动作次数。

(7)接地部分接地应良好。

此外,在每年的雷雨季节来临之前,应进行一次全面的检查、维护,并进行必要的电气预防性试验。具体的试验项目(其中有关避雷器部分是以阀型避雷器为例)如下:①测量接地部分的接地电阻;②避雷器标称电流下的残压试验;③避雷器工频放电电压试验;④避雷器密封试验等。

**(三)防雷装置异常及事故处理**

1. 避雷器的引线及接地引下线有严重烧痕或放电记录器烧坏

(1)原因:阀型避雷器的引线及接地引下线有严重烧痕,或放电记录器烧坏的主要原因往往是避雷器存在隐形缺陷。

因为在正常情况下,避雷器动作后,接地引下线或放电记录器中只通过雷电流和幅值很小(一般为 80 A 以下)、时间很短(约 0.01 s)的工频续流,所以除使放电记录动作外,一般不会产生烧伤的痕迹。然而,当阀型避雷器内部阀片存在缺陷或不能及时灭弧时,则通过的工频续流的幅值增大、时间加长。这样接地引下线的连接处会产生烧伤的痕迹,或使放电记录器内部烧黑或烧坏。

(2)危害:若发现避雷器的引线及接地引下线有严重烧痕,或放电记录器烧坏,没有引起重视并对避雷器进行相应的检查和处理,那么,随着时间的推移,就有可能使避雷器损坏或引线连接处烧断,从而使避雷器形同虚设,起不到避雷作用。

(3)预防和处理:预防的办法是加强巡视,密切关注各连接部位的情况。一旦发现避雷器的引线及接地引下线有严重烧痕,或放电记录器烧坏,应立即设法将避雷器退出运行,对避雷器进行检查和试验,并进行处理,必要时更换避雷器。

2. 避雷器套管闪络或爬电

(1)原因:避雷器在运行中,发生套管闪络或爬电的原因,主要是由于套管表面脏污使套管表面等效爬电距离下降,或者是套管有裂缝等缺陷造成的。

(2)危害:若避雷器发生套管闪络或爬电现象,常常会引起放电记录器的误动作。闪络或爬电进一步发展,会引起电网接地故障,而且闪络和爬电产生的热量会使套管因受热不均而炸裂,从而导致停电事故。

(3)预防和处理:预防的办法是加强运行中的巡视,力争在闪络或爬电的初期(还没有发生导电部分与地之间的贯通型闪络)就能得到处理,以防止接地事故的发生。处理办法是:若闪络或爬电是由于套管表面脏污所造成的,停电(某些时候也可以不停电,但要遵守电业安全规程及相关操作规程)后,对套管表面进行清理;若闪络或爬电是由于套管损坏(如表面开裂等)造成的,则停电后更换套管。

在进行防雷装置的异常或事故处理时,应注意以下事项:

一是如果在雷雨时发现防雷装置有异常,只要防雷装置还能使用,就不能将防雷装置退出运行。待雷雨过后再行处理。

二是发现避雷器内部有异常声音或套管有炸裂现象,并引起电网接地故障时,值班人员应避免靠近避雷器。可用断路器或人工接地转移的方法,将故障避雷器退出运行。

三是阀型避雷器在运行中突然爆炸,但尚未造成电网永久性接地时,可在雷雨过后拉开故障相的隔离开关将避雷器退出运行,并及时更换合格的避雷器。

四是阀型避雷器在运行中突然爆炸,并已造成电网永久性接地时,则严禁通过操作隔离开关来将避雷器退出运行。

## 二、接地装置

电气设备必须接地的部分与大地做良好的连接,称为接地。埋设在地下并直接与大地接触的金属导体,称为接地体。将电气设备的接地部分与接地体连接起来的金属导体称为接地线。由接地线、接地体连接起来而形成的网,称为接地网。接地线、接地体和接地网统称为接地装置。此外,从变压器或低压发电机的中性点引出并接地的线,称为中性线(或零线)。将电器设备的某部分与零线连接,称为接零。

避雷针的接地一般采用独立的接地结构形成环状,而避雷器的接地以及其他接地和变压器、低压发电机的中性点接地一般都接入总工作接地网。

### (一)接地装置投入运行前的检查项目及注意事项

为了保证接地装置投入使用后,能安全可靠地工作,接地装置在投入运行前必须经过仔细、全面的检查,具体要求如下:

(1)接地装置的接地电阻应符合规定要求。

(2)各连接部分连接良好,无松动现象,焊接部位焊接合格。

(3)接地体应通过接地扁钢连接成环或网。

(4)接地材料的防锈漆(或热镀锌)应完好。

(5)接地体和接地线的规格应符合规定。

接地体和接地线的最小规格如表 5-3 所示。

表 5-3 接地体和接地线的最小规格

| 接地体和接地线的种类 | 最小规格及单位 | 地上 | | 地下 |
|---|---|---|---|---|
| | | 室内 | 室外 | |
| 钢管 | 管壁厚度(mm) | 2.5 | 2.5 | 3.5 |
| 角钢 | 厚度(mm) | 2 | 2.5 | 4 |
| 圆钢 | 直径(mm) | 5 | 6 | 8 |
| 扁钢 | 截面/厚度($mm^2$/mm) | 24 / 3 | 48 / 4 | 48 / 4 |

注:电力杆塔的接地体引出线,截面不应小于 50 $mm^2$,并应采用热镀锌材料。

### (二)接地装置日常检查、维护项目及注意事项

接地装置在运行中,要加强巡检,及时发现异常和缺陷并进行处理,保证接地装置状况良好。具体检查项目如下:

(1)设备接地部分、接地连线(或接地引下线)和接地体三者之间连接良好。

(2)接地标志齐全、明显。

此外,在每年的雷雨季节来临前,应对接地装置进行一次全面的检查维护,并测量接地电阻。具体项目如下:一是测量接地电阻,接地电阻应符合规定要求。二是检查各接地引下线有无机械损伤及腐蚀现象。三是接地螺栓是否拧紧,焊接处是否牢固、无脱焊现象。

### (三)电气装置必须接地的范围

除防雷装置接地和工作接地外,电压在 1 kV 及以上的电气装置,在各种情况下均应采取保护接地。电压在 1 kV 以下的电气装置,若中性点直接接地,应采取保护接零;若中性点不直接接地,则应采取保护接地。下列电气装置的金属部分应接地或接零:

(1)各种电气设备的外壳。

(2)电流互感器、电压互感器的二次绕组。

(3)开关柜、配电屏、动力箱和控制屏等各种电气屏、柜、箱的外壳及基础。

(4)屋外配电装置的金属构架以及靠近带电部分的金属围栏和金属门。

(5)电缆接线盒、终端盒的外壳和电缆的外皮。

(6)各电缆(或电线)的金属保护管。

(7)装有避雷线的电力线路杆塔。

(8)安装在配电线路杆塔上的开关设备、电容器等电力设备。

## 第六节 母线与绝缘子的运行及事故处理

母线又称汇流排,是汇集电能和分配电能的裸导体,绝缘子又称为瓷瓶,用来支持和固定导体,并作为与大地或导体之间的绝缘。

## 一、概述

在配电装置中，母线是连接发电机、变压器以及各种开关电器、电压互感器、电流互感器、电抗器及其他电气一次设备的纽带。

母线在正常运行时，通过的功率很大，在发生短路故障时，短路电流很大，母线要承受很大的热效应和电动力效应，做好母线的运行和事故处理，其意义十分重要。

为了便于识别相序，防止腐蚀，提高母线表面散热系数，在三相交流电路中，用不同颜色来区分不同相别的母线；在直流电路中，用不同颜色来区分直流正、负极。如表5-4所示。

**表5-4 母线的色标**

| 母线用途 | 直流正极 | 直流负极 | A相(L1) | B相(L2) | C相(L3) | 中性线(接地) | 中性线(不接地) |
|---|---|---|---|---|---|---|---|
| 母线颜色 | 赭 | 蓝 | 黄 | 绿 | 红 | 紫带黑色横条 | 紫 |

为了便于观察母线连接处温度的变化，在焊缝、螺栓连接处、设备引线端都不宜着色，一般在母线接头的显著位置涂刷温度变色漆或粘贴温度变色带，以便运行人员观察接头运行情况。

## 二、母线及绝缘子在运行中的检查项目

母线本身在运行中常见的异常或故障主要是母线因电流过大、接头（尤其是母线与母线、母线与其他设备连接处）接触不良而过热。更多的情况是由于固定母线的绝缘子故障所引起的。

母线及绝缘子在运行中的检查项目如下：

(1)母线温度不得超过允许值。母线在运行中各部位允许的最高温度如表5-5所示。

**表5-5 母线各部位允许的最高温度**

| 母线部位 | 裸母线及其接头处 | 接触面有锡覆盖层 | 接触面有银覆盖层 | 接触面有闪光焊接 |
|---|---|---|---|---|
| 最高允许温度(℃) | 70 | 85 | 95 | 100 |

(2)母线不得有开裂、变形现象。

(3)母线相与相之间、相对地之间绝缘良好，不得有放电、闪络现象。

(4)绝缘子表面清洁、无杂物。

(5)绝缘子无破损、表面无裂缝。

## 三、母线及绝缘子的常见故障、产生的原因、危害及其处理

### (一)母线连接处发热

(1)产生的原因：母线在运行中，不仅有负荷电流流过，而且在接于母线的电气线路

或设备发生短路等事故时,会受到短路电流的冲击。当母线连接处接触不良时,则接头处的接触电阻增大,加速接触部位的氧化和腐蚀,使接触电阻进一步加大,形成恶性循环。这种恶性循环的结果将使母线局部过热。母线连接处发热的原因,绝大多数是因为连接不良造成的。

(2)发热的危害:若母线发生局部过热,会引起恶性循环,导致发热的进一步加剧。母线发热长期得不到处理,最终会导致母线熔断,造成停电或电气设备损坏的重大事故。因此,运行人员在日常巡视中,应密切观察母线(尤其是各连接处)的发热情况,防止母线过热。

(3)发热的预防和处理:预防的办法是加强巡视,严格控制流经母线的电流;防止接于母线的电气回路或设备发生事故。母线发热到一定程度,发热部件会变色,运行人员可通过颜色的变化来判断母线连接处是否发热。

发现母线过热后,在可能的情况下,应设法降低流经发热处的电流。发热严重时,应尽快将负荷转移到备用母线上,将发热母线停电检修。

**(二)母线对地闪络**

(1)产生的原因:母线在运行中,发生对地闪络主要是由于绝缘子表面脏污使绝缘电阻下降,或者是绝缘子有裂缝等故障造成的。

(2)危害:若母线对地放电或闪络会引起母线接地,从而导致全厂(全所)停电的重大事故。

(3)预防和处理:预防的办法是加强日常维护,保证绝缘子表面清洁、干燥、无杂物。另外,加强运行中的巡视,力争在闪络的初期(还没有发生母线与地之间的贯穿性闪络)就能得到处理,以防止母线接地事故的发生。处理办法是:若闪络是由于绝缘子表面脏污所造成的,停电(某些时候也可以不停电,但要遵守电业安全规程及相关操作规程)后,对绝缘子表面进行清理;若闪络是由于绝缘子损坏(如表面开裂等)造成的,则更换绝缘子。

在电力系统中,因绝缘子表面脏污使绝缘电阻下降或绝缘子损坏造成的事故,几率较高,而且由此产生的事故往往较严重,给工农业生产带来了很大的损失。因此,运行人员在巡视配电装置时,应重点加强对绝缘子的检查。

# 复习思考题

一、判断题

(1)$SF_6$ 气体压力正常值为 0.4~0.6 MPa,如压力下降即表明有漏气现象,应及时查出泄露位置并进行消除,否则将危及人身及设备安全。 ( )

(2)检修断路器的停电操作,可以不取下断路器的主合闸熔断管和控制熔断管。

( )

(3)由电磁操作的油断路器投入运行时,不允许手动合闸。 ( )

(4)新装或投运的断路器内的 $SF_6$ 气体严禁向大气排放,必须使用 $SF_6$ 气体回收装置回收。 ( )

二、填空题

(1)配电装置由高压断路器、________、电流互感器、电压互感器、________、母线和________等设备构成,在正常情况下,用来接受和分配电能,在发生事故时能迅速切断故障部分,恢复非故障部分的工作。

(2)一般来说,装有自动重合闸的断路器,在切断________短路故障后,应将重合闸停用;断路器在切断________短路故障后,应对断路器进行计划外检修,以避免断路器再次切断故障电流时造成断路器的损坏或爆炸。

(3)若隔离开关所在的回路中有________的开关电器或起动器,则不允许用隔离开关来开、合电路;若隔离开关所在回路中没有断路器、接触器等具有灭弧性能的开关电器或起动器等,就可以用________来开、合电路。

(4)若电压互感器熔丝熔断,在经过仔细而又简单的望、闻、听等检查后,没有发现异常和故障的情况下,可以不进行进一步的检查,直接________即可投入运行。但若电压互感器熔丝________,则必须将电压互感器退出运行,进行检修,待查明原因并处理完毕后,再将其投入运行。

三、简答题

(1)油断路器、$SF_6$ 断路器、真空断路器巡视检查项目有哪些?

(2)断路器操动机构运行中巡视检查项目有哪些?

(3)断路器的特殊巡视检查项目有哪些?

(4)断路器在什么情况下应紧急停运?

(5)简述断路器拒合、拒分的原因和查找方法。

(6)简述断路器常见故障及处理方法。

(7)为什么不能用隔离开关来拉、合负荷电流和故障电流?

(8)隔离开关在运行中的检查项目有哪些?

(9)简述隔离开关和断路器的配合操作及注意事项。

(10)在拉开隔离开关的操作过程中,若在动、静触头刚刚分开的瞬间有电弧产生,应如何处理?

(11)互感器的主要用途是什么?

(12)无论是电压互感器还是电流互感器二次侧必须有一端接地,为什么?

(13)简述电压互感器熔丝熔断的原因、后果及处理方法。

(14)为什么电流互感器在运行中,其二次回路严禁开路?

(15)电流互感器在运行中的检查项目有哪些?

(16)防雷装置运行中的检查、维护项目及注意事项有哪些?

(17)母线及其绝缘子在运行中的检查项目有哪些?

(18)简述母线连接处发热的原因及其危害。如何预防母线连接处发热?母线连接处发热如何处理?

# 第六单元
# 电气主接线的操作及事故处理

**主要岗位工作任务**

电气主接线的运行，电气设备倒闸操作票的填写，电气设备停送电操作，电气主接线的事故处理。

水电厂是电力系统的重要组成部分，水电厂负荷的变化或各种短路故障，都会使电力系统受到影响。因此，水电厂主接线的接线形式及其运行方式，都将影响电力系统的安全经济运行。

## 第一节　电气主接线及其运行方式

电气主接线主要是指在电力系统中（如发电厂、变电所），为满足预定的功率传送和运行等要求而设计的、表明高压电气设备之间相互连接关系的传送电能的电路。

电路中的高压电气设备包括发电机、变压器、母线、断路器、隔离刀闸、线路等。它们的连接方式对供电可靠性、运行灵活性及经济合理性等起着决定性作用。对一个发电厂而言，电气主接线在电厂设计时就根据机组容量、发电厂规模及发电厂在电力系统中的地位等，从供电的可靠性、运行的灵活性和方便性、经济性、发展和扩建的可能性等方面，经综合比较后确定。它的接线方式能反映正常和事故情况下的供送电情况。

电气主接线图是电气运行人员进行各种操作和事故处理的重要依据之一，因此电气运行人员必须熟悉本站电气主接线图，了解电路中各种电气设备的用途、性能及维护、检查项目和运行操作的步骤等，以确保安全发电。

电气主接线中的设备用标准的图形符号和文字符号表示的电路称为电气主接线图。一般在研究主接线方案和运行方式时，为了清晰和方便，通常将三相电路图绘成单线图，只是在局部需要表明三相电路不对称连接时，才将局部绘制成三线图；若有中性线（或接地线），可用虚线表示，以使主接线清晰易见。在绘制主接线全图时，将互感器、避雷器、电容器、中性点设备以及载波通信用的通道加工元件（也称高频阻波器）等也表示出来。

### 一、电气主接线的基本要求

电气主接线的形式将影响配电装置的布置、供电的可靠性、运行灵活性和二次接线、继电保护等问题。电气主接线对发电厂和变电站以及电力系统的安全、可靠和经济运行起着重要的作用。因此，发电厂和变电站的主接线必须满足以下基本要求：

（1）根据电力系统和电力用户的要求，保证供电的可靠性和电能质量。

(2)接线力求简单、清晰、操作方便。

(3)保证操作时工作人员的安全,并能保证维护、检修工作的安全。

(4)在满足技术要求的前提下,应使接线投资和运行费用最经济。

(5)具有扩建的可能性。

## 二、电气主接线的基本形式

典型的电气主接线,可分为有母线和无母线两类。有母线类主要包括单母线接线、双母线接线等;无母线类主要包括桥式接线、角形接线和单元接线等。

### (一)单母线接线

单母线接线如图 6-1 所示。这种接线的特点是整个配电装置只有一组母线,所有电源和出线都接在同一组母线上。

该接线的正常运行方式为:母线和所有接入母线上的电源及出线、母线电压互感器均运行。

### (二)单母线分段接线

单母线分段接线如图 6-2 所示。该接线的特点是用断路器 QFs 将母线分段,通常分成两段,电源和出线分别接于两组分段母线上。

该接线的正常运行方式为:两分段母线 WB Ⅰ 和 WB Ⅱ、分段断路器 QFs 及其两侧隔离开关、两分段母线上的电源和出线、母线电压互感器 TV1 和 TV2 均运行。

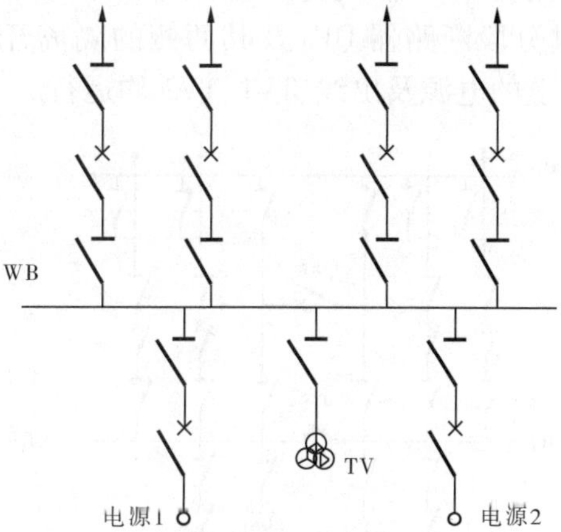


图 6-1　单母线接线

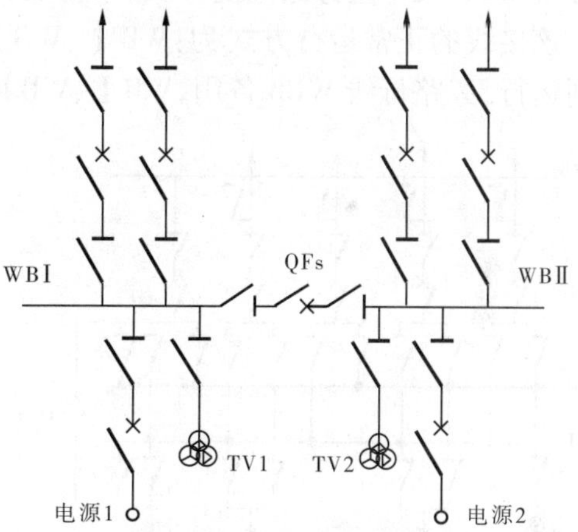


图 6-2　单母线分段接线

### (三)双母线接线

双母线接线如图 6-3 所示。这种接线有两组母线,每一回路都通过一台断路器和两组母线隔离开关分别接到两组母线上,两组母线通过母联断路器及母联隔离开关相连。

该接线的正常运行方式为:两组母线 WB Ⅰ 和 WB Ⅱ 通过母联断路器 QFc 及其两侧隔离开关并列运行,电源和出线按容量和负荷大小基本平均分配在两组母线上,并固定接于相应母线运行,两组母线上的电压互感器 TV1 和 TV2 均运行。

### (四)带旁路母线的接线

带旁路母线的接线如图 6-4 所示。图 6-4(a)为双母线带旁路母线的接线,它是在双

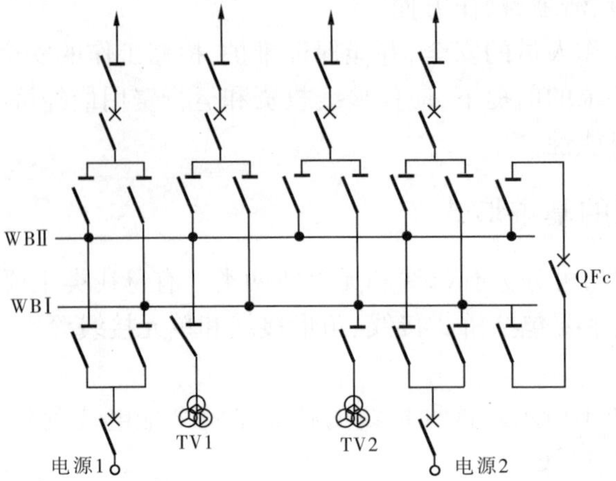


**图 6-3　双母线接线**

母线接线的基础上,加装了一组旁路母线 WBb 和一台旁路断路器 QFb。

该接线的正常运行方式为:母线 WBⅠ、WBⅡ通过母联断路器 QFc 及其两侧隔离开关并列运行,所有电源及出线分别固定接于 WBⅠ、WBⅡ母线上运行,旁路断路器 QFb 断开备用,旁路母线 WBb 备用,电压互感器 TV1、TV2 均投入运行。

图 6-4(b)为单母线分段带旁路接线,它是在单母线分段接线的基础上加装了一组旁路母线 WBb 及一些旁路隔离开关,单母线分段断路器 QFs 兼作旁路断路器。

该接线的正常运行方式为:WBⅠ、WBⅡ通过分段断路器 QFs 及其两侧的隔离开关并列运行,旁路母线 WBb 备用,WBⅠ、WBⅡ母线上的电源及出线、TV1、TV2 均运行。

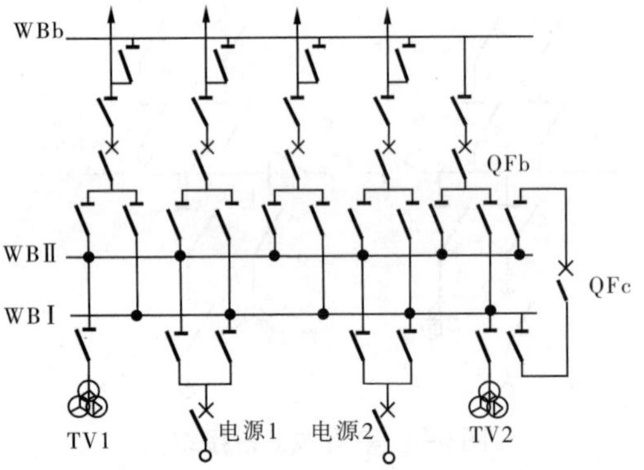


(a)双母线带旁路母线的接线

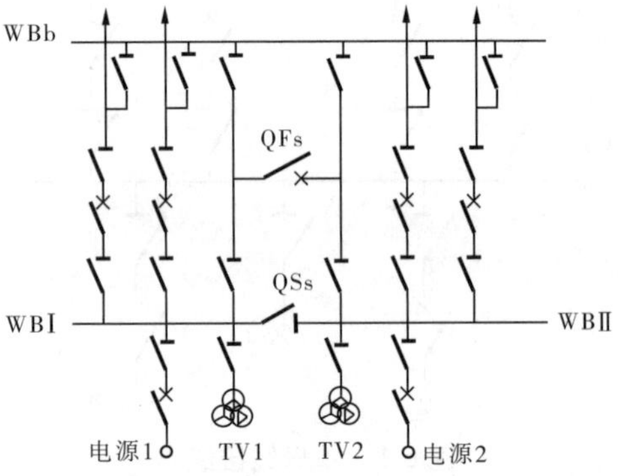


(b)单母线分段带旁路接线

**图 6-4　带旁路母线接线**

### (五)3/2 接线

3/2 接线如图 6-5 所示,该接线是从双母线双断路器接线演变改进而成的。该接线的特点是每一回路经一台断路器接至母线,两回路之间设 1 台联络断路器,形成两回路有 3 台断路器的双母线接线,即所谓的 3/2 接线。它是一种没有多回路集结点的双重连接(一回路经双断路器连接)的多环状接线。

该接线的正常运行方式为:两组母线同时运行,所有断路器和隔离开关均合上,形成多环状网络供电。

**(六)桥式接线**

桥式接线如图 6-6 所示。当有两台变压器和两回线路时,在变压器—线路接线的基础上,在其中间加一连桥,便形成桥式接线。桥式接线有内桥和外桥之分。内桥接线的特点是,连接桥(QS1—QF1—QS2)在内侧靠近变压器,两回线路上各有一台断路器,线路切换操作方便,而变压器的投入与切换操作较复杂。外桥接线的特点是,连接桥在外侧靠近线路,两台变压器回路各接有一台断路器,变压器切换操作方便,而线路切换操作较复杂。

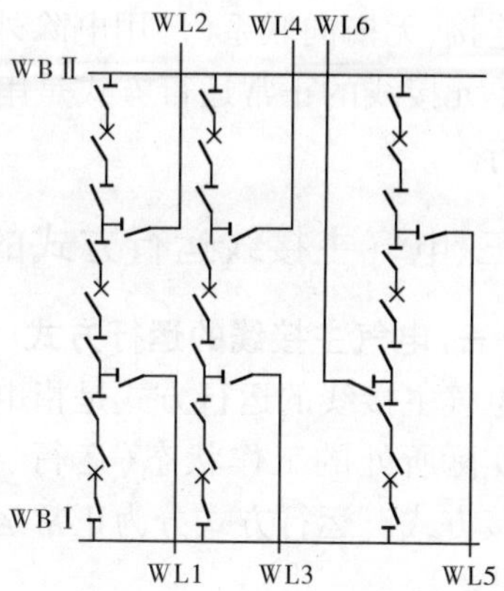


**图 6-5　3/2 接线**

内桥和外桥接线的正常运行方式为:两台变压器、两回线路、连接桥同时运行。

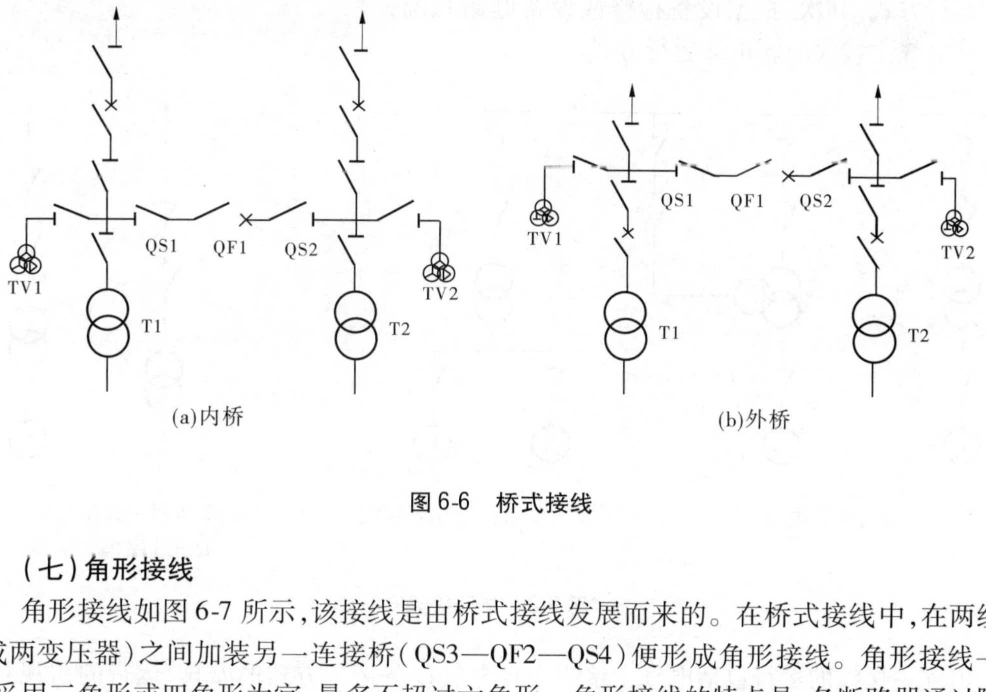


**图 6-6　桥式接线**

**(七)角形接线**

角形接线如图 6-7 所示,该接线是由桥式接线发展而来的。在桥式接线中,在两线路(或两变压器)之间加装另一连接桥(QS3—QF2—QS4)便形成角形接线。角形接线一般以采用三角形或四角形为宜,最多不超过六角形。角形接线的特点是,各断路器通过隔离开关互相连成闭合的环状,是一种单环形接线,每个回路都经两台断路器连接,实现了一回路经双断路器的双重连接。

角形接线的正常运行方式为:断路器接成多角形按闭环运行,各回路均投入运行。

**(八)单元接线**

单元接线如图 6-8 所示。图 6-8(a)为发—变组单元接线;图 6-8(b)为发—变组扩大单元接线;图 6-8(c)为变压器—线路及发—变—线路单元接线。单元接线的特点是,几个电气元件直接单独连接,无横向联系(厂用电除外)。

单元接线的正常运行方式是串联的各电气元件同时运行。

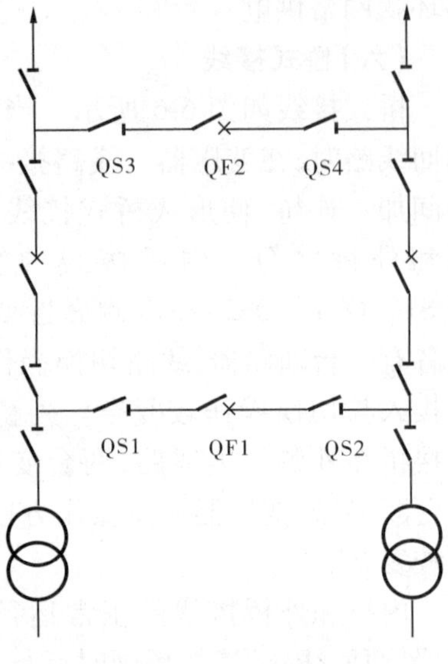


图 6-7 角形接线

## 三、电气主接线运行方式的编制原则

### (一)电气主接线的运行方式

电气主接线的运行方式是指电气主接线中各电气设备实际所处的工作状态(运行、备用、检修)及其相互连接方式。运行方式分为正常运行方式和非正常运行方式。

一个水电厂建成后,其电气主接线已定型。在此条件下,水电厂机电运行人员的任务是管理好和运行好已确定的电气主接线。首先,应安排电气主接线的正常运行方式;其次,根据设备检修或设备健康状况,安排好电气主接线的非正常运行方式。

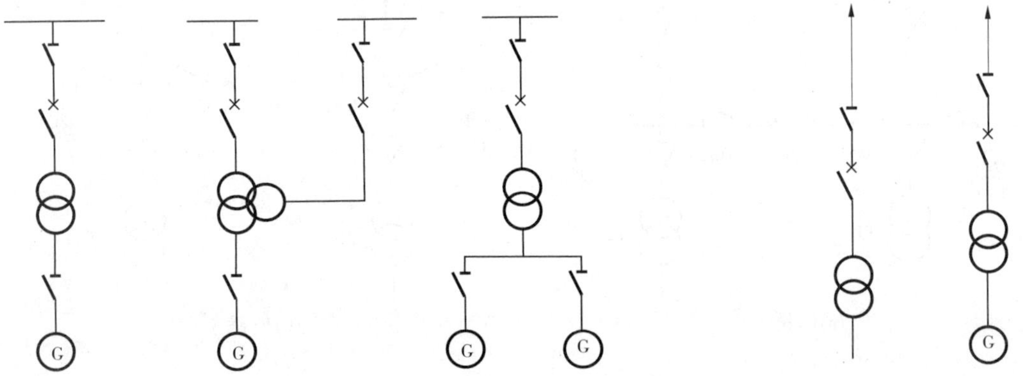


(a)发—变组单元接线　(b)发—变组扩大单元接线　(c)变压器—线路及发—变—线路单元接线

图 6-8 单元接线

电气主接线的运行包括电气主接线中各电气设备运行方式的安排,运行的监视和操作,运行维护和检查,运行分析,运行记录,异常运行及事故处理。

### (二)电气主接线运行方式的编制原则

电气主接线的运行方式直接影响水电厂及电力系统的安全和经济运行。在编制运行方式时,应遵守以下原则:①合理安排电源和负荷; ②变压器中性点接地运行方式满足要求;③厂用电安全可靠;④运行方式接线便于记忆。

如果运行方式安排不当,可能引起下列后果:①使操作复杂,容易引起误操作;②降低了原设计方案的优点和供电可靠性,原设计方案的缺点不能得以弥补;③不便于故障情况下的迅速处理;④使潮流分布不合理,影响系统的稳定;⑤影响机组正常运行和出力;⑥增加设备和线路的电能损耗。

因此,在安排运行方式时,首先要充分发挥电气主接线系统原设计固有的安全可靠性和其他优点,不要使多种不利因素凑合在一起而影响系统的正常运行。为此,在拟订运行方式时,应注意以下问题:

(1)应能减少和消除全厂停电的可能性或尽量缩短出现上述情况的运行时间。

(2)拟订运行方式应考虑对常见多发性故障的抗御能力,减少事故影响的范围和缩短恢复供电的时间。

(3)某些设备检修或"带病"运行时(包括发电机、变压器等有关设备),矛盾的主要方面可能转化,运行方式应便于作相应的调整。

(4)在满足必要的安全可靠性条件下,应考虑运行方式的经济性和灵活性。

## 四、电气主接线举例

在第四单元图4-5中,发电机、变压器采用扩大单元接线。发电机1F、2F并列运行于13.8 kV Ⅰ段母线;发电机3F、4F并列运行于13.8 kV Ⅱ段母线。220 kV高压出线设置有内桥,以便在主变或线路检修时不影响机组的运行,但要注意主变的容量。

## 五、电气主接线的正常运行方式

电气主接线的正常运行方式系指正常情况下,全部设备投入运行时,电气主接线经常采用的运行方式。

主接线的正常运行方式包含发电机、变压器、母线及其接线的运行方式以及系统中性点的运行方式。主接线的正常运行方式一经确定,其发电机、变压器、母线的运行方式等也随之确定,相应的继电保护和自动装置的投入也随之确定,任何人不得随意更改。

如图4-5的主接线图的正常运行方式如下:

发电机1F、2F并网发电,其相应的出口断路器1DL、2DL在合闸状态,1F、2F发出的电能先汇集到13.8 kV Ⅰ段母线。一部分电能经主变压器1B升压后送至220 kV渔山东线,高压侧断路器201DL在合闸状态;另一部分电能经厂用变压器1Bc降压后送至厂用系统10 kV Ⅰ段,低压侧断路器5DL在合闸位置。

发电机3F、4F并网发电,其相应的出口断路器3DL、4DL在合闸状态,3F、4F发出的电能先汇集到13.8 kV Ⅱ段母线。一部分电能经主变压器2B升压后送至220 kV渔山西线,高压侧断路器202DL在合闸状态;另一部分电能经厂用变压器2Bc降压后送至厂用系统10 kV Ⅲ段,低压侧断路器6DL在合闸位置。

在正常运行方式下,内桥出线开关2015G、2025G在分闸状态。

## 六、非正常运行方式

非正常运行方式是指在事故处理、设备故障或检修时,电气主接线所采用的运行方式。由于事故处理、设备故障和设备检修的随机性,因此电气主接线的非正常运行方式一般有多种。

仍以如图4-5所示的某水电厂的主接线图为例进行分析。

(1)当发电机1F停机检修时,则只需断开1F出口断路器1DL,断开1F出口隔离开关11G。此时发电机2F并网发电,其运行方式同正常运行方式,即2F发出的电能一部分经1号主变压器1B升压送至220 kV渔山东线,另一部分电能经厂用变压器1Bc降压后送至厂用系统10 kV Ⅰ段。

(2)当220 kV渔山东线故障或者检修时,高压侧断路器201DL断开,隔离开关2013G断开,内桥出线开关2015G、2025G合上,1F、2F发出的电能可由220 kV内桥送电至220 kV渔山西线,同时一部分电能经厂用变压器1Bc降压后送至厂用系统10 kV Ⅰ段,这样既能保证系统的稳定性,又能保证厂用电源的可靠性。

注意:此时相应的主变压器1B、2B的差动保护电流互感器接线方式要有所改变,以保证当任意一台主变事故时能起动“互跳”,同时断开两台主变高低压侧断路器。

## 第二节　电气一次系统的倒闸操作

### 一、电气设备的状态与倒闸操作概念

电气设备的状态,无外乎就是以下几种:

(1)运行状态。电气设备的隔离开关和断路器都在合上位置,电源至受电端间的电路接通。设备的所有继电保护及自动装置均投入到运行状态(调度要求停运的除外)。

(2)热备用状态。电气设备的热备用状态是指其断路器断开、隔离开关合上时的状态。其特点是断路器一经合闸操作,该设备就投入到运行状态。

(3)冷备用状态。电气设备的冷备用状态是指设备的断路器和隔离开关均在断开位置,一次设备停电,设备本身保护投入时的状态。其显著的特点是该设备与其他带电部分之间有明显的断开点。设备冷备用根据工作性质分为断路器冷备用与线路冷备用等。

(4)检修状态。电气设备的检修状态是指设备的断路器和隔离开关均在断开位置,控制、合闸熔断器取下,待检修设备两侧装设了保护接地线(或合上了接地开关),装设了遮栏,悬挂了标示牌时的状态。

倒闸操作,就是把电气设备或装置由一种状态转换为另一状态的系列操作。如将某变压器由运行状态切换为空载状态;将某双母线接线方式变为单母线运行方式的操作。它是因设备的工作所需而随时进行的调节行为。

由于倒闸操作是实现设备运行的开始、结束或变换参数的操作,因此它是一项操作复杂而又特别危险的行为,对其过程的正确性与严肃性要求尤显突出。

### 二、对倒闸操作的一般规定

对倒闸操作的一般规定如下:

(1)操作人和监护人需经考试合格并经工区领导批准公布。

(2)操作人和监护人不能单凭记忆,而应仔细检查操作地点及设备的名称编号后,才能进行操作。

(3)只有值长、值班长和正值才能够接受调度命令和担任倒闸操作中的监护人;副值无权接受调度命令,只能担任倒闸操作中的操作人;实习人员一般不介入操作中的实质性工作。操作中由正值监护、副值操作。对重要的复杂的倒闸操作,由当值的正值操作,值班长监护。

(4)操作人不要只依赖监护人,而应对操作内容做到心中有数;否则,操作中仍可能出问题。

(5)在进行操作期间,不要进行与操作无关的交谈或工作。

(6)处理事故时,不要惊慌失措,以免扩大事故。

(7)设备送电前,必须终结全部工作票,拆除接地线及与检修工作有关的临时安全措施,恢复固定遮栏及常用警告牌。对送电设备应进行全面检查,结果应正常,摇测设备绝缘电阻应合格。

(8)无保护的设备不允许投入运行。

(9)装有同期合闸的断路器,必须进行同期合闸。仅在断路器一侧无电压进行充电操作时,才允许合上同期闭锁开关解除同期闭锁回路。

(10)检修过的断路器送电时,必须进行远方跳合闸试验,运行中的小车开关不允许解除机械闭锁手动分闸。

(11)现场一次、二次设备要有明显的标志,包括命令、编号、铭牌、转动方向、切换位置的指示以及区别电气相别的颜色。

(12)要有与现场设备标志和运行方式相符合的一次系统模拟图及二次回路的原理图和展开图。

(13)要有合格的操作工具、安全用具和设施(包括放置接地线的专用装置)等。

(14)对下列倒闸操作,可以不经调度许可自行进行:①在发生人身触电或设备危险时,可自行拉开有关断路器,但事后必须汇报调度。②母线电压不合格时,可进行主变压器有载开关的操作,但事后必须汇报调度。③不属于调度管辖设备的操作,如并联电容器、分路短路器、直流系统、站用电系统等。

## 三、倒闸操作的基本原则

运行人员在进行倒闸操作时,应遵循下列基本原则。

**(一)停、送电操作原则**

(1)拉、合隔离开关及小车断路器停、送电时,必须检查并确定断路器在断开位置(倒母线例外,此时母联断路器必须合上)。

(2)严禁带负荷拉、合隔离开关,所装电气和机械防误闭锁装置不能随意退出。

(3)停电时,先断开断路器后拉开负荷侧隔离开关,最后拉开母线侧隔离开关;送电时,则先合上电源侧隔离开关,再合上负荷侧隔离开关,最后合上断路器。

(4)手动操作过程中,发现误拉隔离开关,不准把已拉开的隔离开关重新合上。只有用手动蜗姆轮传动的隔离开关,在动触头未离开静触头刀刃之前,才允许将误拉的隔离开关重新合上，不再操作。

(5)超高压线路送电时，必须先投入并联电抗器后再合线路断路器。

(6)线路停电前要先停用重合闸装置，送电后要再投入。

**(二)母线倒闸操作原则**

(1)倒母线必须先合入母联断路器，并取下控制熔断器，以保证母线隔离开关在并、解列时满足等电位操作的要求。

(2)在母线隔离开关的合、拉过程中，如可能发生较大火花，应依次先合靠母联断路器最近的母线隔离开关；拉闸的顺序则与其相反。尽量减小操作母线隔离开关时的电位差。

(3)拉母联断路器前，母联断路器的电流表应指示为零；同时，母线隔离开关辅助触点、位置指示器应切换正常。以防"漏"倒设备，或从母线电压互感器二次侧反充电，引发电气事故。

(4)倒母线的过程中，母线差动保护的工作原理如不遭到破坏，一般均应投入运行。同时，应考虑母线差动保护非选择性开关的拉、合及低电压闭锁母线差动保护压板的切换。

(5)母联断路器因故不能使用，必须用母线隔离开关拉、合空载母线时，应先将该母线电压互感器二次侧断开(取下熔断器或低压断路器)，防止运行母线的电压互感器熔断器熔断或低压断路器跳闸。

(6)母线停电后需采取安全措施者，应验明母线无电压后，方可合上该母线的接地隔离开关或装设接地线。

(7)向检修后或处于备用状态的母线充电时，充电断路器有速断保护时，应优先加用；无速断保护时，其主保护必须加用。

(8)母线倒闸操作时，先给备用母线充电，检查两组母线电压相等，确认母联断路器已合好后，取下其控制保险，然后进行母线隔离开关的切换操作。母联断路器断开前，必须确认负荷已全部转移，母联断路器电流表指示为零，再断开母联断路器。

(9)其他注意事项：① 严禁将检修中的设备或未正式投运设备的母线隔离开关合入。②禁止用分段断路器(串有电抗器)代替母联断路器进行充电或倒母线。③当拉开工作母线隔离开关后，若发现合入的备用母线隔离开关接触不好、产弧，应立即将拉开的开关再合入，查明原因。④停电母线的电压互感器所带的保护(如低电压、低频、阻抗保护等)，如不能提前切换到运行母线的电压互感器上供电，则事先应将这些保护申请停用，并断开跳闸压板。

**(三)变压器的停、送电原则**

(1)双绕组升压变压器停电时，应先拉开高压侧断路器，再拉开低压侧断路器，最后拉开两侧隔离开关。送电时的操作顺序与此相反。

(2)双绕组降压变压器停电时，应先拉开低压侧断路器，再拉开高压侧断路器，最后拉开两侧隔离开关。送电时的操作顺序与此相反。

(3)三绕组升压变压器停电时，应依次拉开高、中、低三侧断路器，再拉开三侧隔离开关，送电时的操作顺序与此相反。

(4)三绕组降压变压器停、送电的操作顺序与三绕组升压变压器相反。

总的来说,变压器停电时,应先拉开负荷侧断路器,后拉开电源侧断路器。送电时的操作顺序与此相反。

## 四、倒闸操作应重点防止的误操作事故

50%以上的电气操作事故发生在10 kV及以下系统;另外以下5种误操作,约占电气操作事故的80%以上,其性质恶劣,后果严重,是日常防止误操作的重点。

### (一)误拉、误合断路器或隔离开关

不少误操作事故都直接或间接地与误拉、误合断路器或隔离开关有关。

防止误操作的具体措施是:

(1)倒闸操作发令、接令或联系操作,要正确、清楚,并坚持重复命令,有条件的要录音。

(2)操作前进行"三对照",操作中坚持"三禁止",操作后坚持复查。整个操作要贯彻"五不干"。

三对照:①对照操作任务、运行方式,由操作人填写操作票;②对照电气模拟图;③对照设备编号无误后再操作。

三禁止:①禁止操作人、监护人一齐动手操作,失去监护;②禁止有疑问盲目操作;③禁止边操作、边做与其无关的工作(或聊天),分散精力。

五不干:①操作任务不清不干;②操作时无操作票不干;③操作票不合格不干;④应有监护人而无监护人不干;⑤设备编号不清不干。

(3)预定的重大操作或运行方式将发生特殊的变化,电气运行专责工程师(技术员)应提前制定"临时措施",对倒闸操作工作进行指导,作出全面安排,提出相应要求及注意事项、事故预想等,使值班人员操作时心中有数。

(4)通过平时技术培训(考问讲解、事故演习),使值班人员掌握正确的操作方法,并领会规程条文的精神实质。

### (二)带负荷拉合隔离开关

带负荷拉合隔离开关是最常见的误操作事故。自1980年防误操作闭锁装置普遍应用之后,这种事故有所下降,但并未杜绝。不少单位仍时有发生,后果仍然严重。

1.带负荷拉合隔离开关的事故原因

通过对事故的分析总结,其主要原因可归纳为以下三点:

(1)拉合回路时,回路负荷电流超过了隔离开关开断小电流的允许值。

(2)拉合环路时,环路电流及断口电压差超过了容许限度。

(3)人为误操作。如走错间隔、拉错隔离开关,或断路器未拉开就拉合隔离开关等。

2.防止带负荷拉合隔离开关的具体措施

(1)按照隔离开关允许的使用范围及条件进行操作。拉合负荷电路时,严格控制电流值,确保在全电压下开断的小电流值在允许值之内。

(2)拉合规程规定之外的环路,必须谨慎,要有相应的安全和技术措施。

(3)加强操作监护,对号检查,防止走错间隔、动错设备、错误合拉隔离开关。同时,

对隔离开关普遍加装防误操作闭锁装置。

(4)拉合隔离开关前,现场检查断路器,必须在断开位置。隔离开关经操作后,操作机构的定位销一定要销好,防止因机构滑脱接通或断开负荷电路。

(5)倒母线及拉合母线隔离开关,属于等电位操作,故必须保证母联断路器合入,同时取下该断路器的控制熔断器,以防止跳闸。

(6)隔离开关检修时,与其相邻运行的隔离开关机构应锁住,以防止误拉合。

(7)手车断路器的机械闭锁必须可靠,检修后应进行实际操作验收,以防止将手车带负荷拉出或推入间隔,引起短路。

**(三)带电挂接地线或带电合接地刀闸**

防止带电挂地线(带电合接地刀闸)的措施如下:

(1)断路器、隔离开关拉闸后,必须检查实际位置是否拉开,以免回路电源未切断。

(2)坚持验电,及时发现带电回路,查明原因。

(3)正确判断正常带电与感应电的区别,防止误把带电当静电。

(4)隔离开关拉开后,若一侧有电,另一侧不带电,应防止将有电一侧的接地刀闸合入,造成短路。当隔离开关两侧均装有接地刀闸时,一旦隔离开关拉开,接地刀闸与主刀闸之间的机械闭锁即失去作用,此时任意一侧接地刀闸都可以自由合入。若疏忽大意,必将酿成事故。

(5)安装带电显示器,并闭锁接地刀闸,有电时不允许接地刀闸合入。

**(四)带地线合闸**

防止带地线合闸事故与日常技术管理和遵章守纪密切相关,具体执行以下措施:

(1)加强地线的管理。按编号使用地线;拆、挂地线要做记录并登记。

(2)防止在设备系统上遗留地线。具体要求如下:

一是拆、挂地线或拉合接地刀闸,要在“电气模拟图”上做好标记,并与现场的实际位置相符。交接班检查设备时,同时要查对现场地线的位置、数量是否正确,与“电气模拟图”是否一致。

二是禁止任何人不经值班人员同意,在设备系统上私自拆、挂地线,挪动地线的位置,或增加地线的数量。

三是设备第一次送电或检修后送电,值班人员应到现场进行检查,掌握地线的实际情况;调度人员下令送电前,事先应与发电厂、变电所、用户的值班人员核对地线,防止漏拆接地线。

(3)对于一经操作可能向检修地点送电的隔离开关,其操作机构要锁住,并悬挂“禁止合闸,有人工作”的标示牌,防止误操作。

(4)正常倒母线,严禁将检修设备的母线隔离开关误合入。事故倒母线,要按照“先拉后合”的原则操作,即先将故障母线上的母线隔离开关拉开,然后再将运行母线上的母线隔离开关合入,严禁将两母线的母线隔离开关同时合入并列,使运行的母线再短路。

(5)设备检修后的注意事项:①检查后的隔离开关应保持在断开位置,以免接通检修回路的地线,送电时引起人为短路。②防止工具、仪器、梯子等物体遗留在设备上,送电后引起接地或短路。③送电前,坚持摇测设备绝缘电阻。万一遗留地线,通过摇绝缘可以发现。

### (五)非同期并列

非同期并列事故,发生的主要原因有:①一次系统不符合条件,误合闸;②同期用的电压互感器或同期装置电压回路,接线错误,没有定相;③人员误操作,误并列。

非同期并列,不但危及发电机、变压器,还严重影响电网及供电系统,造成振荡和甩负荷。就电气设备本身而言,非同期并列的危害甚至超过短路故障。

防止非同期并列的具体措施是:

(1)设备变更时要坚持定相。发电机、变压器、电压互感器、线路新投入(大修后投入),或一次回路有改变、接线有更动,并列前均应定相。

(2)防止并列时人为发生误操作。具体要求如下:

一是值班人员应熟知全厂的同期回路及同期点。

二是在同一时间不允许投入两个同期电源开关,以免在同期回路非同期并列。

三是手动同期并列时,要经过同期继电器闭锁,在允许相位差合闸。严禁将同期短接开关合入,失去闭锁,在任意相位差合闸。

四是工作厂用变压器、备用厂用变压器,分别接自不同频率的电源系统时,不准直接并列。此时倒换变压器要采取“拉联”的办法,即手动拉开工作厂用变压器的电源断路器,使备用厂用变压器的断路器联动合入。

五是电网电源联络线跳闸,未经检查同期或调度下令许可,严禁强送或合环。

(3)保证同期回路接线在正确、同期装置动作良好。

(4)断路器的同期回路或合闸回路有工作时,对应一次回路的隔离开关应拉开,以防断路器误合入、误并列。

另外,严格执行“停电、验电、接地、悬挂标示牌、遮栏”等技术措施的步骤和要求,也是防止误操作的重要手段。同时,防止操作人员高空坠落、误入带电间隔、误登带电构架,也是倒闸操作中注意的要点。

## 五、倒闸操作的程序

### (一)正常情况下倒闸操作的一般程序

(1)下达命令和接受任务。在需要进行操作前,值长向值班长下达操作任务(预令),并说明操作目的和设备状态,值班长接到操作任务后,复诵一遍,并记入操作记录本中。值班长确定操作人和监护人,并向他们下达操作任务,同时交待安全事项。

(2)填写操作票。填写操作票的目的是拟定具体的操作内容和顺序,防止在操作过程中发生顺序颠倒或漏项。操作人接受任务后,根据操作任务,查对模拟系统图和实际运行方式,认真填写操作票或由计算机调用典型操作票。

(3)审核批准。操作人填写好操作票后,先自审一遍并签字,然后交给监护人、值班长、值长逐级审核无误后,分别在操作票上签字批准。

(4)模拟操作。经值班长批准,进行模拟操作,监护人和操作人在模拟图上进行操作预演。监护人按操作票的项目顺序唱票,操作人在模拟图上进行操作,以核对操作票的正确性。

(5)发布正式操作命令。一切准备工作就绪后,值长或值班长向监护人下达正式操作命令,监护人重复操作命令,值长或值班长认为正确无误后,下达命令:"对,执行",并在操作票上填入发令时间。

(6)现场操作。监护人和操作人携带操作工具进入现场。操作前,先核对被操作设备的名称和编号,应与操作票相同,核对断路器、隔离开关实际位置及辅助设备状况(信号灯、表计指示、继电器和连锁装置等状况),然后进行操作。当监护人认为操作人站立的位置正确、使用的安全用具合乎要求时,监护人按操作票的顺序及内容高声"唱票",操作人应再次核对设备的名称和编号,确认无误后,复诵一遍,监护人确认无误后,发出命令:"对,执行"。此时,操作人按命令进行操作,监护人记录开始操作时间。按顺序操作完一项后在操作项目顺序上打"√",然后依次操作后续各项。操作人在操作过程中,监护人还应监视其操作方法是否正确(对计算机控制的配电装置操作,敲动计算机键盘上的相关键,由计算机按事先输入的操作顺序自动对配电装置进行操作,上述步骤(2)~步骤(6)可省略)。

(7)复查设备。操作人在监护人的监护下,检查操作结果。如断路器和隔离开关的位置、表计指示、信号指示、连锁装置等,以检查操作过的设备是否正常。

(8)汇报。按照操作票已全部操作完毕后,监护人向发令人汇报,并汇报操作开始和结束时间。发令人认可后,由操作人在操作票上盖"已执行"图章。

(9)记录。监护人将操作任务、起始和终结时间记入操作记录本中。

**(二)事故时的操作规定**

在处理事故时,为了迅速解除故障,限制事故的发展,迅速恢复供电,并使系统频率、电压恢复正常,可以不用操作票,以节省时间,但需遵守安全工作规程的有关规定进行操作。事故处理后的一切善后操作,仍应按正常情况下的程序进行。

## 六、倒闸操作示例与对应的操作票

**(一)线路的停送电操作**

为了对线路断路器进行定期检修或故障检修,需进行停电操作,断路器检修完毕后又要进行送电操作。在送电前,必须检查接地刀闸在断开位置或临时短路接地线已拆除,再检查断路器和隔离开关确在断开位置,然后按图6-9所示接线图进行倒闸操作,先合上母线侧隔离开关711G,再合上线路侧隔离开关712G,最后合上线路断路器71DL。如线路有自动重合闸装置和连锁跳

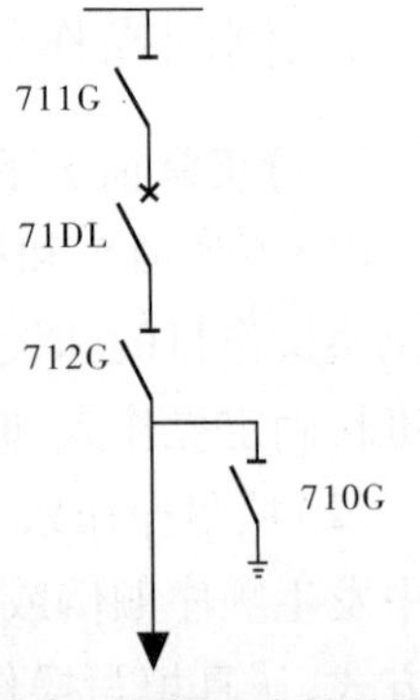

图6-9 电气一次接线图

闸压板，则也应投入；如线路是联络线或两侧具有独立电源，需经同期手续合上断路器。

线路的停电操作步骤与送电操作相反，但在线路停电前，应停用线路的自动重合闸装置及打开连锁跳闸压板，线路停电后，应采取挂短路接地线或合上接地刀闸及设置标示牌等安全措施后方可进行检修工作。

下面举例说明：线路停电标准操作票的填写。

操作任务：10.5 kV#71 线路由运行转检修（电气一次接线如图 6-9 所示）。

工作过程框图如图 6-10 所示。

操作票格式见表 6-1。

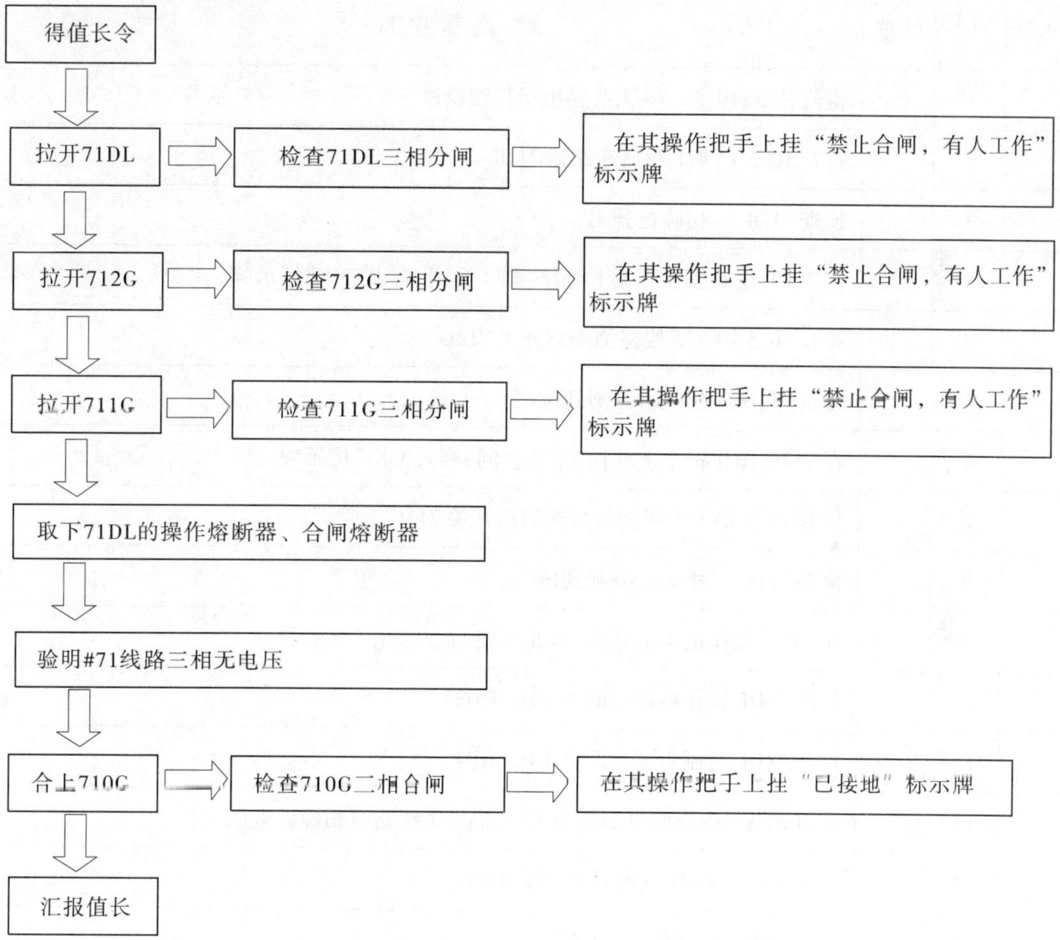


图 6-10　工作过程框图（一）

### （二）水电厂主变压器的停电操作

以第四单元图 4-5 主接线为例，在正常运行方式下，进行主变压器 1B 的停电操作。

工作过程框图如图 6-11 所示。

操作票格式见表 6-2。

**表 6-1 ×××发电厂操作票**

分厂(站):　　××电厂　　　　　　　　　　　　　　编号:2007-05-01

| | | |
|---|---|---|
| 发令人: | 受令人: | 发令时间:　　年　月　日　时　分 |
| 操作开始时间:　　年　月　日　时　分 | | 操作结束时间:　　年　月　日　时　分 |

(　　　　)监护下操作　　　(　　　　)单人操作　　　(　　　　)检修人员操作

操作任务:　　　　10.5 kV#71 线路由运行转检修

| √ | 顺序 | 注意 | 操 作 项 目 |
|---|---|---|---|
| | 1 | | 得值长令:10.5 kV#71 线路由运行转检修 |
| | 2 | | 拉开 10.5 kV#71 线路断路器 71DL |
| | 3 | | 检查 71DL 三相确已分闸 |
| | 4 | | 在 71DL 现地操作开关上悬挂“禁止合闸,有人工作”标示牌 |
| | 5 | | 拉开 10.5 kV#71 线路侧隔离开关 712G |
| | 6 | | 检查 712G 三相确已分闸到位 |
| | 7 | | 在 712G 操作把手上悬挂“禁止合闸,有人工作”标示牌 |
| | 8 | | 拉开 10.5 kV#71 线路母线侧隔离开关 711G |
| | 9 | | 检查 711G 三相确已分闸到位 |
| | 10 | | 在 711G 操作把手上悬挂“禁止合闸,有人工作”标示牌 |
| | 11 | | 拉开 71DL 操作电源熔断器 RD1、RD2 |
| | 12 | | 拉开 71DL 合闸电源熔断器 RD3、RD4 |
| | 13 | | 用 10.5 kV 高压验电器验明 10.5 kV#71 线路三相确无电压 |
| | 14 | | 合上 10.5 kV#71 线路接地开关 710G |
| | 15 | | 检查 710G 三相确已合闸到位 |
| | 16 | | 在 710G 操作把手上悬挂“已接地”标示牌 |
| | 17 | | 汇报值长:10.5kV#71 线路由运行转检修操作完毕 |
| 备 注 | | | |

操作人:________　　　　监护人:________　　　　值班负责人(值长):________

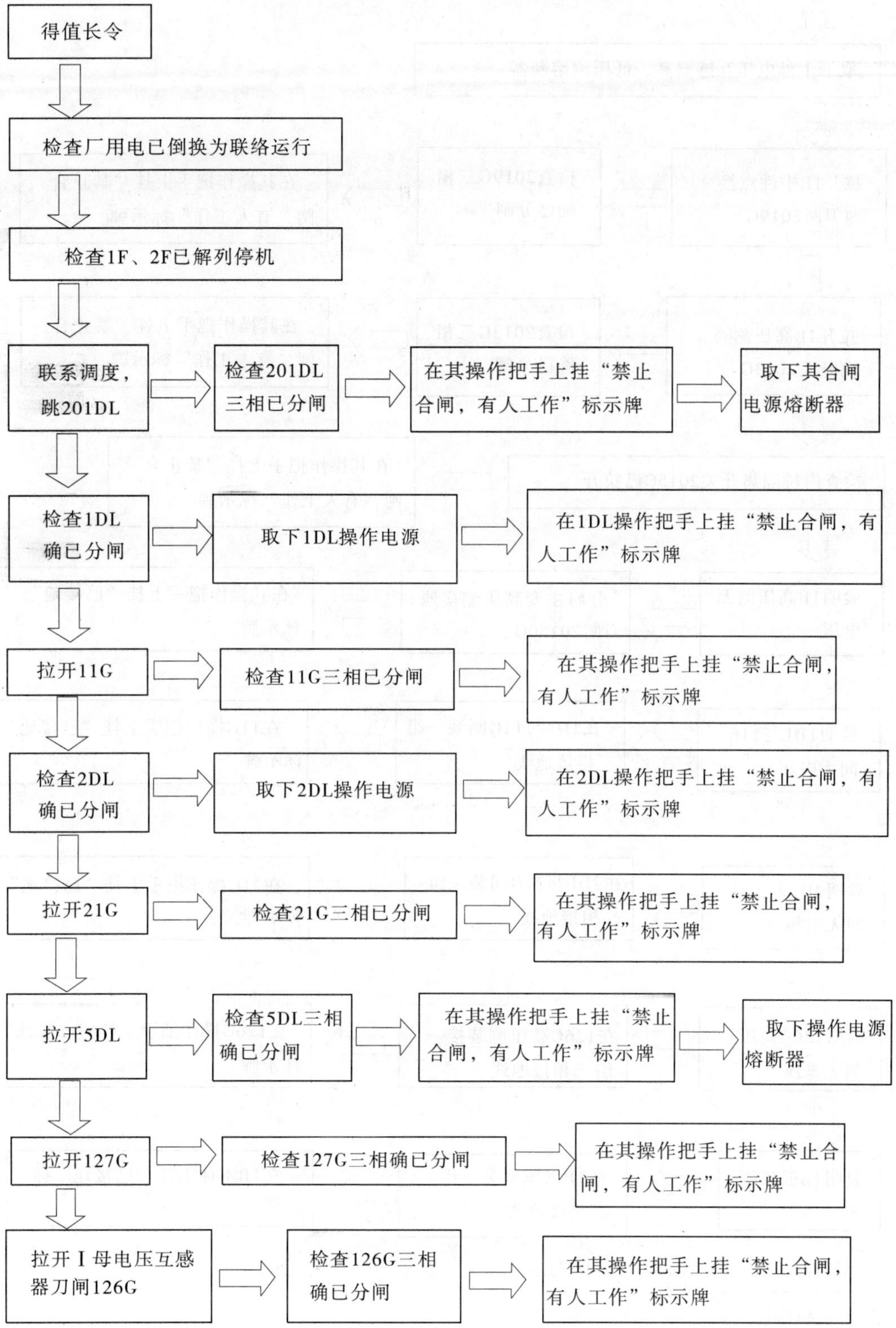


图6-11　工作过程框图(二)

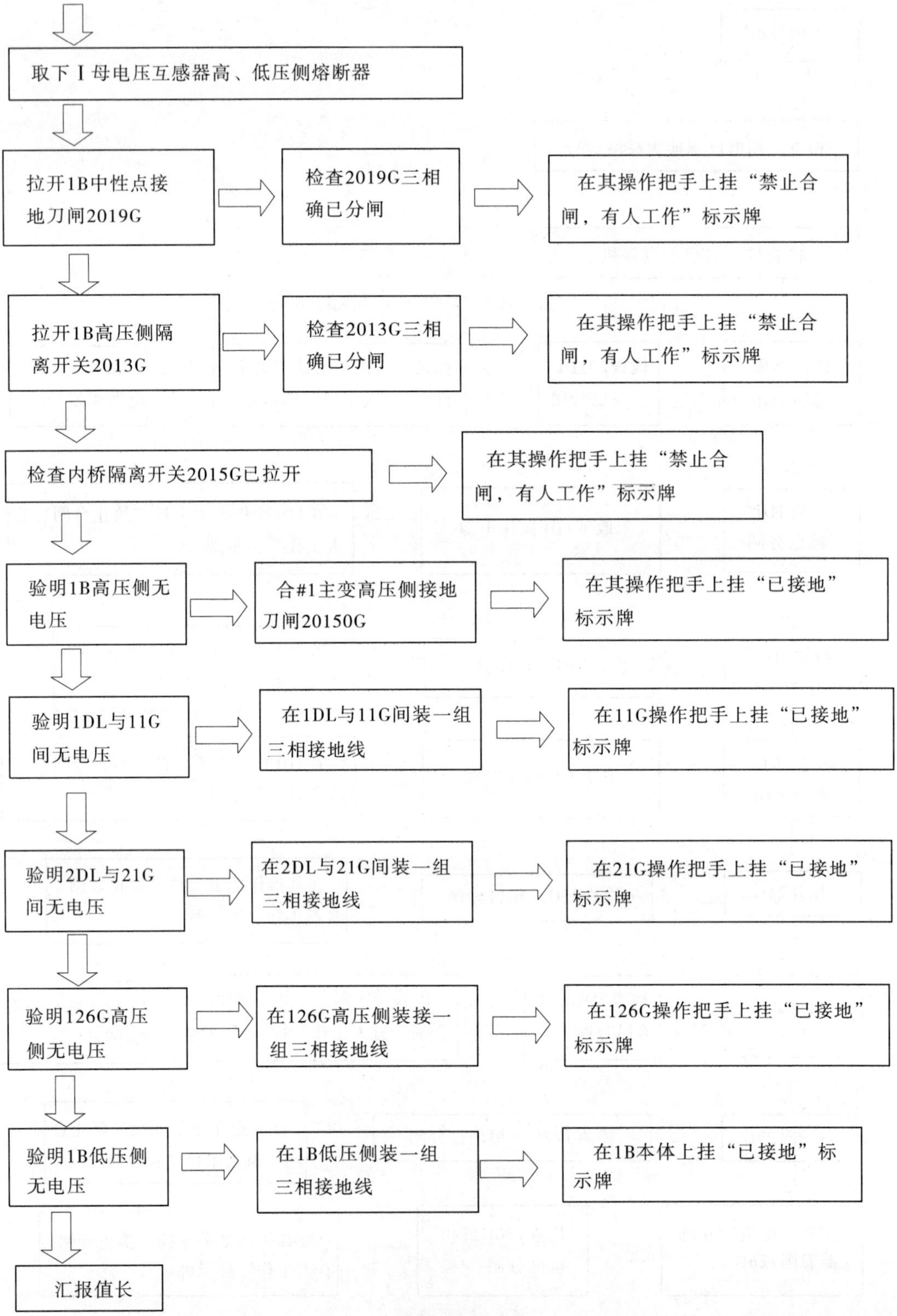
取下Ⅰ母电压互感器高、低压侧熔断器
拉开1B中性点接地刀闸2019G
检查2019G三相确已分闸
在其操作把手上挂“禁止合闸，有人工作”标示牌
拉开1B高压侧隔离开关2013G
检查2013G三相确已分闸
在其操作把手上挂“禁止合闸，有人工作”标示牌
检查内桥隔离开关2015G已拉开
在其操作把手上挂“禁止合闸，有人工作”标示牌
验明1B高压侧无电压
合#1主变高压侧接地刀闸20150G
在其操作把手上挂“已接地”标示牌
验明1DL与11G间无电压
在1DL与11G间装一组三相接地线
在11G操作把手上挂“已接地”标示牌
验明2DL与21G间无电压
在2DL与21G间装一组三相接地线
在21G操作把手上挂“已接地”标示牌
验明126G高压侧无电压
在126G高压侧装接一组三相接地线
在126G操作把手上挂“已接地”标示牌
验明1B低压侧无电压
在1B低压侧装一组三相接地线
在1B本体上挂“已接地”标示牌
汇报值长

**续图 6-11**

表 6-2　×××发电厂操作票

分厂(站)：____________　　　　编号：____________

| 发令人： | 受令人： | 发令时间：　年　月　日　时　分 |
|---|---|---|
| 操作开始时间：　年　月　日　时　分 | | 操作结束时间：　年　月　日　时　分 |
| (　)监护下操作 | (　)单人操作 | (　)检修人员操作 |
| 操作任务： | 1B 及 13.8 kV Ⅰ段母线由运行转检修 | |

| √ | 顺序 | 注意 | 操作项目 |
|---|---|---|---|
| | 1 | | 得值长令：#1 主变、13.8 kV Ⅰ段母线由运行转检修 |
| | 2 | | 查厂用电已倒换为联络运行 |
| | 3 | | 查 1F、2F 已解列停机 |
| | 4 | | 联系调度同意 |
| | 5 | | 拉开 220 kV 201DL 断路器，视绿灯亮 |
| | 6 | | 在 220 kV 201DL 断路器操作开关上悬挂“禁止合闸，有人工作”标示牌 |
| | 7 | | 拉开 220 kV 201DL 断路器操作电源开关 7K |
| | 8 | | 在 220 kV 201DL 断路器操作电源开关上悬挂“禁止合闸，有人工作”标示牌 |
| | 9 | | 在 1F 机出口断路器 1DL 操作开关把手上悬挂“禁止合闸，有人工作”标示牌 |
| | 10 | | 拉开 1F 机出口断路器 1DL 操作电源开关 |
| | 11 | | 在 1F 断路器 1DL 操作电源开关上悬挂“禁止合闸，有人工作”标示牌 |
| | 12 | | 检查 1F 机出口断路器 1DL 已拉开 |
| | 13 | | 拉开 1F 机出口隔离开关 11G |
| | 14 | | 在 1F 机出口隔离开关 11G 上悬挂“禁止合闸，有人工作”标示牌 |
| | 15 | | 在 2F 机出口断路器 2DL 操作开关上悬挂“禁止合闸，有人工作”标示牌 |
| | 16 | | 拉开 2F 机出口断路器 2DL 操作电源开关 |
| | 17 | | 在 2F 2DL 操作电源开关上悬挂“禁止合闸，有人工作”标示牌 |
| | 18 | | 检查 2F 机出口断路器 2DL 已拉开 |
| | 19 | | 拉开 2F 机出口隔离开关 21G |
| | 20 | | 在 2F 机出口隔离开关 21G 上悬挂“禁止合闸，有人工作”标示牌 |
| | 21 | | 拉开 1Bc 高压侧断路器 5DL，视绿灯亮 |
| | 22 | | 在 5DL 操作开关上悬挂“禁止合闸，有人工作”标示牌 |
| | 23 | | 取下 1Bc 高压侧 5DL 操作熔断器 |
| | 24 | | 现地检查 1Bc 高压侧 5DL 拉开正常 |
| | 25 | | 拉开 1Bc 高压侧 5DL 隔离开关 127G |

续表 6-2

| √ | 顺序 | 注意 | 操作项目 |
|---|---|---|---|
| | 26 | | 在 1Bc 高压侧 5DL 隔离开关 127G 上悬挂“禁止合闸，有人工作”标示牌 |
| | 27 | | 拉开 13.8 kV Ⅰ段 1SSYH 隔离开关 126G |
| | 28 | | 在 13.8 kV Ⅰ段 1SSYH 隔离开关 126G 上悬挂“禁止合闸，有人工作”标示牌 |
| | 29 | | 取下 13.8 kV Ⅰ段 1SSYH 低压侧 b、c、a 三相熔断器 |
| | 30 | | 取下 13.8 kV Ⅰ段 1SSYH 高压侧 B、C、A 三相熔断器 |
| | 31 | | 拉开 1B 中性点接地刀闸 2019G |
| | 32 | | 在 1B 中性点接地刀闸 2019G 操作把手上悬挂“禁止合闸，有人工作”标示牌 |
| | 33 | | 现地检查 220 kV 渔山东线 201DL 断路器三相拉开正常 |
| | 34 | | 拉开 1B 高压侧隔离开关 2013G |
| | 35 | | 在 2013G 隔离开关操作机构上悬挂“禁止合闸，有人工作”标示牌 |
| | 36 | | 检查内桥隔离开关 2015G 在拉开位置 |
| | 37 | | 在内桥隔离开关 2015G 操作机构上悬挂“禁止合闸，有人工作”标示牌 |
| | 38 | | 验明 1B 高压侧确无电压 |
| | 39 | | 合上#1 主变高压侧接地刀闸 20150G |
| | 40 | | 在#1 主变高压侧接地刀闸 20150G 操作机构上悬挂“已接地”标示牌 |
| | 41 | | 验明 1F 出口断路器 1DL 与出口隔离开关 11G 之间确无电压 |
| | 42 | | 在 1F 出口断路器 1DL 与出口隔离开关 11G 之间装设一组三相短路接地线 |
| | 43 | | 在 1F 隔离开关 11G 操作把手上悬挂“已接地”标示牌 |
| | 44 | | 验明 2F 出口断路器 2DL 与出口隔离开关 21G 之间确无电压 |
| | 45 | | 在 2F 出口断路器 2DL 与出口隔离开关 21G 之间装设一组三相短路接地线 |
| | 46 | | 在 2F 隔离开关 21G 操作把手上悬挂“已接地”标示牌 |
| | 47 | | 验明 1SSYH 隔离开关 126G 高压侧确无电压 |
| | 48 | | 在 1SSYH 隔离开关 126G 高压侧悬挂一组三相短路接地线 |
| | 49 | | 在 1SSYH 隔离开关 126G 操作把手上悬挂“已接地”标示牌 |
| | 50 | | 验明 1B 低压侧确无电压 |
| | 51 | | 在 1B 低压侧挂一组三相短路接地线 |
| | 52 | | 在 1B 本体上悬挂“已接地”标示牌 |
| | 53 | | 更改模拟图与实际一致 |
| | 54 | | 汇报值长：1B 及 13.8 kV Ⅰ段母线由运行转检修操作完毕 |
| 备 注 | | | |

操作人：________ 监护人：________ 值班负责人（值长）：________

## （三）旁路断路器代替线路断路器的运行操作

旁路断路器代替线路断路器运行时，应注意以下几点：

（1）旁路断路器的保护应投入（保护及其整定值应与被代替的线路断路器相同）。

（2）旁路断路器接入的母线应与被代替线路断路器接入的母线一致。

如图 6-12 所示，220 kV 系统ⅠM、ⅡM 母线运行，母联断路器 260DL 及其两侧隔离开关合上，旁路断路器 290DL 断开，旁路母线隔离开关 2905G、2901G 合上，旁路母线热备用于ⅠM。耿山北线运行于ⅠM 母线，断路器 265DL 停电检修而要求线路耿山北线不停电，由旁路断路器 290DL 代替 265DL 运行，操作顺序如操作票所示（见表 6-3）。

表 6-3 ×××发电厂操作票

分厂（站）：＿＿＿＿＿＿＿＿＿＿ 编号：＿＿＿＿＿＿＿＿

| | | |
|---|---|---|
| 发令人： | 受令人： | 发令时间： 年 月 日 时 分 |
| 操作开始时间： 年 月 日 时 分 | | 操作结束时间： 年 月 日 时 分 |
| （ ）监护下操作 | （ ）单人操作 | （ ）检修人员操作 |
| 操作任务： | 220 kV 旁路 290DL 代耿山北线 265DL 运行 | |

| √ | 顺序 | 注意 | 操作项目 |
|---|---|---|---|
| | 1 | | 得值长令：220 kV 旁路 290DL 代耿山北线 265DL 运行 |
| | 2 | | 检查旁路 290DL 处于Ⅰ母热备用状态 |
| | 3 | | 检查旁路 290DL 三相分闸良好 |
| | 4 | | 检查旁路 290DL 各部良好无异，压力正常 |
| | 5 | | 检查旁路 290DL 各保护处于投入状态 |
| | 6 | | 更改旁路 290DL 保护定值与耿山北线 265DL 保护定值一致 |
| | 7 | | 打印旁路 290DL 保护定值与耿山北线 265DL 保护定值一致 |
| | 8 | | 投入旁路 290DL 同期开关 TK 至同期侧 |
| | 9 | | 投入手动准同期开关 2QK 至闭锁解除侧 |
| | 10 | | 合上旁路 290DL 向旁母充电，红灯亮 |
| | 11 | | 切开并取出旁路 290DL 同期开关 TK |
| | 12 | | 切除手动准同期开关 2QK |
| | 13 | | 检查旁路 290DL 三相合闸良好、充电正常 |
| | 14 | | 拉开旁路 290DL，绿灯亮 |
| | 15 | | 检查旁路 290DL 三相分闸良好 |
| | 16 | | 合上耿山北线 2653G 刀闸操作电源 ZK |
| | 17 | | 合上耿山北线 2651G 刀闸操作电源 ZK |
| | 18 | | 合上耿山北线 2655G 刀闸操作电源 ZK |
| | 19 | | 合上耿山北线 2655G 刀闸 |
| | 20 | | 检查耿山北线 2655G 刀闸三相合闸良好 |
| | 21 | | 投入旁路 290DL 同期开关 TK 至同期侧 |

续表 6-3

| √ | 顺序 | 注意 | 操作项目 |
|---|---|---|---|
| | 22 | | 投入手动准同期开关 2QK 至手动准同期侧 |
| | 23 | | 合上旁路 290DL,红灯亮 |
| | 24 | | 切开并取出旁路 290DL 同期开关 TK |
| | 25 | | 切除手动准同期开关 2QK |
| | 26 | | 检查旁路 290DL 三相电流平衡 |
| | 27 | | 拉开耿山北线 265DL,绿灯亮 |
| | 28 | | 检查耿山北线 265DL 三相分闸良好 |
| | 29 | | 拉开耿山北线 2653G 刀闸 |
| | 30 | | 检查耿山北线 2653G 刀闸三相分闸良好 |
| | 31 | | 拉开耿山北线 2651G 刀闸 |
| | 32 | | 检查耿山北线 2651G 刀闸三相分闸良好 |
| | 33 | | 切除耿山北线 2653G 刀闸操作电源 ZK |
| | 34 | | 切除耿山北线 2651G 刀闸操作电源 ZK |
| | 35 | | 切除耿山北线 2655G 刀闸操作电源 ZK |
| | 36 | | 检查耿山北线 2652G 刀闸三相分闸良好 |
| | 37 | | 更改模拟图板与实际一致 |
| | 38 | | 汇报值长:220 kV 旁路 290DL 代耿山北线 265DL 运行操作完毕 |
| 备 注 | | | |

操作人:__________　　　监护人:__________　　　值班负责人(值长):__________

### (四)母线停送电操作(倒母线操作)

如图 6-12 所示,运行方式为母线ⅠM、ⅡM 运行,母联断路器 260DL 及其两侧隔离开关 2601G、2602G 均合上,旁路断路器 290DL 断开,两侧隔离开关 2905G、2902G 合上,旁路母线热备用于ⅡM。映山线、渔山西线、耿山北线、源山南线和青山线接于ⅠM 母线运行,平山线、渔山东线、耿山南线和源山北线接于ⅡM 母线运行。ⅠM 母线停电的操作顺序见操作票(见表 6-4)。

表 6-4　×××发电厂操作票

分厂(站):__________　　　　编号:__________

| 发令人: | 受令人: | 发令时间:　　年　月　日　时　分 |
|---|---|---|
| 操作开始时间:　　年　月　日　时　分 | | 操作结束时间:　　年　月　日　时　分 |
| (　　)监护下操作 | (　　)单人操作 | (　　)检修人员操作 |
| 操作任务: | 220 kV Ⅰ母设备倒为Ⅱ母运行 | |

| √ | 顺序 | 注意 | 操作项目 |
|---|---|---|---|
| | 1 | | 得值守长令:220kV Ⅰ母设备倒为Ⅱ母运行 |
| | 2 | | 检查渔山东线 262DL 在Ⅱ母运行 |
| | 3 | | 检查平山线 264DL 在Ⅱ母运行 |
| | 4 | | 检查耿山南线 266DL 在Ⅱ母运行 |

续表 6-4

| √ | 顺序 | 注意 | 操作项目 |
|---|---|---|---|
| | 5 | | 检查源山北线 268DL 在Ⅱ母运行 |
| | 6 | | 检查旁路 290DL 在Ⅱ母上热备用 |
| | 7 | | 拉开母联 260DL 操作电源小刀闸 2DK |
| | 8 | | 取下母联 260DL 操作电源熔断器 3RD、4RD |
| | 9 | | 合上映山线 2612G 操作电源 ZK |
| | 10 | | 合上映山线 2612G |
| | 11 | | 检查映山线 2612G 三相合闸良好 |
| | 12 | | 切除映山线 2612G 操作电源 ZK |
| | 13 | | 合上渔山西线 2632G 操作电源 ZK |
| | 14 | | 合上渔山西线 2632G |
| | 15 | | 检查渔山西线 2632G 三相合闸良好 |
| | 16 | | 切除渔山西线 2632G 操作电源 ZK |
| | 17 | | 合上耿山北线 2652G 操作电源 ZK |
| | 18 | | 合上耿山北线 2652G |
| | 19 | | 检查耿山北线 2652G 三相合闸良好 |
| | 20 | | 切除耿山北线 2652G 操作电源 ZK |
| | 21 | | 合上太山南线 2672G 操作电源 ZK |
| | 22 | | 合上源山南线 2672G |
| | 23 | | 检查源山南线 2672G 三相合闸良好 |
| | 24 | | 切除源山南线 2672G 操作电源 ZK |
| | 25 | | 合上青山线 2692G 操作电源 ZK |
| | 26 | | 合上青山线 2692G |
| | 27 | | 检查青山线 2692G 三相合闸良好 |
| | 28 | | 切除青山线 2692G 操作电源 ZK |
| | 29 | | 合上映山线 2611G 操作电源 ZK |
| | 30 | | 拉开映山线 2611G |
| | 31 | | 检查映山线 2611G 三相分闸良好 |
| | 32 | | 切除映山线 2611G 操作电源 ZK |
| | 33 | | 合上渔山西线 2631G 操作电源 ZK |
| | 34 | | 拉开渔山西线 2631G |
| | 35 | | 检查渔山西线 2631G 三相分闸良好 |
| | 36 | | 切除渔山西线 2631G 操作电源 ZK |
| | 37 | | 合上耿山北线 2651G 操作电源 ZK |
| | 38 | | 拉开耿山北线 2651G |

续表 6-4

| √ | 顺序 | 注意 | 操作项目 |
|---|---|---|---|
| | 39 | | 检查耿山北线 2651G 三相分闸良好 |
| | 40 | | 切除耿山北线 2651G 操作电源 ZK |
| | 41 | | 合上源山南线 2671G 操作电源 ZK |
| | 42 | | 拉开源山南线 2671G |
| | 43 | | 检查源山南线 2671G 三相分闸良好 |
| | 44 | | 切除源山南线 2671G 操作电源 ZK |
| | 45 | | 合上青山线 2691G 操作电源 ZK |
| | 46 | | 拉开青山线 2691G |
| | 47 | | 检查青山线 2691G 三相分闸良好 |
| | 48 | | 切除青山线 2691G 操作电源 ZK |
| | 49 | | 检查旁路 2901G 三相确在断开位置 |
| | 50 | | 给上母联 260DL 操作回路保险 3RD、4RD |
| | 51 | | 合上母联 260DL 操作电源刀闸 2DK |
| | 52 | | 拉开母联 260DL,绿灯亮 |
| | 53 | | 检查母联 260DL 三相分闸良好 |
| | 54 | | 投母联 2601G 操作电源 ZK |
| | 55 | | 投母联 2602G 操作电源 ZK |
| | 56 | | 拉开母联 2601G |
| | 57 | | 检查母联 2601G 三相确已断开 |
| | 58 | | 拉开母联 2602G |
| | 59 | | 检查母联 2602G 三相确已断开 |
| | 60 | | 切母联 2601G 操作电源 ZK |
| | 61 | | 切母联 2602G 操作电源 ZK |
| | 62 | | 拉开 IMPT 二次侧空气开关 ZKKa、ZKKb、ZKKc |
| | 63 | | 取下 IMPT 二次回路同期保险 RD |
| | 64 | | 投 IMPT2018G 操作电源 ZK |
| | 65 | | 拉开 IMPT2018 |
| | 66 | | 检查 IMPT2018 三相确已断开 |
| | 67 | | 切 IMPT2018 操作电源 ZK |
| | 68 | | 更改模拟图板与实际设备一致 |
| | 69 | | 汇报值长:220 kV Ⅰ母设备倒为Ⅱ母运行操作完毕 |
| | 备 注 | | |

操作人:__________ 监护人:__________ 值班负责人(值长):__________

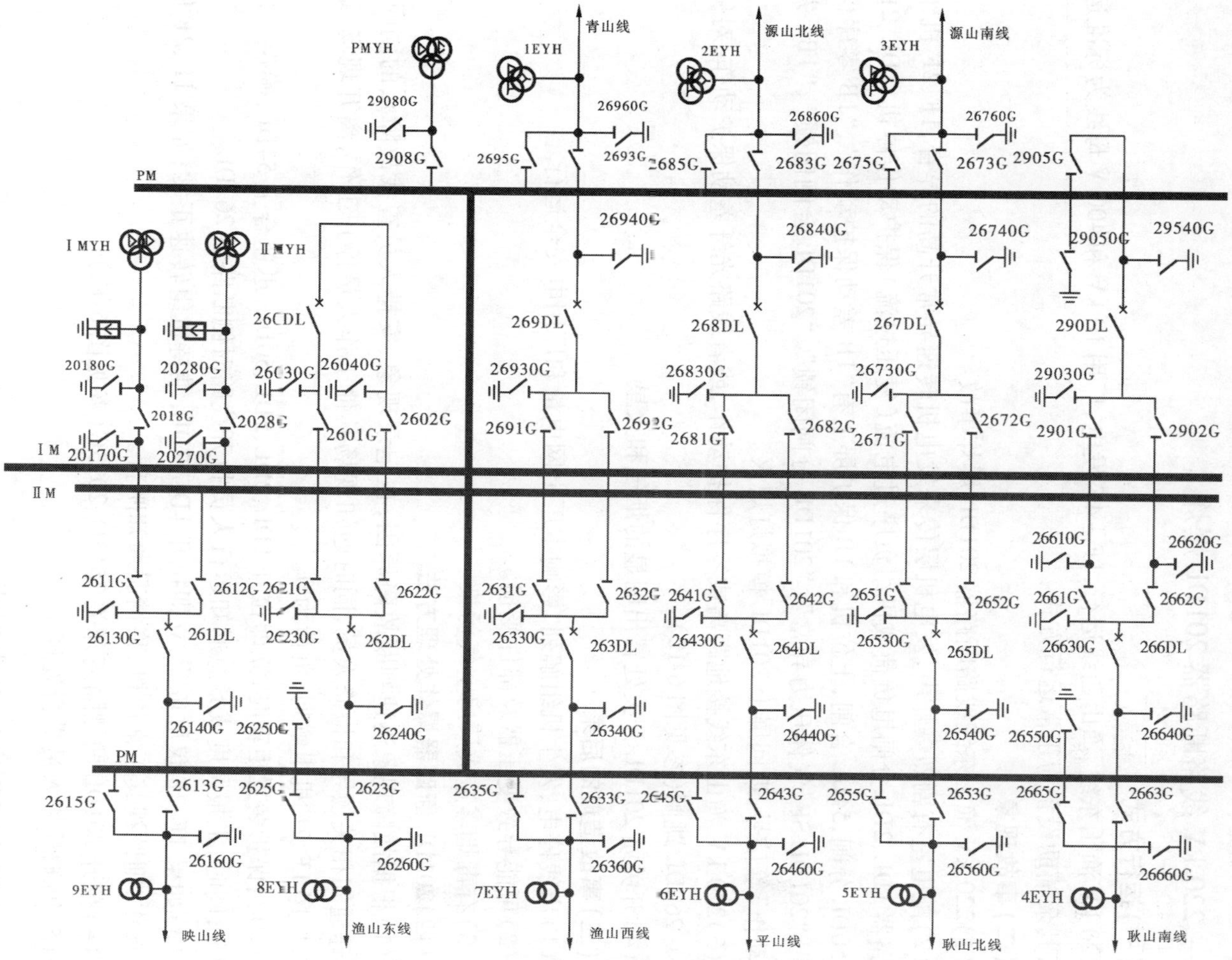

图 6-12　某开关站电气主接线图

## 第三节　电气主接线的事故处理

现以如图4-5所示的主接线为例，说明电气主接线事故处理。

### 一、220 kV线路断路器201DL爆炸

#### （一）运行方式

220 kV渔山东线、渔山西线运行，1F～4F发电，厂用10 kV和400 V母线为标准运行方式，其余辅助设备为正常运行方式。

#### （二）事故现象

（1）220 kV渔山东线线路断路器201DL爆炸事故。

（2）配电室有剧烈爆炸声，发电机层传来发电机转速异常升高的异音，1F、2F机组出口断路器1DL、2DL分闸甩负荷或机组负序过电流（复压过流）保护动作停机，1DL、2DL、5DL、50DL分闸，54DL合闸，上位机和1B保护屏上有"1B差动保护动作"、"1B零序保护动作"、"201DL $SF_6$ 气体压力异常"、"201DL分闸闭锁"、"201DL合闸闭锁"、"1Bc失压保护动作"等信号，返回屏上201DL模拟灯熄灭。

（3）220 kV渔山东线接地距离或零序保护动作，或者线路光纤差动保护动作，对侧线路开关262DL跳闸（参见图6-12）。

（4）开关站201DL开关处冒出明显的烟气和火星。

#### （三）事故造成的后果

（1）出线停电，发生机组解列，影响本厂上网电量和厂用电安全运行。

（2）可能导致变压器及部件受损。

（3）有毒烟雾造成厂房空气污染。

#### （四）201DL断路器爆炸处理方法

（1）根据故障现象迅速判断故障原因，在记录现象、安排人员查找故障点的同时，立即迅速通知相关领导和检修人员，同时通知现场其他工作人员停止工作，离开现场，通知闸首，厂房1F、2F机组解列，负荷为0。

（2）当保护装置拒动时，立即拉开1DL、2DL、5DL、50DL，迅速合上54DL，确保厂用电的安全；同时，汇报调度或紧急通知运行人员拉开线路对侧断路器262DL。

（3）如果1F、2F仅甩负荷，立即拉开1DL、2DL，维持机组转速正常；如果1F、2F保护已经动作，则监视其正常停机，将情况通知闸首。

（4）拉开201DL两侧隔离开关2513G、2013G（参见图6-12）。

（5）通知检修人员进行处理。

### 二、220 kV2B高压电缆着火

#### （一）运行方式

220 kV渔山东线、渔山西线运行，1F～4F发电，厂用10 kV和400 V母线为标准运行方式，其余辅助设备为正常运行方式。

**(二)事故现象**

(1)开关站方向有剧烈爆炸声,发电机层传来发电机转速异常升高的异音,3F、4F机组出口断路器3DL、4DL分闸甩负荷或机组负序过电流(复压过流)保护动作停机,3DL、4DL、6DL、60DL分闸,64DL合闸,上位机和2B保护屏上有“2B差动保护动作”、“2B零序保护动作”、“202DL $SF_6$ 气体压力异常”、“202DL分闸闭锁”、“202DL合闸闭锁”、2Bc失压保护动作等信号,返回屏上202DL模拟灯熄灭。

(2)220 kVⅠ母接地距离或零序保护动作,或者线路光纤差动保护动作,对侧263DL跳闸(参见图6-12)。

(3)开关站内202DL开关处冒出明显的烟气和火星。

**(三)事故造成的后果**

(1)机组停运,上网电量减少。

(2)主变停电,严重时造成厂用电中断。

(3)电缆烧损。

(4)有毒烟雾造成厂房空气污染。

**(四)事故处理**

(1)根据故障现象迅速判断故障原因,在记录现象、安排人员查找故障点的同时,立即迅速通知相关领导和检修人员,同时通知现场其他工作人员停止工作,离开现场,通知闸首,厂房3F、4F机组解列,负荷为0。

(2)当保护装置拒动时,立即拉开3DL、4DL、6DL、60DL,迅速合上64DL,确保厂用电的安全;同时,汇报调度或紧急通知运行人员拉开线路对侧断路器263DL。

(3)如果3F、4F仅甩负荷,立即拉开3DL、4DL,维持机组转速正常;如果3F、4F保护已经动作,则监视其正常停机,将情况通知闸首。

(4)拉开202DL两侧隔离开关2523G、2023G(参见图6-12)。

(5)组织人员进行灭火。

(6)组织进行事故现场的隔离和保护,在发电机出口装设三相短路接地线。

(7)通知检修人员进行处理。

# 复习思考题

## 一、名词解释

(1)什么是电气主接线?

(2)什么是倒闸操作?

(3)什么是正常运行方式?

(4)什么是非正常运行方式?

## 二、填空题

(1)电气设备的状态有________、________、________和________。

(2)停电时,应先断开________,再拉开________,最后拉开________。

(3)倒母线时必须先合入________,并取下________,以保证母线隔离开关在并、解列时满足等电位操作的要求。

(4)双绕组升压变压器停电时,应先拉开________,再拉开________,最后拉开两侧的隔离开关。

## 三、问答题

(1)电气主接线的运行方式是指什么?编制主接线的运行方式应遵守哪些原则?

(2)倒闸操作中应重点防止哪些误操作?

(3)正常情况下倒闸操作的一般程序是什么?

(4)旁路断路器代替线路断路器时应注意哪些问题?

(5)说明图6-12接线的正常运行方式。

## 四、分析操作题

(1)以图6-9为例,参考#71线路由运行转检修的操作票,写一张#71线路由检修转运行的操作票。

(2)以第四单元图4-5为例,写一张1B及13.8 kV Ⅰ段母线由检修转运行的操作票。

(3)以图6-12为例,写一张220 kV系统由单母线运行恢复为双母线正常运行的操作票。

# 第七单元
# 厂用电系统与厂用电动机的运行及事故处理

**主要岗位工作任务**

厂用电系统的操作，厂用电系统的事故处理，电动机的温度测量，电动机的起动操作，电动机运行中的巡视检查，电动机异常运行分析，电动机故障及其处理。

## 第一节　厂用电系统及其运行方式

水电厂的厂用电是指水电厂厂用电设备和厂用机械的用电。

水电厂厂用电的主要负荷有水轮发电机组的自用电、站内公用电、站外公用电等。

厂用电系统的安全可靠性对发电机组的安全、经济运行至关重要。一般情况下，厂用电源至少应有两个独立的电源，并设置有备用电源自动投入装置，在厂用电源中断的情况下，要求备用电源能迅速可靠投入运行。

### 一、厂用电系统的特点

#### （一）厂用电系统的特点

在水电站的厂用电系统中，为了保证厂用电源不致中断，厂用电一般常有两个以上的电源供电，有些重要的地方还有自备柴油发电机以保证厂用电的可靠性。当其中某一个供电线路发生故障而被继电保护断开后，所有接在此电路上的用户都失去电源，于是相应的用电设备便停止工作。为了提高供电可靠性，在供电线路被切断后，立即投入备用电源恢复对用户供电的自动装置称为备用电源自动投入装置，简称为 BZT( APD )装置。

通常情况下备自投装置有两种最基本而常用的备用方式，即明备用和暗备用。若两个电源平时都作为工作电源各带一部分自用负荷且均保留有一定的备用容量，当一个电源发生故障时，另一个电源承担全部负荷的运行方式，称为暗备用，也叫母联备自投，如图 7-1(a)所示；另一种方式是备用电源在正常情况下不运行，处于停电备用状态，只有在工作电源发生故障时才投入运行的备用方式，称为明备用，也叫线路备自投，如图 7-1(b)所示。

#### （二）对备自投装置的基本要求

（1）必须确认工作电源确实已断开，备用电源电压正常，BZT 装置方可动作。

（2）BZT 装置动作时间应尽可能缩短，以保证电动机的自起动。

（3）BZT 装置只允许动作一次，以避免备用电源投入到永久性故障母线上，保护装置动作跳闸后，若再次合闸，会造成更大的事故。

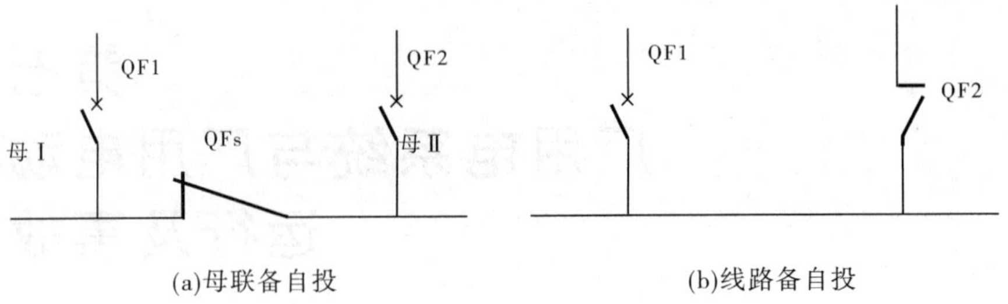


**图7-1　备自投装置的备用方式**

(4)当电压互感器的一相保险熔断时,BZT装置起动元件电压继电器不应动作。

(5)两路电源电压同时降低时,BZT装置不应动作。

**(三)厂用电系统负荷的分类及其特点**

厂用电系统负荷分为一类、二类、三类和事故保安负荷。

(1)一类负荷。短时停电就会造成设备损坏,危及人身安全、主机停运及大量影响出力的负荷。如压油泵,循环油泵等。

(2)二类负荷。允许短时停电,恢复供电后,不会造成生产紊乱的负荷。如水电厂的大部分电机负荷。

(3)三类负荷。较长时间停电都不会直接影响生产。如照明及普通动力负荷。

(4)事故保安负荷。在事故或紧急停机过程中仍必须保证供电的负荷。如负责机组开停的监控系统负荷。

## 二、厂用系统的接线及运行方式

**(一)厂用电系统接线**

某水电厂厂用电系统采用两级电压供电,分别为10 kV系统和400 V系统(参照第四单元图4-6)。

10 kV系统分为三段母线。10 kVⅠ段母线电源取自主接线图(见第四单元图4-5)中的发电机出口13.8 kVⅠ段母线,10 kV Ⅱ段母线电源来自某站10 kV的#73线路,10 kV Ⅲ段母线电源取自主接线图(见图4-5)中的发电机出口13.8 kV Ⅱ段母线。在10 kV Ⅱ段母线和10 kV Ⅰ段母线的联络断路器54DL处设有备用电源自动投入装置11BZT,在10 kV Ⅱ段母线和10 kV Ⅲ段母线的联络断路器64DL处设有备用电源自动投入装置12BZT。10 kV系统备用电源自动投入装置11BZT、12BZT采用明备用方式,10 kV Ⅰ段和Ⅲ段作为工作母线,10 kV Ⅱ段为备用电源母线。

400 V系统分为三段母线,其中400 V Ⅰ段、400 VⅡ段为动力母线,另一段为照明母线。400 V动力系统备用电源自动投入装置21BZT采用暗备用方式,相应两段母线互为备用。照明系统备用电源自动投入装置22BZT采用暗备用方式,但工作母线为400 V照明段,备用母线为400 V Ⅱ段,不能互为备用。

**(二)厂用电系统的运行方式**

1. 厂用电系统的正常运行方式

(1)10 kV系统。10 kVⅠ、Ⅱ、Ⅲ段母线分段运行。其中,10 kV Ⅰ段母线由1Bc供电,10 kVⅢ段母线由2Bc供电,10 kV Ⅱ段母线带电备用。母线联络断路器54DL、64DL断开备用。10 kVⅠ段、10 kV Ⅱ段母线之间的备用电源投入装置11BZT及10 kV Ⅱ段、10 kV Ⅲ段母线之间的备用电源投入装置12BZT均在投入位置。

(2)400 V系统。400 VⅠ段、400 V Ⅱ段、照明段母线分段运行,400 V Ⅰ段由3Bc供电,400 V Ⅱ段母线由4Bc供电,照明段母线由5Bc供电。其中,400V Ⅰ段、400 V Ⅱ段母线互为备用,备用电源投入装置21BZT切换开关QK在投入位置,联络开关D5断开备用,联络刀闸P5在合闸位置;400 V Ⅰ段母线同时为照明段母线的备用电源,备用电源投入装置22BZT切换开关QK在投入位置,联络开关D8断开备用,联络刀闸P8在合闸位置。

2. 厂用电系统的特殊运行方式

(1)10 kV系统。如10 kV Ⅰ(10 kV Ⅲ)段母线工作电源消失后,母线失压,通过11BZT(12BZT)跳开进线开关5DL(6DL),合上10 kV Ⅰ(10 kV Ⅲ)段联络开关54DL(64DL),将电源倒为10 kV Ⅱ段带10 kV Ⅰ(10 kV Ⅲ)段联络运行。

(2)400 V系统。如400 V Ⅰ(400 V Ⅱ)段母线工作电源消失后,母线失压,通过21BZT跳开进线开关D4(D6),合上400 VⅠ段、400 V Ⅱ段联络开关D5,将电源倒为400 V Ⅱ(400 V Ⅰ)段带400 V Ⅰ(400 V Ⅱ)段联络运行。

如400 V照明段母线工作电源消失后,母线失压,通过22BZT跳开进线开关D7,合上400 V Ⅰ、400 V照明段联络开关D8,将电源倒为400 V Ⅰ段带400 V照明段联络运行。

# 第二节　厂用电系统的操作及事故处理

## 一、厂用电系统的操作注意事项

现以第四单元图4-6所示的厂用电系统为例,讲述厂用系统的操作及事故处理。

(1)10 kV系统的正常倒闸操作必须在事前取得上级领导的同意后执行,400 V系统的运行方式则可由当值值长根据安全、可靠和经济的原则决定。

(2)厂用电系统在进行倒闸操作时,应先停后送,严禁环网并列和非同期合闸。

(3)10 kV Ⅰ、10 kV Ⅲ段母线严禁并列运行。

(4)400 V各段母线之间严禁并列运行。

## 二、厂用电系统的操作

(1)厂用电400 VⅠ段由3Bc倒为4Bc供电,操作顺序见操作票(表7-1)。

表 7-1　×××发电厂操作票

分厂(站):＿＿＿＿＿　　　　　　　　编号:＿＿＿＿＿

| 发令人: | 受令人: | 发令时间:　　年　月　日　时　分 |
|---|---|---|
| 操作开始时间:　　年　月　日　时　分 | | 操作结束时间:　　年　月　日　时　分 |
| (　　)监护下操作 | (　　)单人操作 | (　　)检修人员操作 |
| 操作任务: | 厂用电 400 V Ⅰ段由 3Bc 倒为 4Bc 供电 | |

| √ | 顺序 | 注意 | 操作项目 |
|---|---|---|---|
| | 1 | | 得值长令:厂用电 400 V Ⅰ段由 3Bc 倒为 4Bc 供电 |
| | 2 | | 检查 21BZT QK 开关在投入位置 |
| | 3 | | 打开 3Bc 失压保护压板 3LP |
| | 4 | | 检查 D5 开关在拉开位置 |
| | 5 | | 检查 P5 刀闸在合闸位置 |
| | 6 | | 拉开 D4 开关,绿灯亮 |
| | 7 | | 视 D5 开关自动合上,红灯亮 |
| | 8 | | 检查 0.4 kV Ⅰ段三相电压正常 |
| | 9 | | 复归"21BZT 动作"信号 |
| | 10 | | 置 21BZT QK 开关于切除位置 |
| | 11 | | 给上 3Bc 失压保护压板 3LP |
| | 12 | | 恢复倒厂用电所停设备 |
| | 13 | | 更改模拟图与实际一致 |
| | 14 | | 汇报值长:厂用电 400 V Ⅰ段由 3Bc 倒为 4Bc 供电操作完毕 |
| 备注 | | | |

操作人:＿＿＿＿＿　　　监护人:＿＿＿＿＿　　　值班负责人(值长):＿＿＿＿＿

(2)厂用电 10 kV Ⅰ段由#73 线路倒至 1Bc 供电,操作顺序见操作票(表 7-2)。

表 7-2　×××发电厂操作票

分厂(站):＿＿＿＿＿　　　　　　　　编号:＿＿＿＿＿

| 发令人: | 受令人: | 发令时间:　　年　月　日　时　分 |
|---|---|---|
| 操作开始时间:　　年　月　日　时　分 | | 操作结束时间:　　年　月　日　时　分 |
| (　　)监护下操作 | (　　)单人操作 | (　　)检修人员操作 |
| 操作任务: | 厂用电 10 kV Ⅰ段由#73 线路倒至 1Bc 供电 | |

| √ | 顺序 | 注意 | 操作项目 |
|---|---|---|---|
| | 1 | | 得值长令:厂用电 10 kV Ⅰ段由#73 线路倒至 1Bc 供电 |
| | 2 | | 检查 50DL 在拉开位置 |
| | 3 | | 合上 5DL,红灯亮 |

续表 7-2

| √ | 顺序 | 注意 | 操作项目 |
|---|---|---|---|
| | 4 | | 现地检查 5DL 合闸正常 |
| | 5 | | 检查 11BZT 在切除位置 |
| | 6 | | 切除 3Bc 失压保护压板 3LP |
| | 7 | | 拉开 54DL,绿灯亮 |
| | 8 | | 迅速合上 50DL,红灯亮 |
| | 9 | | 置 11BZT QK 开关于投入位置 |
| | 10 | | 给上 3Bc 失压保护压板 3LP |
| | 11 | | 现地检查 54DL 拉开正常 |
| | 12 | | 现地检查 50DL 合闸正常 |
| | 13 | | 恢复倒厂用电所停设备 |
| | 14 | | 更改模拟图与实际一致 |
| | 15 | | 汇报值长:厂用电 10 kV Ⅰ段由#73 线路倒至 1Bc 供电操作完毕 |
| 备注 | | | |

操作人:__________　　监护人:__________　　值班负责人(值长):__________

(3)做 400V Ⅰ段 21BZT 试验,操作顺序见操作票(表 7-3)。

## 三、厂用电系统的故障和事故处理

### (一)厂用电系统的故障和事故处理原则

(1)根据仪表(上位机)的显示、设备异常现象和外部征象判断故障或事故确已发生。

(2)在值长的统一指挥下,采取有效措施遏制故障或事故的发展,恢复设备的安全稳定运行,并按照设备的管理权限,及时将处理情况向相应的管理部门汇报。

(3)当系统发生电压和(或)频率降低时,应及时切除一些不重要的二类负荷(如全厂通排风机等);当电压和(或)频率的继续降低并严重威胁到厂用电的安全时,应与调度联系,拉开图 4-5 中的高压侧断路器 201DL(202DL)与系统解列,由发电机带厂用电运行。解列频率的规定值为 46 Hz。

(4)当厂用电全部中断时,运行人员应采取一切有效措施,恢复厂用电的运行,防止事故扩大。厂用电中断的时间不宜超过 10 min,否则应有序退出运行中的机组。

### (二)厂用电系统的故障和事故处理

1. 备用电源自动投入后跳闸

现象:①主供母线所在变压器保护动作;②备用电源自动投入后又跳闸。

处理:

(1)切除 BZT 装置。

**表7-3　×××发电厂操作票**

分厂（站）：__________　　　　　　　　　　　　　　　　　　　　　编号：__________

| 发令人： | 受令人： | 发令时间：　　年　月　日　时　分 |
|---|---|---|
| 操作开始时间：　　年　月　日　时　分 | | 操作结束时间：　　年　月　日　时　分 |
| （　　）监护下操作 | （　　）单人操作 | （　　）检修人员操作 |
| 操作任务： | 做400 VⅠ段21BZT试验 | |

| √ | 顺序 | 注意 | 操作项目 |
|---|---|---|---|
| | 1 | | 得值长令：做400 VⅠ段21BZT试验 |
| | 2 | | 检查400 VⅡ段三相电压正常 |
| | 3 | | 检查21BZT QK开关在投入位置 |
| | 4 | | 打开3Bc失压保护压板3LP |
| | 5 | | 检查D5开关在拉开位置 |
| | 6 | | 检查P5刀闸在合闸位置 |
| | 7 | | 拉开D4开关，绿灯亮 |
| | 8 | | 视D5开关自动合上，红灯亮 |
| | 9 | | 检查400 VⅠ段三相电压正常 |
| | 10 | | 复归21BZT信号 |
| | 11 | | 置21BZT QK开关于切除位置 |
| | 12 | | 拉开D5开关，绿灯亮 |
| | 13 | | 迅速合上D4开关，红灯亮 |
| | 14 | | 检查400 VⅠ段三相电压正常 |
| | 15 | | 置21BZT QK开关于投入位置 |
| | 16 | | 给上3Bc失压保护压板3LP |
| | 17 | | 恢复倒厂用电所停设备 |
| | 18 | | 更改模拟图与实际一致 |
| | 19 | | 汇报值长：400 VⅠ段21BZT试验操作完毕 |
| 备　注 | | | |

操作人：__________　　　　　监护人：__________　　　　　值班负责人（值长）：__________

(2)拉开主供母线上连接的所有断路器和隔离开关。

(3)对主供母线及其所连接的设备进行外观检查,发现故障点立即排除。

(4)按要求摇测主供母线所在变压器、主供母线及其连接线路的绝缘电阻。

(5)上述检查无异常,汇报上级领导同意后,用主供母线所在的变压器对母线试送电一次,成功后逐一带上无异常的各路负荷并投入备用电源自动投入装置。若试送电失败应查明原因,在未查明原因前不得再次送电。

2. 10 kV系统单相接地

现象:①单相接地信号出现;②三相对地电压不平衡。

处理:

(1)测量10 kV系统三相对地电压,判断接地原因、性质:若一相电压为零,另两相升高为10 kV左右,则发生了单相完全接地,对地电压为零相为接地相;若一相电压降低但不为零,另两相升高但不相等,则发生了单相不完全接地,对地电压降低相为接地相;若一相电压降低,另两相电压基本不变,则可能是电压互感器高压侧熔断器熔断了一相,对地电压降低相熔断器熔断;若两相电压或三相电压均升高,且电压互感器内部有"咝咝"声,则可能是电压互感器发生了铁磁谐振。

(2)若发生单相接地,应汇报上级领导后,按负荷的重要程度,先轻后重,依次切断各馈线断路器进行分割选择,判明接地部位,并按其规定及时停电处理,

(3)若发生电压互感器高压侧熔断器熔断一相,则在切除相应的BZT装置后可以将电压互感器拉至检修位置更换熔断器,然后再将电压互感器推进工作位置,测量电压正常后投入BZT装置。

(4)若发生电压互感器铁磁谐振现象,应汇报上级领导,并通过拉合馈线断路器改变系统参数的方式进行消除。

## 第三节 异步电动机的运行方式

在工农业生产的各行各业中,大量使用各种类型的电动机,而其中绝大部分是鼠笼式异步电动机。因此,掌握鼠笼式异步电动机的操作、运行管理及异常和事故处理十分重要。

### 一、电动机的运行方式

电动机的运行方式大致可分为:正常运行方式(一般指额定运行方式)、异常运行方式和事故运行方式三类。

**(一)电动机的正常运行方式**

(1)电动机的正常运行方式。电动机在该运行方式下,各种运行参数都在允许范围内。如加在电动机上的电压等于额定电压,流过电动机的电流不大于额定电流,电动机的输出功率不大于额定功率。除上述电气参数外,在正常运行方式下,还要求电动机的温度、温升以及振动等均不得超过其允许值(一般情况下都明显小于其允许值)。

一台合格的电动机在正常运行方式下,可以长期、连续运行。

(2)电动机的额定运行方式。额定运行方式是正常运行方式的一种特例。电动机的

各种电气运行参数(电压、电流及功率等)均为额定值;而电动机的温度、温升以及振动等均不得超过允许值。

在额定运行方式下,电动机的效率最高。因此,应尽量使电动机处于额定运行状态。

(3)电动机的空载运行方式。电动机的空载运行方式,也是正常运行方式的一种特例,是指电动机不带负载(即负载为零)的一种运行方式。

**(二)电动机的异常运行方式**

电动机的异常运行方式是指电动机在运行中,某一项(或若干项)参数超过允许值的一种运行方式。如加在电动机上的电压不等于额定电压;电动机的电流超过额定电流;电动机的输出功率大于额定功率等;或者电动机的温度、温升以及振动等超过允许值。

异常运行会缩短电动机的使用寿命。大多数情况下,异常运行得不到及时处理,会转化为事故。因此,机电运行人员应密切监视电动机的运行状态,一旦发现异常运行现象应及时处理,防止转化为事故。

**(三)电动机的事故运行方式**

电动机的事故运行方式是指运行中的电动机的某一项(或若干项)参数超过允许值的程度已达到足以使电动机损坏的程度。

电动机的事故主要分为短路、断线、绝缘击穿等电气事故以及各种机械故障(如轴承损坏、转子断裂和电动机扫膛,即定子与转子相摩擦等)。

只要电动机的保护配置合理、动作正常,电动机一旦发生事故,保护装置就会动作自动停机。因此,从某种意义上来讲,电动机不存在事故运行方式。但是,电动机总是在发生事故以后保护才动作停机的,而且分析和处理事故,防止事故的进一步扩大是机电运行人员所必须掌握的知识。因此,在本书中,把电动机的事故作为一种运行方式。

## 二、电动机的绝缘电阻允许值

电动机绕组的导体与导体间、绕组与绕组间以及绕组与铁芯间均有对应的绝缘要求。在电动机制造、安装的相应环节,都应测量电动机的绝缘电阻,以作为判定电动机的制造质量和安装质量,此外,长期停运的电动机有可能因受潮等使电动机的绝缘下降。因此,为检查电动机是否因绝缘下降而发生相间或相对地(如外壳、铁芯等)短路或接地,电动机在投入运行前,运行人员应测量其绝缘电阻。

交付运行的电动机的绝缘电阻要求如下:

(1)额定电压为380 V的电动机的绝缘电阻:不小于0.5 MΩ(用500 V摇表测量)。

(2)额定电压大于等于3 kV的电动机的绝缘电阻:每千伏不小于1 MΩ(用1 000 V摇表测量)。

(3)绝缘电阻低于允许值,电动机不允许投入运行。

## 三、电动机对运行参数的要求

电动机要能正常工作,对电源电压、频率有一定的要求。电动机在运行中,加在电动机定子绕组上的电压最好是额定电压,频率是额定工频(50 Hz)。然而,电网电压和频率总是在一定范围内变化的,因此加在电动机上的电压并非是固定不变的,但电动机对电源电压、频率的变化范围有一定的要求，电源电压、频率超出了要求范围，电动机就会进入异常运行状态，严重时会发生事故。

**（一）电源电压大小的要求**

要求电源电压在 -5% ~ +10% 的额定电压范围内。当电源频率在允许范围内，电源电压在 -5% ~ +10% 的额定电压范围内变化时，电动机的额定带负载能力不受影响。电源电压下降超过额定电压的 -5%，会使电动机转差率增加，转子感应电动势增加，转子电流增加，从而引起定子电流的增加，于是电动机绕组的温度就会上升（有可能超过允许值），对电动机的正常运行不利。所以，要求电动机所接的电源电压不得低于额定电压的5%。若电源电压升高超过额定电压的10%，则会引起铁芯的深度饱和，使激磁电流急剧上升，定子铁芯的温度也随之急剧上升，这样，由于铁损产生的高温，就会影响电动机的绝缘水平和使用寿命。因此，电动机所加的电源电压不得超过额定电压的10%。

**（二）电源频率的要求**

要求电源频率偏离额定频率的范围在 ±0.5 Hz 范围内。当电源电压在允许范围内，电源频率在偏离额定频率 ±0.5Hz 范围内时，电动机额定带负载能力不受影响。频率过低，将使电动机的定子电流增加、功率因数下降、效率降低和温度升高。所以，电源频率过低是不允许电动机投入运行的。频率升高亦会对电动机带来不利的影响。但在目前的电力系统中，频率升高到超过允许值的情况已很少发生，故在此不再分析。

**（三）相间电压不平衡性要求**

要求相间电压的不平衡度不超过5%。当其他各项参数满足要求时，只要相间电压的不平衡度不超过5%，电动机的额定带负荷能力不变。电压不平衡的原因，主要是由于电源电压不对称引起的，电压不平衡会导致电动机磁通不对称分布，引起电动机局部发热，并使电动机振动增加。严重情况下会损坏电动机。

**（四）相间电流不平衡性要求**

当其他各项参数满足要求，只要相间电流的不平衡度不超过10%，并且任何一相电流值不超过额定值时，电动机的额定带负载能力不变。三相电流不平衡，往往是由于负荷（如电动机）不对称引起的，三相电流不平衡会导致电动机磁通不对称分布，引起电动机局部发热，并使电动机振动增加。严重情况下会损坏电动机。

**（五）对电流的要求**

要求电流不大于电动机的额定电流。

上述各项要求中，电源频率主要由电力系统决定，用户较难干预；电压的大小除主要由电力系统决定外，用户可通过调整用户变压器的分接头或无功补偿程度（若装设有无功补偿装置的话）来进行调节；至于相间电压不平衡性和相间电流不平衡性超过要求，往往说明电动机或其供电回路异常或故障。在运行中，电动机最易发生的是电流超过额定值，即电动机过载运行，因此运行人员在对上述参数进行监视时，应重点监视电动机的电流，防止电动机过载运行。

根据经验，若接于同一配电系统中的其他电动机三相电压正常，而某台电动机的三相电压不正常（一般是某一相或两相偏低），往往是该电动机的一次供电回路有接触不良现象（电缆连接不良、开关接触不良等）。在电动机的三相电压正常的情况下，若出现三相电流不平衡,则往往是该电动机的一次供电回路有接触不良现象,如电缆连接不良、开关接触不良等,或者是电动机内部有断线(断线相电流偏小,甚至为零)或局部短路现象(局部短路相电流偏大);若出现电动机的三相电流均超过允许值,则往往是负载偏大,此时要设法减小电动机的负载,使电动机的负载在额定负载范围内。

## 四、电动机的允许温度及温升

电动机在运行中,总是存在铁损(由磁通引起)和铜损(电阻损耗),铁损和铜损都会转化为热量,从而引起电动机温度升高。因此,运行人员应密切监视运行中的电动机的温度及温升,防止电动机的温度或温升超过允许值。

### (一)电动机发热的原因及危害

电动机在运行中,其定子绕组和转子绕组中均有电流流过,由于定子绕组和转子绕组中都有电阻的存在,因此电流流过绕组就会在电阻上产生功率损耗(铜损),这部分功率损耗全部转化为热量。另外,电动机在运行中,定子铁芯和转子铁芯中存在着磁通,都会使电动机产生铁芯损耗(铁损),铁芯损耗也都转化为热量。铁损和铜损属于电气损耗。此外,电动机在转动时,由于轴承的摩擦,风扇与空气的阻力摩擦都将产生机械损耗,其大小由电动机的转速决定。转速越快,机械损耗越大。机械损耗也都转化为热量。电气损耗和机械损耗都将转化为热量,从而使电动机的温度上升。

此外,电动机在运行中虽然温度相同,但在不同的环境温度下,其温升并不相同。温升比温度更能反映出电动机的发热量,从而更能反映出电动机的异常和故障。

所谓温升,就是电动机的温度与周围环境介质温度的差值。

综上所述,电动机在运行中所产生的电气损耗和机械损耗都以热能的形式表现出来,都将转化为热量,从而使电动机的温度上升。由于电动机的绝缘材料在高温的作用下加速老化、变脆、开裂,从而导致电动机绝缘的下降。过分的高温会使电动机的绝缘当即损坏,从而造成电动机绕组间或绕组对铁芯(或外壳)间的绝缘击穿,损坏电动机。所以,对运行中的电动机应密切监视其温度和温升。电动机在运行中,既不能使温度超过允许值,也不能使温升超过允许值。

### (二)电动机温度和温升的测量和计算

电动机的额定出力是由制造厂规定的。其允许值是在周围环境介质温度(计算值有35 ℃和40 ℃两种)下设计的。温度和温升直接影响电动机的出力。电动机各部分的温度的测量方法,有电阻测量法、温度计测量法等。日常工作中,人们还常用手感法来大致判断电动机的温度。

在一般的日常运行监视中,因电阻法测量比较麻烦,较少使用,只有在有特别要求的情况下才使用。在日常运行管理中,运行人员判断电动机温度或温升(用测量的温度减去周围环境温度即可)往往是先用手感法来大致判断电动机的温度,当怀疑温度或温升有可能超过允许值时,再用温度计法进行测量计算。三相异步电动机最高允许的温度和温升见表7-4。

表 7-4　三相异步电动机最高允许的温度和温升(环境温度为 40 ℃)

| 电动机部位 | A 级绝缘 | | | | E 级绝缘 | | | | B 级绝缘 | | | | F 级绝缘 | | | |
|---|---|---|---|---|---|---|---|---|---|---|---|---|---|---|---|---|
| | $T$ | | $\theta$ | | $T$ | | $\theta$ | | $T$ | | $\theta$ | | $T$ | | $\theta$ | |
| | $t$ | $R$ | $t$ | $R$ | $t$ | $R$ | $t$ | $R$ | $t$ | $R$ | $t$ | $R$ | $t$ | $R$ | $t$ | $R$ |
| 定子绕组 | 95 | 100 | 55 | 60 | 105 | 115 | 65 | 75 | 110 | 120 | 70 | 80 | 125 | 140 | 85 | 100 |
| 定子铁芯 | 100 | 100 | 50 | 60 | 105 | 115 | 65 | 75 | 110 | 120 | 70 | 80 | 125 | 150 | 85 | 100 |
| 滑动轴承 | 80 | 100 | 40 | 60 | 80 | 115 | 40 | 75 | 80 | 100 | 40 | 80 | 80 | 140 | 45 | 100 |
| 滚动轴承 | 95 | 100 | 55 | 60 | 95 | 115 | 55 | 75 | 95 | 120 | 55 | 80 | 95 | 140 | 55 | 100 |

注:(1)$t$ 为用温度计法进行测量;$R$ 为用电阻法测量;$T$ 为最高允许的温度,℃;$\theta$ 为最大允许温升,℃。

(2)对于滚动轴承的允许温度,还与轴承所用的润滑脂有关,对于某一特定的润滑脂,超过一定温度,润滑脂会溶化。

1. 电阻法

先用电桥测量出电动机绕组的冷态(即电动机温度与周围环境介质温度一致的状态,该状态下电动机不产生热量)直流电阻 $R_1$,再测量出电动机绕组的热态(即电动机处于运行中的状态,该状态下电动机产生热量)直流电阻 $R_2$,最后利用式(7-1)计算电动机绕组的温升值 $\theta$。

$$\theta = \frac{R_1 - R_2}{R_1}(t - K) \tag{7-1}$$

式中:$\theta$ 为绕组的温升值,℃;$t$ 为周围环境的温度,℃;$K$ 为温度系数(铜线:$K = 235$;铝线:$K = 228$)。

用电阻法测量后计算出来的温升加上 5 ℃,就是电动机绕组最热点的温升。

2. 温度计测量法

用酒精温度计测量,将温度计插入电动机的吊装孔内进行。用温度计测量出来的温度,再加上 10 ℃,就是电动机绕组最热点的温度,用此温度减去周围环境温度就是最大温升。

3. 手感测量法

所谓手感测量法,就是用手去触摸电动机的各个部位来感测温度的一种方法。这种方法虽然精度不高(其精度与运行人员的经验有密切关系),但却是日常运行中最常用、最简便,同时也最需要经验的一种温度测量法。因此,作为运行人员应经常用手去触摸电动机的各个部位来感测温度,以提高自己的运行经验。此外,手感法还可用来大致判断电动机的振动情况。

电动机在运行中允许的温度和温升如表 7-4 所示。

需要注意的是,当温度突然变化(一般是升高)时,即使电动机的温度和温升并没有超过允许值,也往往预示着电动机存在异常或故障。因此,当运行人员在巡视中发现电动机的温度突然升高时,应加强监护,分析原因、找到原因,并采取相应的措施,直到停止运行。

## 五、环境温度对电动机性能的影响

环境温度对电动机带负载的能力具有很大的影响。电动机的出力,也即电动机带负载的能力并不总是按电动机的额定出力来衡量的，它受多种因素的影响，即使是一台完全合格的电动机，其带负载的能力也要受到环境温度的影响。通常所说的额定功率，是指电动机在周围冷却空气的温度为额定值(40 ℃)，以及电源电压、频率也为额定值的情况下，电动机在确保正常寿命的前提下所能达到的出力。如前所述，电动机要保证正常的使用寿命且能安全运行，电动机的温度及温升都不能超过允许值，否则就会使电动机的绝缘加速老化甚至损坏。电动机某部位的温度和温升的关系如下：

$$t = t_0 + \theta \tag{7-2}$$

式中：$\theta$ 为电动机某部位的温升值，℃；$t_0$ 为周围环境的温度，℃；$t$ 为电动机某部位的温度，℃。

当电动机在出力不变的情况下，其某部位的温升 $\theta$ 基本恒定(或变化很小)，这时，若周围环境温度 $t_0$ 上升，则电动机某部位的温度 $t$ 也跟着上升，在同样出力的情况下，电动机某部位的温度 $t$ 就有可能超过允许值。为了保证电动机某部位的温度不超过允许值，只有降低电动机的允许温升，从而降低电动机的出力。因此，当周围环境温度高于设计温度时，电动机应当降低出力；同样，当周围环境温度低于设计温度时，电动机允许适当提高出力。当周围环境温度变化时电动机的定子电流(在电压不变时，电动机的定子电流允许值与出力基本成正比)可参照表 7-5 运行。

**表 7-5　周围环境温度变化时电动机定子电流允许值**

| $t$ (℃) | 25 及以下 | 30 | 35 | 40 | 45 | 50 |
|---|---|---|---|---|---|---|
| $I/I_N$ (%) | 108 | 106 | 104 | 100 | 94 | 86 |

注：$t$ 为电动机周围环境温度；$I/I_N$ 为电动机定子电流允许值与额定值电流之比。

值得注意的是，如因周围环境温度低于设计温度而提高电动机的出力，电动机的温升就有可能超过允许值，使电动机各部分的温差加大。温升超过过高，会使电动机各部分的温差过大，而过大的温差又会使电动机各部位的应力过分增大，从而导致电动机使用寿命的减少甚至损坏。因此，根据运行经验，在没有必要的情况下，即使电动机周围环境温度低于设计温度，也不要轻易提高电动机的出力；但当周围环境温度高于设计温度时，则必须降低电动机的出力，以保证电动机的安全运行及正常使用寿命。

当运行中发现电动机的温度或温升超过允许值，而又因生产的需要无法降低负荷时，可采用加强通风冷却的方式来降低电动机的温度和温升，以保证正常生产。但这时应密切监视电动机的温度和温升，确保安全。

## 六、电动机的振动允许值

电动机在运行中，因电磁场的不平衡或机械负荷的不平衡，会产生振动。振动超过一定程度，就有可能损坏电动机。因此，运行人员应注意观察运行中的电动机的振动情况，发现异常及时处理。电动机振动的允许值与电动机的额定转速有密切关系。电动机振动(轴承处的振动双振幅值)允许值不得大于表 7-6 中所列的数值。

表 7-6　电动机振动最大允许值

| 电动机额定转速(r/min) | 3 000 | 1 500 | 1 000 | 750 |
|---|---|---|---|---|
| 径向振动双振幅值(mm) | 0.050 | 0.085 | 0.100 | 0.120 |
| 轴向串动值(mm) | 4.000 | 4.000 | 4.000 | 4.000 |

注:(1)径向振动:垂直于电动机转轴方向的振动。
(2)轴向串动:顺轴方向的串动。

此外,电动机的振动与电动机定、转子之间的空气间隙及空气间隙的平衡度有密切关系。而电动机空气间隙及其平衡度的调整属于制造厂家、安装人员或检修人员的工作,考虑到本书的篇幅,在此不再讨论。

## 第四节　异步电动机的操作及运行维护

### 一、电动机的起动

当异步电动机接入电源,转子从静止状态开始旋转,升速到稳定运行的某一转速,这一过程称为电动机的起动。起动性能是评价电动机性能好坏的主要指标之一。

#### (一)电动机的起动电流

异步电动机在起动瞬间,因转子尚未转动,转差率 $s = 1$,电动机的转子电流和定子电流(称为起动电流)都达到最大值(等于电动机堵转时的电流)。电动机的起动电流可达到额定电流的 4 ~7 倍。随着电动机转速的提高,起动电流迅速下降。电动机起动过程所需的时间在十几秒。过大的起动电流会引起电动机所在电网电压的显著下降,从而影响同电网其他电气设备的正常运行。因此,在某些情况下(如电动机容量在电网中所占比例过大),有必要限制电动机的起动电流。对鼠笼式异步电动机来说,常用的限制起动电流方法是采用降压起动。

#### (二)电动机的起动方式

本书主要介绍鼠笼式异步电动机的起动方式,鼠笼式异步电动机的起动方式主要有直接起动、降压起动、变频起动等三种。

1. 直接起动

直接起动就是通过开关电器将电动机直接投入到具有额定电压的电源上的起动方式。由于这时施加到电动机上的是额定电压,故又称为全压起动。

直接起动虽然起动电流较大,但可以缩短电动机的起动时间,而且一般情况下,电动机的起动过程不会太长,所以起动电流对电动机本身不会引起破坏作用,但起动电流会引起所在电网电压的下降(下降程度不仅与电动机起动电流的大小有关,还与所在电网的结构、容量以及阻抗等参数有关)。因此,能否采用直接起动,主要考虑的是电力系统中引起的电压降大小。一般情况下,只要直接起动的起动电流在电力系统中引起的电压降不超过 10% ~15%,就可以采用直接起动。

在各种起动方式中,直接起动方式操作最简单,投资及维护成本最低,因此在可能的情况下应优先考虑采用直接起动方式。

2. 降压起动

当供电变压器的容量较小,而电动机的起动电流又相对较大,直接起动引起的电压降有可能使同一电网其他电气设备无法正常工作时,就要采用能降低起动电流的起动方式,如降压起动、变频起动等。

所谓降压起动方式,就是在电动机起动时,采用某一种方法,使电动机定子绕组上所加的电压低于额定电压,从而减小电动机起动电流的一种起动方式。常用的降压起动方式主要有:①定子回路串接电抗器降压起动;②星形—三角形起动;③自耦变压器降压起动等。下面分别加以叙述。

(1)定子回路串接电抗器降压起动。这种降压起动方法的原理比较简单,起动时在电动机定子回路中串入电抗器,利用定子电流在电抗器上产生的压降来起分压的作用,使电动机绕组实际承受的电压降低,从而减小起动电流。电动机起动完毕,应切除电抗器,使电动机恢复到额定电压运行。

(2)星形—三角形起动(Y—△起动)。这种起动方式仅适用于正常运行时电动机的定子绕组采用三角形接法的电动机。

其具体方法是:起动时用开关电器(星形—三角形转换器)将定子绕组临时改接成星形(Y)接法,使电动机每相绕组承受的电压为相电压(线电压等于电网电压),待电动机起动完毕后,再用开关电器将定子绕组恢复为三角形(△)接法,使电动机定子绕组在额定电压下运行。

星形—三角形起动(Y—△起动)方法的起动电流值为直接起动方法起动电流的1/3。

(3)自耦变压器降压起动。在异步电动机的降压起动中,常常采用自耦变压器起动方式,自耦变压器起动的原理接线如图7-2所示。

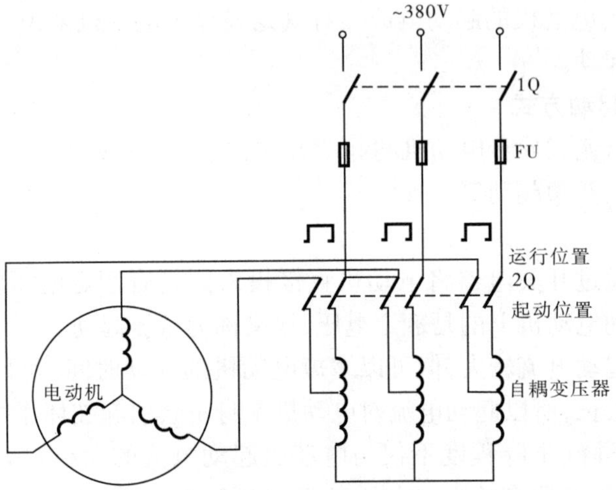


**图7-2　自耦变压器降压起动的原理接线**

这种起动方法的操作步骤如下:先合上电源开关1Q,再将转换开关2Q切换至起动位置,这时电动机从自耦变压器的抽头处引接电源,电动机绕组承受的电压较低。待电动机达到全速时，再将转换开关2Q切换至运行位置，退出自耦变压器，电动机接入电源电压，使电动机在额定电压下运行。

在实际电路中，自耦变压器降压起动电路常常采用接触器来代替转换开关2Q来进行起动电压与运行电压的切换，接触器可实现自动控制功能。

综上所述，鼠笼式异步电动机降压起动主要有三种方式。无论何种降压起动方法，都能减小电动机的起动电流，同时也减小了起动转矩，这对要求较高起动转矩的生产机械是不合适的。不过，对起动电流、起动转矩，运行人员只需要定性了解就可以了。

3. 变频起动

随着科学技术的发展，目前在一些需要调速的场合，大量使用变频器，通过调节加入到电动机的三相电源的频率来调节电动机的转速。因此，变频器主要用在需要调速的电动机回路，变频器具有0～50(60)Hz的调频范围，众所周知，电动机的转速与加到电动机的电源频率有密切的关系，其关系如下：

$$n = \frac{60f}{p}(1 - s) \tag{7-3}$$

式中：$n$为电动机的转速，r/min；$f$为加到电动机的电源频率，Hz；$p$为电动机的磁极对数；$s$为电动机的转差率。

从两者的关系可看出，在其他因素不变的情况下，电动机的转速$n$与加到电动机绕组的电源频率成正比。因此，带有变频器的电动机起动时，可将频率从0缓缓升到额定值，从而大大减小起动电流。通过变频器变频起动是一种软起动方法，起动电流很小。然而，虽然变频器的价格目前较以前已下降很多，但仍较昂贵，除在一些需要调速的场合外，仅仅为了减小起动电流而采用变频器还不够经济。

## 二、电动机的起动操作

作为运行人员，首先要掌握的是电动机的操作。电动机的正常操作主要包括开机操作（即起动操作）、运行中调节和停机操作（即停止电动机运行）等。起动操作要求相对较高，因此下面主要讲述起动操作前的检查和起动操作的步骤。

### （一）起动前的检查

（1）对于停机时间较长或大修后的电动机在投入运行前，应当采用摇表测量其绝缘电阻；对于备用中的电动机要定期测量其绝缘电阻。

低压电动机采用500 V摇表测量，其绝缘电阻不得低于0.5 MΩ。

高压电动机采用2 500 V摇表测量，其绝缘电阻不得低于1 MΩ。

（2）确定电动机及其所属设备（如供电回路）已无人工作，周围无杂物。

（3）收回检修工作票，并检查各检修用安全措施已撤除（如接地线、标示牌等）。

（4）确认电动机所带机械设备状态良好，机械设备无检修等工作。

（5）手动转动电动机转子，检查电动机转动是否灵活，转动部位与静止部位应无摩擦现象。

（6）检查电动机各冷却系统（如轴承冷却系统等）设备正常，相关油位（水位）在正常位置。

(7)检查电动机供电回路及二次控制回路情况正常。

说明：

首先，摇表测量电动机绝缘电阻时，应注意将摇表放置平整，其转速应保持均匀，并基本稳定在 120 r/min 左右。

其次，良好的测量电动机绝缘电阻的习惯（测量其他电气设备也一样）是：即使没有要求也要随便估算一下吸收比。从开始摇计时，分别读取 15 s 和 60 s 时的绝缘电阻值 $R_{15}$ 和 $R_{60}$，并大致估算其吸收比以粗略判断电动机（或其他电气设备）是否受潮。吸收比的计算公式如下：

$$K = \frac{R_{60}}{R_{15}} \tag{7-4}$$

式中：$K$ 为吸收比；$R_{60}$ 为 60 s 时的绝缘电阻值，MΩ；$R_{15}$ 为 15 s 时的绝缘电阻值，MΩ。

一般情况下，没有受潮且绝缘状态良好的电动机的吸收比不小于 1.25。

**（二）起动操作及起动过程中的检查项目**

在完成起动前的检查项目且情况良好后，即可通过控制设备远方或就地控制开关电器合闸起动电动机，由于电动机在起动过程中最易发生故障，因此应加强监视。

在起动过程中的检查项目及注意事项如下：

（1）在起动过程中，应密切监视电动机的电流，如发现电流长时间不能下降到额定值或以下，应停机查明原因并处理后，再进行起动操作。

电流长时间不能下降到额定值或以下，往往暗示着负载过重或机械转动部分有异常（如轴承系统异常等）。

（2）对于大型或重要的电动机，在起动过程中，应派人在电动机旁检查起动过程中的情况，发现异常情况应及时停机查明原因并处理后，再进行起动操作，检查重要项目如下：①转动是否灵活；②振动是否在允许范围内；③串动是否在允许范围内；④各部位声音是否正常；⑤各部位温度及其上升情况是否正常等（温度上升情况的判断主要凭经验）。

说明：

第一，对于中、小型电动机，在起动过程中，最好也能派人在电动机旁检查起动过程中的情况。

第二，电动机声音和温度的检查应重点放在轴承系统。

第三，虽然电动机的起动过程只有十几秒至几十秒，但电动机在起动后的 0.5 h 内，其各部位的温度等一些参数尚未达到稳定值。因此，在起动后的 0.5 h 内应加强巡视，经常用手去感触轴承等部位的温度变化及振动、声音等情况，若发生突变或超过允许值，应随时查明原因并处理。必要时应停机通知检修人员处理。

第四，鼠笼式异步电动机在冷、热状态下允许的起动次数，应按制造厂的规定进行。一般情况下，电动机在冷态下允许起动两次，两次起动间隔不得小于 5 min。若需要进行第三次起动，则必须间隔 0.5 h 以上，以便使电动机冷却。电动机在热态下只允许起动一次。若需要进行第二次起动，则必须间隔 0.5 h 以上，以便使电动机冷却。严禁对电动机进行频繁起动。

## 三、电动机在运行中的监视和维护

电动机在运行中，应做好监护工作，以便及时发现异常和缺陷并进行处理。完善的巡回检查制度，对电动机的安全运行非常重要。为此，运行值班人员在值班期间应对下列各项内容进行认真监视和检查。

### （一）电动机运行中的监视项目

（1）电动机的电流。在其他参数不变的情况下，电动机的电流（间接反映了电动机的出力）直接决定了电动机的温度和温升。因此，运行人员应密切监视电动机的电流，将电流严格控制在额定值及以下。

（2）电动机各部位的温度和温升。电动机各部位的温度和温升都必须控制在允许值范围内。

（3）电动机各部位的声音。根据电动机运转过程中声音的变化可判断电动机是否异常。不同的声音反映了不同的故障类型，如电气故障还是机械故障。对声音的判断主要依靠运行经验。

（4）电动机各部位的振动和串动。电动机各部位的振动和串动值都必须控制在允许值范围内。

（5）检查并确保润滑系统工作应正常。

（6）检查并确保冷却系统工作正常。保证电动机通风良好，进风口、出风口应畅通无阻。

（7）检查并确保电动机供电回路及设备、控制回路及设备和其他附属设备工作正常。

（8）保证电动机及其附属设备周围清洁无杂物。

### （二）电动机停运中的维护项目

本处所说的停运，指的是生产工艺要求的停运，不是指电动机处于检修状态的停运。在该种停运状态下，根据生产工艺的要求，电动机随时准备投入运行。

（1）应定期检查电动机轴承中的润滑油（或润滑脂），对润滑油应保证油质合格；对润滑脂，应每半年更换一次。

（2）定期测量电动机的绝缘电阻，保证绝缘电阻合格。若电动机受潮，应进行烘干处理。

（3）对处于备用状态的电动机，应经常进行检查，定期切换使用，保证能随时起动。

# 第五节　异步电动机异常运行及事故处理

电动机由于在运行中的机械损伤、绝缘受潮和长期过载等，都有可能使电动机发生异常或事故，从而影响正常的生产。为此，运行人员必须掌握电动机发生异常和事故停机的原因分析，并掌握处理简单故障或事故的方法。

## 一、电动机的异常运行及其处理

### （一）电动机不能起动

在电动机的起动过程中，只有在电磁力矩大于阻力矩的情况下，才能使电动机转子转动并升速至额定转速。这里所说的阻力矩包括摩擦力拒和负载力矩。从根本上说，起动不起来的原因一定是阻力矩大于电磁力矩。有关电动机不能起动的现象、原因和分析处理，我们分两种情况进行讨论。

1. 电动机不能起动，并伴有“嗡嗡”声

若通电后，电动机不能起动，但却有“嗡嗡”声，产生这种现象，可排除控制回路及其设备的故障。因为电动机起动中“嗡嗡”声是一种电磁声，有这种声音至少说明了电动机已受电。产生这种异常现象的原因有如下几种：

(1)电动机所受电源缺相。此时，电动机绕组内不能建立旋转磁场(两相电流建立的是脉动磁场)，不能产生起动转矩，所以只有“嗡嗡”声而不能起动。

(2)电源电压过低。因为电磁力矩与电压的平方成正比，当电动机所接的母线电压过低时，电磁力矩低于阻力矩，电动机就不能起动。在此情况下，有时还可能因电流过大，导致过流保护动作跳闸而无法起动。

(3)定子与转子相碰。电动机定子与转子相碰，从而导致阻力矩大大增加，超过电动机的电磁力矩，使得电动机无法起动，这可能是定子内腔掉进东西或轴承损坏造成偏心所致。检修时，端盖的几个螺丝紧得不好，使端盖内圆和轴咬住，也可能造成起动困难。

(4)电动机轴承卡死。电动机轴承卡死，导致阻力矩大大增加，使电动机无法起动。

(5)电动机定子绕组断线。电动机定子绕组断线相当于缺相，因此其现象与电动机所受电源缺相相同。

(6)电动机转子绕组断线。转子绕组断线使转子电流减小，而起动转矩与转子电流成正比，所以起动转矩下降，致使电动机转不起来。

(7)电动机所带机械设备故障(如卡住等)。当电动机所带机械设备卡住时，因负载力矩大大增加，使电磁力矩无法克服阻力矩，从而导致电动机无法起动。

电动机不能起动，但却有“嗡嗡”声的原因分析及处理如下：

(1)检查供电网络母线电压，若供电网络母线电压偏低，则故障原因属于电源电压过低。处理办法是设法恢复母线电压。

(2)若母线电压正常，再检查三相电流是否平衡。若三相电流不平衡，则故障原因属于电动机所受电源缺相和电动机定子绕组断线；若三相电流平衡，则故障原因属于定子与转子相碰、电动机转子绕组断线和电动机所带机械设备故障(如卡住等)。

一般情况下，电动机只在一相装设有电流表，此时检查三相电流是否平衡可用钳形电流表进行分相测量。若电动机三相均装有电流表，则直接读取数据即可。

(3)若三相电流不平衡，可打开电动机接线盒的盖子(注意安全，而且只适用于低压电动机)，在接线盒处测量各相电压。若各相电压严重不平衡甚至某相没有电压，则故障原因属于电动机所受电源缺相。这时，应检查电动机供电回路设备及电缆。如供电回路某相熔断器熔断、开关某相触头接触不良以及电缆某相断线等。查明部位并进行修复即可。若在接线盒处测量各相电压发现各相电压平衡，则故障原因属于电动机定子绕组断线。处理办法是修复电动机。

对于高压电动机，绝对不能采用在电动机接线盒处测量各相电压的办法，这时可先用肉眼检查供电回路设备(如熔断器、开关等)是否故障。若没有找到原因，则将电动机停电后,打开电动机接线盒的盖子,用电桥或万用表测量电动机各相直流电阻。若某相直流电阻明显增大或为无穷大,则说明电动机定子绕组断线;若三相直流电阻平衡,则可断定为供电回路断相,再对供电回路分段检查即可。

需要注意的是,即使是低压电动机,为了安全起见,也尽量不要采用带电在电动机接线盒处测量各相电压的办法。尽可能通过停电检查电动机三相直流电阻的方法来区分是电动机定子绕组断线,还是供电回路断相。

(4)若电源电压正常且电动机三相电流平衡,那么将电动机停电后,用手盘电动机(带机械负载)来判断。若能正常盘动,则不能起动的原因可能是电动机转子绕组断线(如鼠笼式转子端环开焊、鼠笼条断条等);若不能盘动或虽能盘动但比过去正常时阻力矩明显增大,则故障原因属于电动机轴承卡死、电动机定子与转子相碰和电动机所带机械设备故障(如卡住等)等。这时,可将电动机与机械负载间的联轴器拆开,分别单独盘电动机和机械负载以判断是机械故障,还是电动机故障。若为机械故障,通知机械检修人员修复;若为电动机故障,则打开电动机轴承盖,检查轴承是否正常,若轴承损坏,更换轴承即可;若轴承良好,则可断定为电动机定、转子之间相碰擦。

2. 电动机不能起动,并且没有任何声响

若通电后,电动机不能起动,并且没有任何声响,产生这种现象,多数情况下是由于电动机没有得到电源所致(这种情况往往是由于控制回路及其设备的故障,从而导致供电回路开关没有合上)。但是,电动机缺两相电的情况也是如此。如图 7-3 所示,假如电动机供电回路在 A、B 处断线,那么供电回路就无法构成电流流通的回路,电动机内也就没有电流流过(即使没有断线那相也没有电流),因此即使开关电器 Q 处于合闸位置,电动机也跟没有通电的情况一样,既不能起动,也没有任何声音。

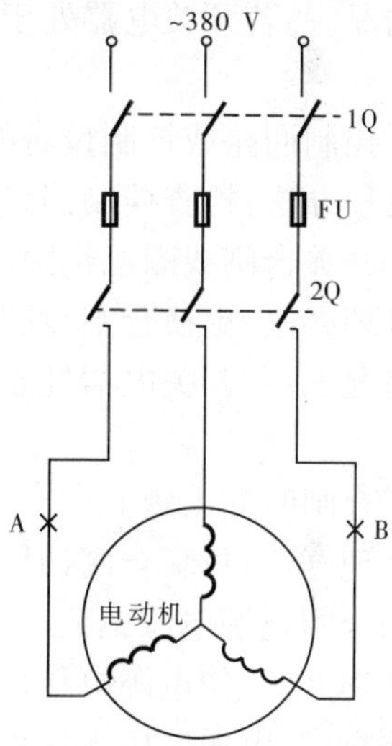

图 7-3　三相电动机一次回路接线

电动机不能起动,并没有任何声响的具体原因分析如下:

(1)控制回路及其设备的故障。当发电机控制回路及其设备发生故障(具体指没有向开关电器发出合闸指令),开关电器(如断路器、接触器等)就不会合闸。这种情况下,供电回路实际上没有向电动机供电,因此电动机就不能起动,且没有任何声音。这种情况又可细分为以下几种:

一是开关电器合闸后又返回分闸位置,产生这种现象的原因有如下几种:①电动机保护动作跳闸;②合闸时间太短;③合闸电源电压偏低;④开关内部合闸机构有问题。

二是发出合闸指令后,开关没有丝毫反应,产生这种现象的原因有如下几种:①控制回路故障,开关实际上没有接到合闸指令;②开关合闸线圈已烧毁或断线。

控制回路及其设备发生故障是发出合闸指令后,电动机不能起动,并且没有任何声响的最常见的原因。

(2)供电回路(一次回路)及其设备的故障。当发出合闸指令后,虽然开关电器已经合闸,但由于电动机供电回路(一次回路)及其设备有故障,如电缆断裂、隔离开关或断路器损坏等,实际上电动机同样没有得到电源,因而不能起动,且没有任何声响。这种情况又可细分为:①三相电流均没有送入电动机;②电动机缺两相电流。

(3)电动机内部断线(两相及以上断线)。这时的情况与供电回路两相及两相以上断线完全一样。虽然电源已完全送入电动机,但因电动机内部两相及两相以上断线,电动机内部无法构成电流通路,因而电动机不能起动,并且没有任何声响。

电动机不能起动,并且没有任何声响的原因分析及处理如下:

(1)区分是控制回路及其设备发生故障,还是一次回路及其设备发生故障,具体方法:检查开关电器是否处于合闸位置,若开关电器处于合闸位置,则说明控制回路及其设备没有故障,故障出在一次回路及其设备;若开关电器处于分闸位置,则说明控制回路及其设备(含开关电器内部与控制有关的部分)有故障。

(2)假若开关电器处于分闸位置,则根据发出合闸指令时,开关电器有无动作进行分析。

情况一:若开关电器处于分闸位置,并且在合闸过程中,开关电器没有丝毫反应,则说明:

①控制回路或控制设备故障,如控制熔断器熔断。

处理办法:检查控制回路及其设备,并进行修复。

②开关合闸线圈已烧毁或者断线。

处理办法:更换合闸线圈。

情况二:若开关电器处于分闸位置,但在合闸过程中,开关动作后又返回分闸位置,则说明:

①合闸时间太短。

处理办法:重新合闸(适当延长合闸时间)。

②合闸电源电压偏低。

处理办法:使电源电压恢复正常值。

注意:若电源电压无法恢复正常值,则电动机不得再行合闸,必须待电源恢复正常后,才能投入运行。

③开关内部合闸机构有问题,这种故障一般是合闸机构的机械部分有问题。

处理办法:检查并处理合闸机构的机械部分,使之恢复正常。

④电动机继电保护动作(保护动作可能是误动作,也可能是电动机及其一次回路有故障导致保护动作)。

处理办法:若保护为误动作,则应对保护回路进行检查修复,如保护定值重新校验整定、回路接线检查等。

### (二)电动机起动后达不到额定转速

1. 电动机起动后达不到额定转速的原因

(1)电源电压过低。电动机的电磁力矩与电压的平方成正比。当电源电压低于一定数值时,电动机的电磁力矩下降,导致转差率增加,转速下降。电压低于一定数值时电动机停止运转，并发出“嗡嗡”声。

(2)电动机转子鼠笼条断条。鼠笼式电动机常因铸铝质量较差或铜笼焊接质量不良发生转子断条故障。电动机转子鼠笼条断条在断裂根数不多的情况下，电动机尚能起动，但起动后达不到额定转速。若大量鼠笼条断条，则电动机无法起动。

转子断条后电动机除转速下降外，还有如下现象：定子电流时大时小，呈现周期性摆动；机身振动；仔细倾听，能听到周期性的“嗡嗡”声。定子电流摆动和“嗡嗡”声的周期 $T$ 与转差率 $s$ 有关。若转子断条1根，周期 $T$ 在零点几秒。

电动机转子鼠笼条断条后，电动机转子磁场不对称，所以导致定子电流周期摆动和周期性“嗡嗡”声的产生，其周期 $T$ 与转速(转差率相对应)有关。

$$s = \frac{n_1 - n}{n_1} \times 100\% \tag{7-5}$$

$$\Delta n = n_1 - n = s \times n_1 \tag{7-6}$$

式中：$s$ 为转差率；$n_1$ 为电磁转速，r/min；$n$ 为电动机转子转速，r/min；$\Delta n$ 为电磁转速与电动机转子转速之差，r/min。

一般 $s$ 为百分之几到百分之十几(正常运行时，为百分之几)，故 $\Delta n \approx 0.1n_1$。

由 $n = \frac{60f}{p}$，得：

$$f = \frac{np}{60}$$

$$\frac{T}{T_1} = \frac{f_1}{f} = \frac{n_1}{\Delta n} \tag{7-7}$$

式中：$f$ 泛指频率，Hz；$f_1$ 为电源频率，Hz；$T$ 为定子电流摆动周期(对应电磁转速与电动机转子转速之差)，s；$T_1$ 为电源周期，s。

电动机转速下降后，$n_1/\Delta n$ 一般在10左右，而 $T_1$ 为0.02 s，故 $T$ 为0.2 s左右。

(3)电动机轴承异常或损坏。电动机轴承异常或损坏(含润滑脂变质或流失)，导致阻力矩增加，电磁力矩小于阻力矩，从而引起电动机的转速下降。

(4)电动机定、转子之间相碰擦(俗称扫膛)。电动机定、转子之间相碰擦，导致阻力矩增加，电磁力矩小于阻力矩，从而引起电动机的转速下降。电动机定、转子之间相碰擦严重时，电动机无法起动或运行中的电动机突然停止转动。

(5)负载过大或所带机械负载故障。电动机负载过大或所带机械负载故障，导致阻力矩增加(阻力矩等于负载力矩与摩擦力矩之和)，电磁力矩小于阻力矩，从而引起电动机转速下降。严重时，电动机无法起动或运行中的电动机突然停止转动。

2. 电动机起动后达不到额定转速的原因、判断和处理

1)电源电压过低

判断：测量电源电压。电源电压过低常伴有定子电流增大。

处理：恢复电源电压至正常值。

2)电动机转子鼠笼条断条

判断：鼠笼条断条会引起电动机定子电流的周期性摆动、电动机振动和周期性“嗡

嗡”声（鼠笼条断条所产生的“嗡嗡”声与其他故障时产生的“嗡嗡”声周期不同，依据声音判断必须有足够的经验）。在电动机起动后达不到额定转速（或运行中转速下降）的原因中，只有鼠笼条断条才会引起电动机定子电流的周期性摆动。

处理：修复或更换转子。

3）电动机轴承异常或损坏

判断：电动机轴承异常或损坏，或者润滑脂（油）变质或流失，会使轴承发热增加，用手感触轴承盖的温度便可判断。

处理：若为轴承损坏，则更换轴承；若为润滑脂变质或流失，则更换或添加润滑脂；若电动机采用润滑油润滑，则对润滑油系统进行检查修复。

4）电动机定、转子之间相碰擦（俗称扫膛）

判断：电动机定、转子之间相碰擦会产生机械碰擦声，可用小棒一端抵住机壳，另一端抵住耳朵仔细倾听来判断。

处理：电动机定、转子之间相碰擦往往是由于轴承严重损坏或电动机转子弯曲变形造成的，也可能是安装或检修质量问题。根据具体问题予以修复。

5）负载过大或所带机械负载故障

判断：负载过大或所带机械负载故障会引起电动机定子电流增大。

说明：虽然电动机轴承异常或损坏，电动机定、转子之间相碰擦等，也会引起电动机定子电流增大，但电动机轴承异常或损坏会引起轴承发热严重，电动机定、转子之间相碰擦时电动机会有机械碰擦声，而负载过大或所带机械负载故障则没有上述现象。

处理：若为机械负载过大引起，则减负荷；若为所带机械负载故障，则检查机械负载，排除机械故障。

**（三）电动机运行中温度过高或冒烟**

电动机运行中由于负载过重、轴承损坏等，会导致温度过高甚至冒烟等情况。电动机温度过高可分为局部温度过高和整体温度过高两种情况。

1. 电动机运行中局部温度过高的原因

（1）轴承异常或损坏。电动机轴承异常或损坏除阻力矩大大增加外，还会因轴承转动不良而导致热量增加，从而引起轴承周围温度上升，严重时在轴承处还会冒烟。

（2）轴承内润滑脂变质或流失。轴承内润滑脂变质或流失，使轴承润滑不良，也会因轴承干摩擦而产生热量使轴承周围温度上升，采用润滑油润滑的电动机，情况与润滑脂润滑大致相同。

（3）电动机定子铁芯硅钢片间绝缘损坏。电动机定子铁芯硅钢片间绝缘损坏会导致损坏部位涡流损耗增大，从而引起损坏部位发热增加而温度升高。

2. 电动机运行中局部温度过高的原因判断和处理

1）轴承异常或损坏

判断：若轴承部位温度升高，用铜棒仔细倾听，能听到轴承部位有金属声，则多半是轴承异常或损坏。一般情况下，这种故障时电动机定子电流都会明显增大。

处理：更换轴承。

2）轴承内润滑脂变质或流失

判断：若轴承部位温度升高，用铜棒仔细倾听，能听到轴承有干摩擦的声音，但没有金属声，那么可基本判断轴承内润滑脂变质或流失。一般情况下，这种故障时电动机定子电流会增大，但不一定增大很多。

处理：更换轴承或拆下轴承清洗并重新加注润滑脂。

3）电动机定子铁芯硅钢片间绝缘损坏

判断：若电动机本体某处（非轴承处）温度过高，而其他各处温度明显低得多，则往往是该处定子铁芯损坏（一般是硅钢片间绝缘损坏）。一般情况下，这种故障时电动机定子电流不会增大。

处理：电动机大修。一般需要送电机制造厂处理。

3. 电动机运行中整体温度过高的原因

凡是能导致电动机运行转速下降的原因，几乎都同时会导致电动机整体发热，从而导致电动机整体温度上升。因为转速下降使定子、转子之间的转差率增大，从而导致鼠笼条切割磁力线的速度加快，转子感应电流增大，而转子感应电流增大又使得定子电流增大，电动机的铜损增加、发热增加，因而导致整体温度的上升。如：

（1）电源电压过低。

（2）电动机转子鼠笼条断条。

（3）电动机轴承异常或损坏。如果轴承异常不严重，则只有轴承处温度明显上升，而电动机其他部位温度变化不大；但如果轴承异常严重或损坏，致使阻力矩明显增加时，也会引起电动机整体过热。但轴承温度必定高于其他部位的温度。

（4）电动机定、转子之间相摩擦（俗称扫膛）。

（5）负载过大或所带机械负载故障。

除上述原因外，电动机整体温度过高的原因还有：

（1）电动机冷却系统故障。

（2）电动机定子匝间或相间短路。

（3）电动机缺相运行。在缺一相电的情况下，电动机无法起动；但在运行中的电动机如发生缺一相电，在负载不是太大的情况下还能运行，但转速明显下降，其余两相电流明显增加，从而导致电动机整体温度上升。控制回路交流接触器触头烧损或者变形是造成电动机缺相的主要原因。

（4）电动机起动过于频繁，起动次数过多。

4. 电动机运行中整体温度过高的原因判断及处理

造成电动机整体温度过高的原因判断和处理，除“电动机起动过于频繁，起动次数过多”这一条外，其余各条前面都已介绍，不再重复。而“电动机起动过于频繁，起动次数过多”的判断和处理，相信大家自己能判断和处理。

**（四）电动机运行中有不正常的振动和异音**

1. 电动机在运行中有不正常振动和异音的原因

（1）地基不平、基础不坚固和地脚螺丝松动。

（2）轴承损坏。

(3)电动机与所带机械负载上的中心不一致。

(4)机组失去平衡。

(5)电动机定、转子之间有摩擦。

(6)电动机所带的机械设备损坏。

(7)电动机定子某个绕组有局部短路。

2. 电动机在运行中有不正常振动和异音的处理

(1)检查地基及安装情况,加固地基;检查地脚螺丝,进行紧固。

(2)更换轴承。

(3)校正中心。

(4)进行动平衡校验。

(5)更换电动机转子。

(6)修复所带机械设备。

(7)修复故障点或更换电动机。

### (五)电动机外壳带电

1. 电动机外壳带电的原因

电动机外壳带电的原因尽管有多种,但都是由于电动机带电部分与外壳之间的绝缘损坏造成的。如果电动机外壳接地良好,对于接在中性点直接接地电力系统中的低压电动机来说,保护会动作使电动机停机;对于接在中性点不接地或小接地的电力系统中的高压电动机来说,保护会动作发信号"电动机单相接地"。

(1)电动机引出线或接地盒处的接线端子绝缘损坏。

(2)大修后的电动机绕组的端部过长并与机壳相碰。

(3)槽口绝缘损坏。

(4)外壳没有可靠接地。

(5)电动机长期过热使绝缘老化严重而损坏。

(6)电动机绕组受潮、脏污使绝缘电阻下降。

2. 电动机外壳带电的处理

(1)将绝缘损坏部位的绝缘重新包扎、定型,并消除导致绝缘损坏的原因。

(2)将电动机外壳可靠接地,接地电阻符合要求。

(3)清理电动机,并进行烘干去潮,使电动机各部分的绝缘电阻重新符合规程要求。

## 二、电动机事故处理

### (一)电动机自动跳闸的原因及处理

1. 电动机自动跳闸的原因

(1)电动机保护动作跳闸。具体保护配置因具体电动机而定,但通常有:①电流速断保护动作(或熔断器熔断);②低电压保护动作;③过电流保护动作(或热继电器动作)。

(2)电动机控制回路及其设备故障。

(3)断路器跳闸机构故障并自动断开断路器。

2. 电动机自动跳闸的原因判断和处理

1）电动机保护动作

电动机保护动作分为两种情况：保护正常动作和保护误动作。电动机继电保护动作的判断比较简单。因为保护都配有指示何种保护动作的装置（如信号继电器等），下面主要介绍电动机保护动作跳闸后如何对电动机及其所属电气回路、设备进行检查、处理。

（1）电流速断保护动作（或熔断器熔断）。电流速断保护（或一次回路熔断器）是用来反映电动机及其一次回路短路事故的。一旦电流速断保护动作（或一次回路熔断器熔断），应首先仔细检查电动机及其一次回路，排除短路并修复后，才能重新起动电动机，若经过检查发现电动机及其一次回路没有异常现象，那么往往是保护误动作，检查保护回路及其设备，并以修复。

（2）低电压保护动作。低电压保护是用来反映电动机供电电压的，防止电动机在低电压情况下运行而损坏。低电压保护动作后，应首先检查电源电压，若电源电压过低，那么恢复电源电压至正常值后，可再次起动电动机。若电源电压正常，那么往往是保护误动作。检查保护回路及其设备，并予以修复。

（3）过电流保护动作（或热继电器动作）。过电流保护动作（或热继电器动作）是用来反映电动机过载的，一旦发生过电流保护动作（或热继电器动作），应首先仔细检查电动机是否过载。若为过载，则排除过载后可再次起动电动机；若经过检查发现电动机没有过载，那么往往是保护误动作。检查保护回路及其设备，并予以修复。

2）电动机控制回路及其设备故障

若电动机自动跳闸后，没有保护动作的信号，并且经过仔细、全面的检查，发现电动机及其一次回路没有异常情况（如电动机及其一次回路绝缘良好、没有短路现象，电动机连带机械负载用手盘动转动灵活等），那么电动机自动跳闸往往是由控制回路及其设备的故障造成的。此时检查控制回路及其设备，消除故障原因。

对于采用接触器开、合（接触器控制电源常用交流电）的电动机来说，电动机在正常运行中，接触器线圈始终处于带点吸合状态。若接触器线圈断电或电压过低，接触器会自动释放而导致电动机自动跳闸。因此，应重点检查接触器线圈通电回路是否开路（如控制熔丝熔断、合闸回路断线等）和控制电源电压是否过低。

对于采用断路器开、合（断路器控制电源常用直流电）的电动机来说，电动机在正常运行中，断路器的跳、合闸线圈都不带电，即使控制电源消失（如控制熔丝熔断等）也不会引起电动机自动跳闸。因此，应重点检查断路器线圈通电回路是否有短路现象等。断路器的自动跳闸与断路器的合闸控制回路无关。

3）断路器跳闸机构故障并自动断开断路器

断路器的操作机构（电磁操作机构、弹簧操作机构和液压操作机构等）比较复杂，调整比较麻烦。若断路器操作机构中的跳闸机构发生故障或没有调整好，也会引起电动机的自动跳闸。因此，当电动机自动跳闸后，经过仔细、全面的检查，发现电动机及其一次回路、二次控制回路都正常，且保护没有动作时，则很有可能是断路器操作机构中的跳闸机构发生故障。检查并修复,调整跳闸机构。

电动机自动跳闸后,若是采用断路器(含低压空气开关)开、合的电动机,运行人员应将自动跳闸的断路器的控制开关切换至"跳闸后"位置,使绿灯"闪光"转变为绿灯"平光",接着拉开已跳闸电动机一次回路的主隔离开关,使电动机及其所属设备处于检修状态,然后对电动机及其所属设备进行仔细、全面的检查。

对于采用接触器开、合的电动机,电动机跳闸后,运行人员应拉开已跳闸电动机一次回路的主隔离开关并拔出熔丝,使电动机及其所属设备处于检修状态,然后对电动机及其设备进行仔细、全面的检查。

若对跳闸电动机从电源、机械及绝缘方面进行仔细、全面的检查后,证明电动机及其所属电气回路、设备一切正常,则电动机的自动跳闸是由于保护误动作造成的。

当发电机所带负载属于一类负荷时,一般都有备用机组(如火力发电机厂的给水泵等),电动机自动跳闸后,备用机组会自动起动。当电动机所带负载属于一类负荷而没有备用机组或备用机组因故没有起动或起动失败时,为了保证正常的生产,可将已跳闸的电动机再强送电(合闸)一次,但具有下列情况之一时,严禁强送电:

(1)电动机及其一次回路有明显的短路或损坏现象。

(2)发生需要立即停机的人身事故。

(3)电动机或其所带机械负载损坏等情况。

电动机自动跳闸后,若没有查明原因,一般情况下绝对不允许再次起动电动机。

**(二)电动机应立即停机的情况**

电动机在运行中,若发生下列情况之一,应立即停机:

(1)发生需要立即停用电动机的人身事故。

(2)电动机或其所带机械负载损坏严重,不停机将发生危险。

(3)电动机或其所带电气回路、设备等着火或冒烟。

(4)轴承温度超过允许值,并经处理无效时。

(5)电动机定、转子扫膛。

(6)电动机强烈振动。

(7)电流表急剧振动。

(8)电动机转速急剧下降、温度剧烈上升。

(9)电动机发生机械摩擦声或特大噪音。

(10)电动机缺相运行。

(11)电动机三相电流不平衡 $>10\%$。

**(三)重要电动机可先起动备用机组然后停机的情况**

电动机在运行中,若发生下列情况之一,对重要电动机可先起动备用机组然后停机:

(1)电动机发生不正常的声音或绝缘有烧焦气味。

(2)电动机内或起动器内有火花或冒烟时。

(3)定子电流超过额定值。

(4)电动机出现强烈振动。
(5)电动机冷却系统故障。
(6)电动机轴承温度超过允许值。

### 三、电动机着火处理

一旦发现电动机着火时,首先应立即切断电源,然后使用电气设备专用的灭火器进行灭火,无专用灭火器时,可以用消防水机,喷射散开如雾状的细水珠进行灭火。禁止用大股的水柱注入电动机内部进行灭火,以防止电动机冷却不均匀而导致变形。

## 复习思考题

### 问答题

(1)什么叫厂用电明备用方式?
(2)什么叫厂用电暗备用方式?
(3)对备用电源自动投入装置的基本要求有哪些?
(4)备用电源自动投入后又跳闸时,如何处理?
(5)电动机的运行方式有哪些?
(6)电动机的绝缘电阻允许值是多少?如何测量?
(7)在低电压下运行对电动机性能有哪些影响?电压允许的变动范围是多少?
(8)在低频下运行对电动机性能有哪些影响?频率允许的变动范围是多少?
(9)环境温度对电动机的性能有什么影响?
(10)电源电压不对称对电动机的运行有哪些影响?
(11)鼠笼式异步电动机的起动方式有哪些?
(12)鼠笼式异步电动机的降压起动方式有哪些?
(13)为什么一相断线后,异步电动机无法正常起动?
(14)一相断线对运行中的电动机有什么影响?
(15)电动机起动前的检查项目有哪些?
(16)电动机起动过程中的检查项目有哪些?
(17)电动机运行中的监视项目有哪些?
(18)电动不能起动的原因有哪些?如何判断?
(19)电动机起动后转速达不到额定转速的原因有哪些?如何判断?
(20)电动机运行中温度过高的原因有哪些?如何判断?
(21)电动机控制回路引起的自动跳闸的原因有哪些?
(22)一旦发现电动机着火或冒烟后,如何处理?

# 第八单元
# 油气水系统的运行及故障处理

## 主要岗位工作任务

水电厂油气水系统运行操作，日常巡查与维护；油气水系统投入运行前的检查和试验；油气水系统运行过程中常见的故障与事故分析及处理。

水电厂要能够安全优质地发电，除主系统所含的进水闸门、主阀、水轮机、发电机、变压器和高低压配电装置外，还必须有保障主系统安全、可靠运行的辅助设备系统，即油气水系统。构成油气水系统的设备主要包括：油泵、水泵、空气压缩机以及相关的储藏设备、输送管网、控制阀门、净化处理设备、自动化元件、监视仪器等。油气水系统的正常安全运行，是保障机组正常工作的前提，与机组安全发电紧密相关。如调速器油压低于某整定值时，机组就会事故停机；低压压缩空气压力下降到某整定值时机组将无法停机制动；机组冷却水中断，将会造成机组轴承温度升高而导致机组被迫停机。因此，熟悉油气水系统的作用、基本组成及工作原理，掌握油气水系统的试验、巡视及操作方法，以及油气水系统常见故障的分析及处理方法对于水电厂机电运行人员十分重要。

水电厂油气水系统由于工作的需要，其输送管道在水电厂纵横交错，同时安装了大量的控制阀门和监视器具。为区别各个系统的阀门和管道，分别在阀门上编以不同的序号，在管道表面喷涂不同颜色的油漆。阀门的编号，许多厂家习惯采用四位数，其表示的意义如下：

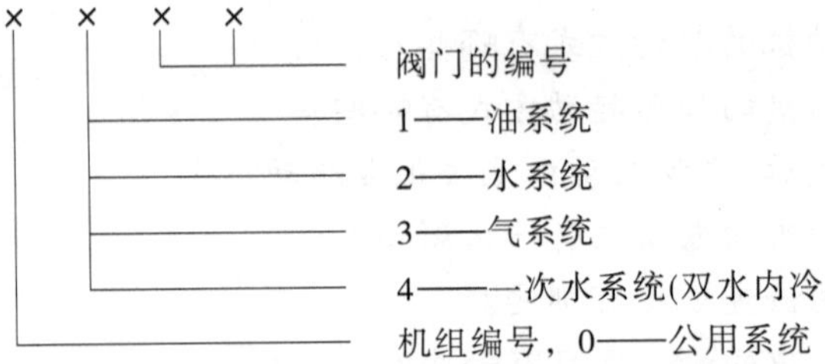


如3103阀表示3号机组油系统第3号阀门，2204阀表示2号机组水系统第4号阀门。不同管道颜色所表示的意义如表8-1所示。

**表8-1　不同管道颜色所表示的意义**

| 颜色 | 对应管道 | 颜色 | 对应管道 |
|---|---|---|---|
| 红色 | 压力油管和进油管 | 黑色 | 排污管 |
| 黄色 | 排油管和漏油管 | 白色 | 空气管 |
| 草绿色 | 冷却排水管 | 橘红色 | 消防水管 |
| 深蓝色 | 冷却进水管 | | |

# 第一节 油系统运行及事故处理

## 一、油系统的作用及基本组成

### (一)油系统的作用

水电站的油系统以用油设备和地点不同,分为厂外绝缘油系统和主厂房内的透平油系统。油系统是水电站主要辅助系统之一,大型水电站用油量可达数百吨乃至数千吨,中小型水电站也有数十吨到数百吨。为了保证如此大量的油经常处于良好状态,以完成各项任务,需要由油供应维护设备组成的油系统。

油系统设置的作用如下:

(1)接收新油。接收新油包括接收新买回的油和取样试验。水电站用油可以用油槽车或油桶运来,接收新油采用自流或压力输送的方式,视该电站储油罐的位置高程而定。每次到的新油,一律要按相应油类标准进行全面试验。

(2)储备净油。在油库随时储存合格的、足够一台机组更换使用和全厂 45 天添加的备用油量,以便万一发生事故需要全部换用净油时使用,或者补充设备正常运行的损耗。

(3)给设备充油。对新装机组、设备大修后或设备中排出劣化油后,需要一次向用油设备添加工作需要足够的油。

(4)向运行设备添加油。油系统在运行中由于下列原因油量会不断地损耗,引起用油设备中的油位下降。如油的蒸发和飞溅;油罐和管件不严密处的漏油;定期从设备中清除沉淀物和水分;定期从设备中取油样化验等。为保证各用油设备正常工作而需要添油到正常油位。

(5)从设备中排出污油。设备检修时,应将设备中的污油通过排油管用油泵或自流方式排到油库的运行油罐里。

(6)油的监督、维护和取样化验。对新油进行分析鉴定,判断是否符合国家规定标准;对运行油进行定期抽样化验,观察其变化情况,判断运行设备是否安全;新油、再生油、污油进入油库时,都要试验记录,所有进入油库的油在注入油罐前均需要通过压滤机或真空滤油机过滤,以保证输油管和储油罐的清洁;对油系统进行技术管理,提高运行水平。

(7)油的净化处理。水电站常用的净化方式为澄清、压力过滤和真空过滤。

(8)废油的收集及处理。废油需要按牌号分别收集、储存于专用的油罐中,不允许废油与润滑脂相混,以免再生时带来困难,废油应尽快送到油务管理部门进行再生处理。

### (二)水电站用油种类及作用

水电站机电设备在运行中,如调速器操作、机组及辅助设备润滑、电气设备绝缘和消弧等,都需要各种性能的油品。由于设备的特性、要求和工作条件不同,使用油的种类和作用也不同。水电站用油通常以用油设备不同分为润滑油和绝缘油两大类。润滑油分为以下几种类型。

(1)透平油,又称汽轮机油。在《透平油(汽轮机油)》(GB 11120—89)中,国产透平油有 32#、46#、68#和 100#四种牌号,牌号的数值表示油在 40 ℃时的运动黏度(单位为 $mm^2/s$)。

目前，水电站常用的国产透平油牌号有32#和46#两种。透平油在设备中的主要作用是润滑、散热和液压操作，在机组轴承中的作用是润滑和散热，在调速系统以及进水阀、调压阀、液压操作阀中是传递能量的介质，实现液压操作。

（2）机械油，俗称机油。机械油的黏度较透平油大，主要供电动机、水泵轴承、机修设备和起重机轴承等润滑用。机械油牌号主要表示其黏度的大小，由于不同地域、不同季节对机械油的黏度要求不同，机械油牌号主要分为冬季用油牌号、夏季用油牌号以及冬夏季通用油牌号，其中用得较多的是5W/40（适用气温 -25 ~ +40 ℃）。

（3）压缩机油。除供活塞式空气压缩机润滑外，还承担活塞与汽缸壁间的密封作用。它能在温度 $t \leqslant 180$ ℃的高温下正常工作。

（4）润滑脂，俗称黄油。供滚动轴承及机组中具有相对运动部件之间的润滑，也对机组部件起防锈作用。润滑脂有各种类型，其中锂基润滑脂的剪切安定性、耐热性、抗水性和防锈性均较好，价格适中，在水电站中广泛应用。

绝缘油主要用于水电站电气设备中，作用是绝缘、散热和消弧。水电站常用的绝缘油有：

（1）变压器油。用于变压器及电流、电压互感器，起到绝缘和散热作用。

（2）开关油。用于断路器，有绝缘和消弧作用。

（3）电缆油。用于充油电缆。

《绝缘油（变压器油）》（GB 2536—90）中，国产绝缘油中变压器油有10#、25#及45#三种牌号，开关油有45#，牌号的数值表示油的凝固摄氏温度值（负值）。我国南方一般选用25#绝缘油；在月平均最低气温不低于 -10 ℃的地区，如无25#绝缘油，可选用10#绝缘油；当月平均最低气温低于 -25 ℃的地区，宜选用45#绝缘油。

电缆油有35#、110#和330#三种牌号，数值表示适用于电压等级以kV计的充油电缆，330#适用于110 kV以上高压充油电缆。

上述各类油中，以透平油和变压器油用量最大，为水电站的主要用油。

**（三）油系统的组成**

水电站油系统对电站安全、经济运行有着重要的意义。油系统是用管网将用油设备与储油设备、油处理设备连接成一个有机整体的油务系统。油系统由以下部分组成：

（1）油罐。储存临时的废油、净油以及当机组检修时从设备排出的、需要净化的油。

（2）油处理设备。设有净油设备及输送设备如油泵、压力滤油机、滤纸烘箱、真空净油机、真空泵、油过滤器等。

（3）油化验设备。设有化验仪器、设备、药物等。

（4）油吸附设备。用于变压器的硅胶吸附器。

（5）管网。将油系统设备与用户连接起来的管道系统。

（6）测量及控制元件。用以监视和控制储油设备、用油设备的运行情况；元件有温度信号器、压力信号器、油位信号器、油混水信号器等。

图8-1为某水电站透平油系统示意图，图中阀门仅按数字进行编号，阀门处标有“OFF”表示此阀门应处于常闭状态。

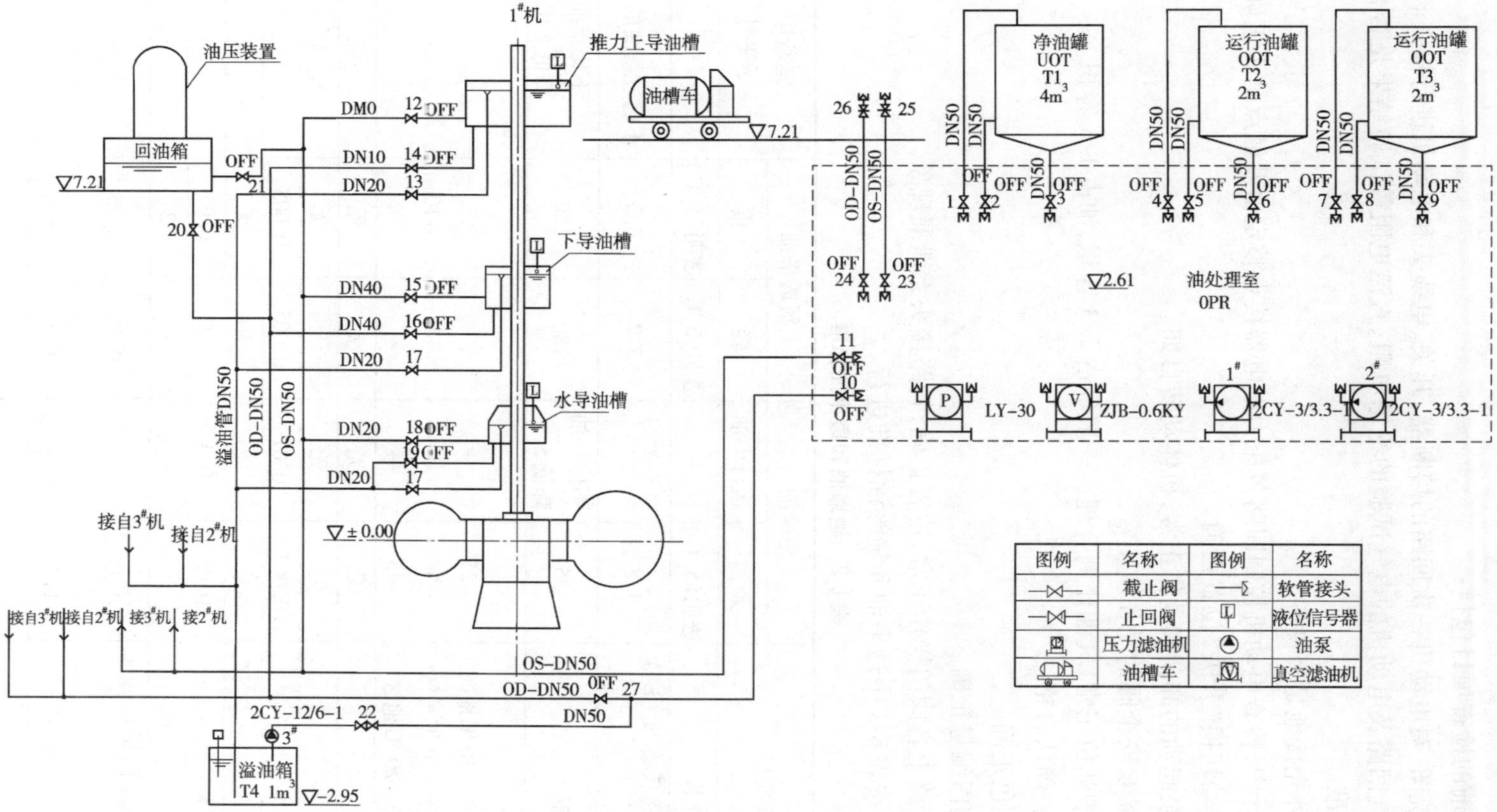


| 图例 | 名称 | 图例 | 名称 |
|---|---|---|---|
| —⋈— | 截止阀 | —ξ | 软管接头 |
| —⋈— | 止回阀 | L | 液位信号器 |
| P | 压力滤油机 | ▲ | 油泵 |
| （油槽车图例） | 油槽车 | V | 真空滤油机 |

图 8-1 某水电站透平油系统示意图

## 二、油系统投运前的检查项目

油系统投运前的检查项目包括：

(1)根据系统图，对电动机一次回路的熔断器、开关、电缆头和电动机进行检查。

(2)查看电气回路及电动机的电气试验的绝缘电阻、直流电阻等试验结果是否合格，是否符合国际标准。

(3)电动机外壳接地是否良好。

(4)对照设计图，检查电动机控制回路各压力继电器接点整定值及触点是否正确。

(5)手动、自动切换“开关”位置正确。

(6)检查油泵起动的卸荷阀动作正常，机体动转自如。

(7)检查试验泵安全阀的动作应正常。

(8)压力油槽油位正常，气油比例合理。一般气占2/3容积，油占1/3容积。

(9)油样化验确认合格。

(10)管路颜色正确。

(11)管路阀门编号正确。

(12)检查管路上各阀门操作正常，位置正确，管路接头无泄漏现象。

油取样化验按表8-2中透平油和绝缘油标准进行。

**表8-2　绝缘油和透平油标准**

| 序号 | 试验项目 | 绝缘油 | | 新透平油 | | 运行中透平油 |
|---|---|---|---|---|---|---|
| | | 新油 | 运行中油 | 轻 | 重 | |
| 1 | 外状 | 透明(5 ℃) | — | 透明(5 ℃) | 透明(5 ℃) | — |
| 2 | 在50 ℃时，恩氏黏度(E°)值不大于 | 1.8 | — | 3.2 | 4.3 | 不超过新油的25% |
| 3 | 闪点(℃)不低于 | 135 | 不比新油降低5 ℃ | 180 | 180 | 不比新油降低8 ℃ |
| 4 | 凝固点(℃)：<br>(1)气温不低于−10 ℃地区<br>(2)气温不低于−20 ℃地区<br>(3)气温低于−20 ℃地区 | <br>−25<br>−35<br>−45 | <br>—<br>—<br>— | −15 | −10 | — |
| 5 | 机械杂物 | 无 | 无 | 无 | 无 | 无 |
| 6 | 游离碳 | 无 | 无 | 无 | 无 | 无 |
| 7 | 灰分不大于(%) | 0.005 | 0.01 | 0.005 | 0.005 | — |
| 8 | 活性碱 | 无 | 无 | 无 | 无 | 无 |
| 9 | 酸值不大于(KOH mg/g油) | 0.05 | 0.4 | 0.02 | 0.02 | 1.0 |
| 10 | 钠试验等级 | 2 | — | 2 | 2 | — |
| 11 | 氧化后酸值不大于(KOH mg/g油) | 0.35 | — | 0.35 | 0.35 | — |
| 12 | 氧化沉淀不大于(%) | 0.1 | — | 0.1 | 0.1 | — |

续表 8-2

| 序号 | 试验项目 | 绝缘油 | | 新透平油 | | 运行中透平油 |
|---|---|---|---|---|---|---|
| | | 新油 | 运行中油 | 轻 | 重 | |
| 13 | 电气绝缘强度不低于(kV):<br>(1)用于 35 kV 及以上设备<br>(2)用于 6～35 kV 的设备<br>(3)用于 6 kV 以下设备 | <br>40<br>30<br>25 | <br>35<br>25<br>20 | <br>—<br>—<br>— | <br>—<br>—<br>— | <br>—<br>—<br>— |
| 14 | 酸碱反应 | 无 | 无 | 无 | 无 | 无 |
| 15 | 抗乳化强度不大于(min) | — | — | 8 | 8 | — |
| 16 | 水分 | 无 | 无 | 无 | 无 | 无 |

## 三、油系统投入运行与停止运行

### (一)油系统的操作程序

对于水电站油系统,为检查系统拟订合理的运行操作方式,在油系统设计中,制订了油系统操作程序表,列出了主要工作项目的操作程序和流程,结合图 8-1 某水电站的透平油系统图,其操作程序如表 8-3 所示。

表 8-3　透平油系统操作程序

<table>
<tr><td>1</td><td colspan="3">运行油罐接受新油</td><td>油槽车,26,24,2CY(1#),4(7),T2(T3)</td></tr>
<tr><td>2</td><td colspan="3">运行油罐新油自循环过滤</td><td>T2(T3),6(9),LY,4(7),T2(T3)</td></tr>
<tr><td>3</td><td colspan="3">运行油罐新油存入净油罐</td><td>T2(T3),5(8),ZJB,1,T1</td></tr>
<tr><td rowspan="4">4</td><td rowspan="4">向设备供油</td><td rowspan="4">清油罐</td><td>至推力轴承</td><td>T1,2,2CY(2#),11,12</td></tr>
<tr><td>至下导轴承</td><td>T1,2,2CY(2#),11,15</td></tr>
<tr><td>至水导轴承</td><td>T1,2,2CY(2#),11,18</td></tr>
<tr><td>至油压装置</td><td>T1,2,2CY(2#),11,21</td></tr>
<tr><td rowspan="4">5</td><td rowspan="4">设备排油</td><td>推力轴承至</td><td rowspan="4">运行油罐</td><td>14,27,10,2CY(2#),4(7),T2(T3)</td></tr>
<tr><td>下导轴承至</td><td>16,27,10,2CY(2#),4(7),T2(T3)</td></tr>
<tr><td>水导轴承至</td><td>19,T4,2CY(3#),22,10,4(7),T2(T3)</td></tr>
<tr><td>油压装置至</td><td>20,27,10,2CY(2#),4(7),T2(T3)</td></tr>
<tr><td>6</td><td colspan="3">运行油自循环过滤</td><td>T2(T3),6(9),LY,4(7),T2(T3)</td></tr>
<tr><td>7</td><td colspan="3">运行油过滤后送至净油罐</td><td>T2(T3),5(8),ZJB,1,T1</td></tr>
<tr><td>8</td><td colspan="3">运行油罐排污</td><td>T2(T3),6(9),2CY(2#),23,25,油槽车</td></tr>
<tr><td>9</td><td colspan="3">对污油泵清洗</td><td>T1,3,污油泵,23,25,油槽车</td></tr>
</table>

水电站绝缘油系统的操作程序与透平油系统相似。

**(二)油系统投入运行与停止运行**

水电站油系统主要用于调速器的操作,实现对机组开、停机以及水轮机导水叶开度的调节控制,如图8-2为某大型混流式机组调速器压力油路系统示意图。压力油系统由压油泵、压油槽、集油槽及其管路控制元件组成。油库的油经过管道进入集油槽8中,经压油泵9加压后进入压油槽10中,压油槽内油占容积的1/3,高压压缩空气占容积的2/3。

部分水电站还有采用压力油操作的球阀(或蝴蝶阀)压力油系统,与图8-2相似,压力油系统主要用于开启或关闭球阀(或蝴蝶阀)。

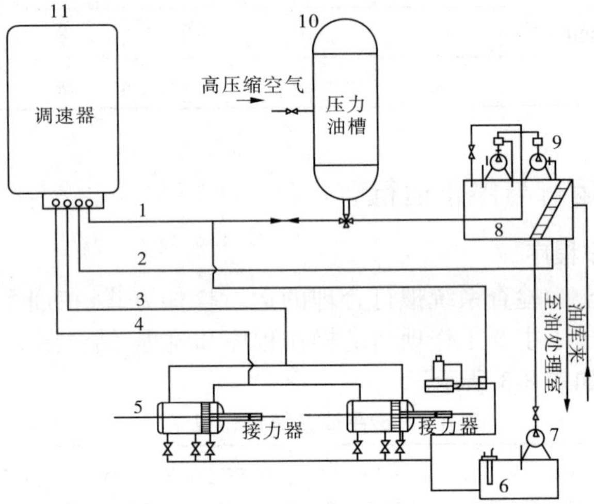


1—压力油管;2—排油管;3—关机侧油管;4—开机侧油管;5—接力器;
6—漏油槽;7—漏油泵;8—集油槽;9—压油泵;10—压油槽;11—调速器

**图8-2 某大型混流式机组调速器压力油路系统示意图**

压力油系统的投入运行与停止运行的注意事项如下:

(1)检查控制电源正常,各阀门和控制开关位置正确。

(2)油泵控制第一次切"手动"位置,起动油泵电动机,并检查运转是否正常。

(3)油泵控制切向"自动"位置,升高和降低油压,检查油泵自动起动和自动停止状况,并记录时间长短。

(4)水轮发电机组开机运行时切换开关放"自动"位置。一台放"主用",另一台放"备用"。

(5)机组停机热备用时,本装置仍投入运行,只有在机组和调速器(或主阀)大修时才停止运行,切除电源停运,并关闭主供油阀。

## 四、油系统运行中的巡视检查与事故处理

**(一)油系统运行中的巡视检查**

(1)检查油泵电源正常,各自动化测量元件信号正确,控制元件动作正常。

(2)检查油泵自动工作情况,起动是否过于频繁,异常时记录起动间隔时间是否超常缩短。

(3)检查备用油泵是否频繁起动,如果是频繁起动,应加强检查油压装置管路及调速器管路系统是否漏油、泄油。

(4)检查压力油槽中油气比例是否合理,如不合理,补高压气进行调整。

(5)集油槽油位、机组轴承油位是否在正常范围内。油量不足,应由专责人员按操作程序向轴承添加油到设计油位。

(6)检查调速器以及润滑用油管路有无漏油、渗油,各阀门位置正确。

(7)检查电动机及其电气回路,用鼻子闻、耳朵听、眼睛看,电动机和油泵运转声音正常,无异味。

(8)定期由检修专责油务人员,对运行中的油取样化验检查,也可以同机组轴承用油取样化验同时进行。取样化验按表8-2标准进行。

(9)检查电动机回路有无断相运行情况发生。如发生断相运行,应及时停油泵,更换供电回路熔断器等,或调整接触器触头压紧度。

**(二)压力油装置常见故障及事故处理**

1.压力油罐油压降低处理

(1)检查自动、备用泵是否起动,若未起动,应立即手动起动油泵。如果手动起动不成功,则应检查二次回路及动力电源情况。

(2)若油泵在自动控制状态下运转,应检查集油箱油位是否过低,安全减载阀组是否误动,油系统有无泄漏。

(3)若压力油罐压力短时不能恢复,则把调速器油泵切至手动,停止调整负荷并做好停机准备。必要时可以关闭进水闸(阀)门停机。

(4)当遇压力油罐泄漏事故或压力油罐爆破事故,将造成调速器无法关机的严重事故时,必须果断关闭主阀,将水轮机组停止下来,同时按紧急停机流程处理。

2.压力油罐油位异常处理

(1)压力油罐油位过高或过低,应检查自动补气装置工作情况,必要时手动补气、排气,调整油位至正常。

(2)集油箱油面过低,应查明原因,尽快处理。

**(三)漏油装置异常处理**

(1)漏油箱油位过高,而油泵未起动时,应手动起动油泵,查明原因并尽快处理。

(2)油泵起动频繁且油位过高时,应检查电磁配压阀是否大量排油及接力器漏油是否偏大,联系检修人员处理。

(3)油泵故障,应联系检修人员处理。

## 第二节　压缩空气系统运行及事故处理

### 一、压缩空气系统的作用及基本组成

**(一)压缩空气系统的作用**

空气具有极好的弹性(即可压缩性),经压缩后,是储存压力能的良好介质。压缩空

气使用方便、安全可靠，易于储存和运输，因此在水电站得到了广泛应用，无论在机组运行中还是在检修和安装过程中，均需使用压缩空气。

1. 压缩空气系统在水电站中的应用

(1)水轮机调节系统及进水阀操作系统的油压装置充气建立油压用气。

(2)机组停机过程中制动用气。

(3)机组调相运行时向转轮室充气压水及补气。

(4)机组维护检修风动工具及吹污清扫用气。

(5)水轮机主轴检修密封及进水阀空气围带密封用气。

(6)机组轴承气封、发电机封闭母线正压用气。

(7)水轮机尾水管强迫补气用气。

(8)灯泡贯流式机组发电机舱密闭增压散热用气。

(9)水泵水轮机压水调相和水泵工况压水起动用气。

(10)配电装置、发电机空气断路器用气作动力源。

(11)在寒冷地区进水口闸门、拦污栅等处防冻吹冰用气。

2. 使用压缩空气的设备用气压力

(1)供液压操作的油压装置压力油槽用气：额定工作压力一般为 2.5 MPa，大型机组选用 4 MPa 或 6 MPa，目前国内调速器最高油压已达 16 MPa。

(2)机组停机过程中的制动用气：额定压力 0.5 ~0.7 MPa。

(3)水轮发电机组调相运行时转轮室压水用气：额定压力 0.5 ~0.7 MPa。

(4)机组、设备在安装、检修中的风动工具及设备吹扫清污用气：额定压力 0.5 ~0.7 MPa。

(5)水轮机主轴检修围带密封充气、发电机封闭母线微正压用气：额定压力 0.5 ~0.7 MPa。

(6)蝴蝶阀止水围带充气：工作压力应比阀门承受的水压力高 0.2 ~0.4 MPa。

(7)灯泡贯流式机组发电机舱密闭增压散热用气：额定压力一般为 0.5 ~0.7 MPa。

(8)前池或压力管道进口前拦污栅处防冻吹冰用气：额定压力 0.5 ~0.7 MPa。

(9)大中型机组水轮机强迫补气：额定压力一般为 0.5 ~0.7 MPa。

(10)气动配电装置中的空气断路器及气动隔离开关操作和灭弧用气：工作压力一般为 2 ~2.5 MPa。但为了满足设备对空气干燥的需求，压缩空气系统产生压缩空气的额定压力应为工作压力的 2 ~4 倍，甚至更高。

根据电站用气设备实际所需用气压力不同、工作性质及要求不同，将水电站的压缩空气系统进行分类：①厂内高压气系统，压力 $P \geq 2.5$ MPa，主要供厂内油压装置压力油槽充气建立油压用；②厂内低压气系统，压力 $P = 0.5 \sim 0.7$ MPa；③厂外高压气系统，压力 $P = 2 \sim 4$ MPa；④厂外低压气系统，压力 $P = 0.5 \sim 0.7$ MPa。当然，也有将水电站组成的压缩空气系统以压力不同分为高、中、低压气系统的。

**(二)压缩空气系统的任务和组成**

水电站压缩空气系统的任务，就是及时、可靠地供给用气设备所需的气量，同时满足用气设备对气压、清洁和干燥的要求。

压缩空气系统由四个部分组成：

(1)空气压缩装置。包括空气压缩机、电动机、储气罐和气水分离器。

(2)供气管网。由干管、支管和管件组成。管网将气源和用气设备联系起来，向用气设备输送和分配压缩空气。

(3)测量和控制元件。包括各种类型的自动化元件，如压力继电器、温度信号器、电磁空气阀等。其主要作用是监测、控制，保证压缩空气系统的正常运行。

(4)用气设备。如油压装置的压力油罐、制动闸、风动工具等。

**(三)典型的水电站压缩空气系统**

本实例是一个高、低压综合的水电站压缩空气系统，如图8-3所示。该水电站装机容量为4×10 000 kW、油压装置额定工作压力2.5 MPa、高压压缩空气系统的额定工作压力2.8 MPa。低压气系统的供气对象主要是机组制动，而吹扫用气和其他设备用气另设置储气罐，且作为制动供气的备用，两个储气罐连接的管路上设有单向阀，以保证其他用气设备不挪用机组制动供气。低压压缩空气系统的额定压力为0.7 MPa。将高、低压气系统综合的目的是在高压气系统第一次建立压力时，先由低压压缩空气系统通过$\phi$25 mm联络管向高压压缩空气系统储气罐作预充气到0.7 MPa，再由高压气系统的空气压缩机打气向储气罐建立压力到额定压力。这样，可以减少高压压缩空气系统建立气压的时间，也可提高压缩空气系统的效率。

## 二、压缩空气系统投运前的检查项目

压缩空气系统投运前的检查项目如下：

(1)根据设计图，对高、低压气机一次供电回路的开关、熔断器和电动机进行外部检查。

(2)电动机各项电气试验，包括定子绕组直流电阻值、对地绝缘电阻值等项目试验应全部合格。

(3)电动机外壳接地良好，电源正常。

(4)电动机自动控制回路的检查，压力继电器整定值及接点的检查。

(5)空气压缩机本体检查，包括卸荷阀动作检查合格，空气过滤器检查合格。

(6)空气压缩机输出气管及阀门按编号进行检查，各阀门处于正确的关或开位置。

(7)确认储气罐压力试验合格。

(8)如果是水冷式空气压缩机，起动时，冷却水压力应正常。

(9)低压气机起动时应自动打开卸荷排气阀，实现减载起动，经一定时间才自动关闭并带负荷正常运转。

## 三、压缩空气系统投入运行与停止运行

**(一)低压气机的投入运行与停止运行**

(1)首先将空压机电动机起动回路的切换开关放“手动”位置，投入冷却水，进行手动

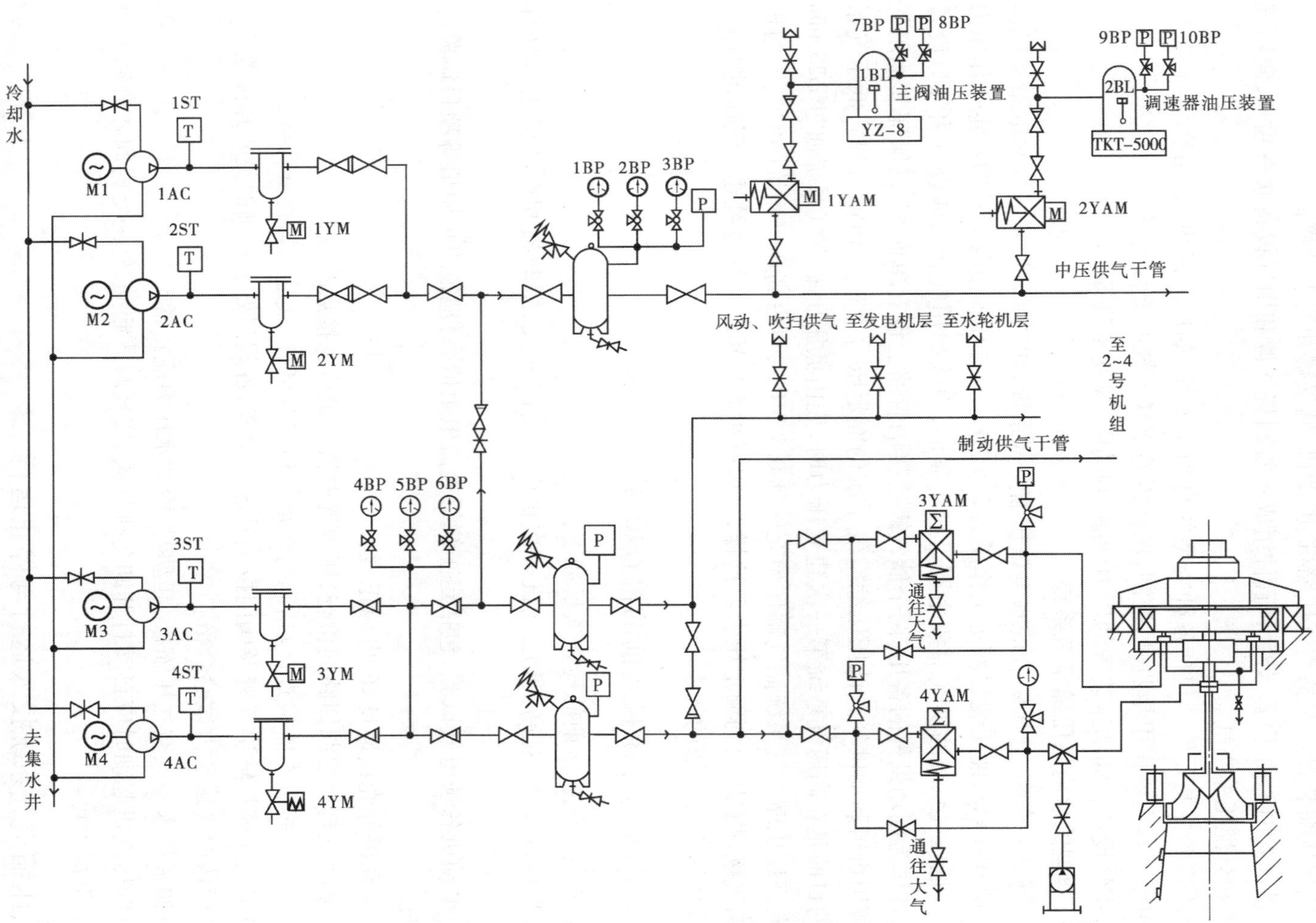


图 8-3　高、低压综合的水电站压缩空气系统

起动,观察电动机和空压机运转情况,检查卸荷阀动作正常,空载起动运转正常。

(2)检查电动机和空压机及全部管路和阀门有无漏气、泄气现象。

(3)“手动”位置运行正常后,将切换开关切向“自动”位,一台机放“主用”,另一台机放“备用”。

(4)进行空压机“自动”停机试验,压力在0.7 MPa时应自动停机。

(5)进行备用空压机“自动”起动试验,压力下降到0.5 MPa时,备用空压机自动起用,两台空压机同时运转。

(6)进行“主用” 空压机起动试验,压力下降到0.6 MPa时,“主用” 空压机自动起动。

(7)一般1~2个月将两台空压机“主用”和“备用”状态定期互相切换,以检查备用空压机的工作情况,并使两台机的工作时间相近。

**(二)高压空压机的投入运行与停止运行**

高压空压机一般用手动操作,操作时应注意声音、气压是否正常,以及检查管路及阀门工作情况。

## 四、压缩空气系统巡视检查与事故处理

**(一)气系统运行中的巡视检查**

(1)定期对高压空压机进行手动开机运转检查。

(2)低压空压机较长时间未自动起动运转时,应切换至手动状态进行运转检查。

(3)自动起动过程中,监视起动间隔时间是否异常。

(4)检查各压力表指示情况,压力继电器接点动作情况。

(5)检查管路各阀门位置正确,有无漏气现象。

(6)定期对储气罐及气水分离器进行排污,发现含水量和含油量过大时,应及时查明原因并进行处理。

(7)检查润滑油是否正常。

(8)检查气体压力正常。

(9)检查冷却水压力正常。

(10)检查油槽油位正常,油质合格。

(11)检查空压机转动声音正常,有无振动。

(12)检查空气过滤器正常。

(13)定期将低压空压机的“主用”和“备用”切换。

(14)检查机组制动供气管路阀门位置是否正确,机组制动电磁空气阀位置是否正确。

(15)机组作调相机运行时,巡视检查低压气和转轮室压水情况,并监视低压空压气机起动运转情况有无异常,压力是否正常。

(16)压力油槽油气比例失调,需要补高压压缩空气时,必须报告主管,并写好操作票,由一人进行操作,另一人进行监护。

(17)检查空压机进出口管路温度是否过高,过高时,报告主管,分析处理。

## (二)气系统常见故障及处理

1. 空压机在运转中出现异常响声或振动声

其原因及处理方法如下:

(1)低压空压机检修后阀室中活塞顶点与缸盖调整间隙太小,吸气阀安装位置不对或元件松弛,阀片或弹簧损坏。此时应立即停止空压机运行,按要求做好检修安全措施。

(2)汽缸内检修后遗留金属碎片,连杆衬套和活塞环过度磨损,此时应通知检修人员分解检查更换处理。

(3)曲轴箱内连杆瓦和滚动轴承过紧或曲轴挡油圈松脱,飞轮未装紧或键配合过松,应通知检修人员分解检查更换处理。

(4)空压机和电动机基础螺丝松动,调整紧固基础螺丝。

2. 空压机在运转中温度异常升高

其原因及处理方法如下:

(1)润滑油严重变质,特别是润滑油油量严重不足,应更换或补充新的润滑油。

(2)活塞、轴承严重磨损或轴瓦烧毁,使润滑油油温升高,此时应立即停机,做好措施并通知检修分解处理。

(3)吸气网被堵或吸气阀未全开,使效率降低或用气量过大,运转时间过长,此时应清扫吸气网或全开吸气阀,分解调整更换吸、排气阀,调整临时用气,关紧系统排气阀,消除漏气点。

(4)冷却水中断或冷却水量不足,水路内部积垢堵塞,此时应检查排水阀和自动给水阀位置是否正确,分解清扫冷却系统使水路畅通。

3. 空压机运行效率降低、送气时间过长

其原因及处理方法如下:

(1)吸气网堵塞或吸气阀未全开,此时应检查清扫吸气网,全开吸气阀。

(2)吸、排气阀阀片弹簧损坏或卡住漏气,此时应通知检修部门检查处理。

(3)活塞环、刮油环及汽缸磨损漏气,活塞顶点与缸盖间隙过大,此时应通知检修检查处理。

(4)系统漏气量过大或用气量增大,此时应检查供气系统管路上的各阀门和管路法兰连接处,消除漏气点,调整临时用气量。

4. 低压空压机无法自动停机

其原因及处理方法如下:

(1)自动起动电接点压力表接点黏结,此时应断开电源开关,通知检修部门检查处理。

(2)自动起动中间或时间继电器黏结或断线,此时应断开电源开关,通知检修部门检查处理。

(3)低压机磁力起动器三相触头烧结黏结,此时应断开电源开关,通知检修部门检查处理。

注意:自动运行状态的低压空压机,无论出现什么故障,都应首先断开其电源再将备用低压空压机投至自动位置(除自动元件有缺陷外),然后逐条逐项检查处理故障。

# 第三节 技术供水系统运行及事故处理

## 一、技术供水系统的作用及基本组成

水电站的供水类型包括技术供水、消防供水和生活供水。技术供水系统是水电厂辅助设备中最基本的系统之一。

### (一)技术供水的作用及供水对象

技术供水又称生产供水,其主要作用是对运行设备进行冷却、润滑和密封。

技术供水的主要对象是发电机空气冷却器、发电机组推力轴承及导轴承油冷却器、水轮机橡胶瓦导轴承润滑、机组主轴密封、水冷式变压器、水冷式空气压缩机、深井泵润滑、射流泵的工作以及高水头电站主阀的操作等。

水电站各用水设备对供水的水量、水压、水质、水温均有一定的要求,其总的原则是:水量足够、水压在允许范围内、水质良好、水温适宜。根据我国已运行的大中型水电站机电设备用水情况分析,水量分配比例大致为:发电机空气冷却器为70%,推力与导轴承的油冷却器为10%,水轮机导轴承(水润滑)为5%,水冷式变压器为6%,其余用水设备为9%。机组各轴承冷却器进口水压受冷却器强度限制,一般不超过0.2 MPa。

### (二)技术供水的水源及供水方式

技术供水的水源有上游水库、下游尾水和地下水源,其中上游水库有压力钢管或蜗壳取水、坝前取水两种方式。

技术供水方式有自流供水、水泵供水、混合供水、射流泵供水及其他供水方式。自流供水适用于水电站平均水头在20~80 m,水温和水质符合要求的水电厂,但当水头高于40 m而采用自流供水方式时要减压供水。由于自流供水所需要的自动化设备较少,供水可靠,运行维护简单,所以现在自流供水有提高适应水头范围的趋势。水泵供水适用于水头高于80 m或低于12 m的水电厂。射流泵供水适用于水头120~160 m并且水量比较丰富的水电厂。其他供水方式有利用电厂附近溪流自流供水、水轮机顶盖取水供水等。

### (三)典型水电站技术供水系统

某水电站1号机组技术供水系统如图8-4所示。机组为立轴悬吊式机组,推力轴承、上导轴承装设在不同的油盆内,发电机无下导轴承,水导采用稀油润滑的巴氏合金轴瓦。供水方式采用蜗壳取水并经滤水器后自流单元供水的方式,同时全厂设了一套水泵提水并经稳压水池供水的备用技术供水系统,在自流供水水压不足的情况下可采用备用系统以保证机组的技术供水。

电动阀门YM3~YM6是切换冷却水向的,正常时一组关闭;另一组打开,如YM3、YM5全开,YM4、YM6关闭,或者与此顺序相反。1203阀是滤水器的排污阀,也兼顾调节水轮发电机组总冷却水压的功能。1205是公用冷却水总管与1号机冷却水总管的联络阀,正常时在关闭位置,当1204阀前的滤水器堵塞、减压阀损坏时,开启1205阀,关闭1204阀及其前面的阀门,仍不影响主机的运行。

结合图8-4,1号机组技术供水的正向流程为:

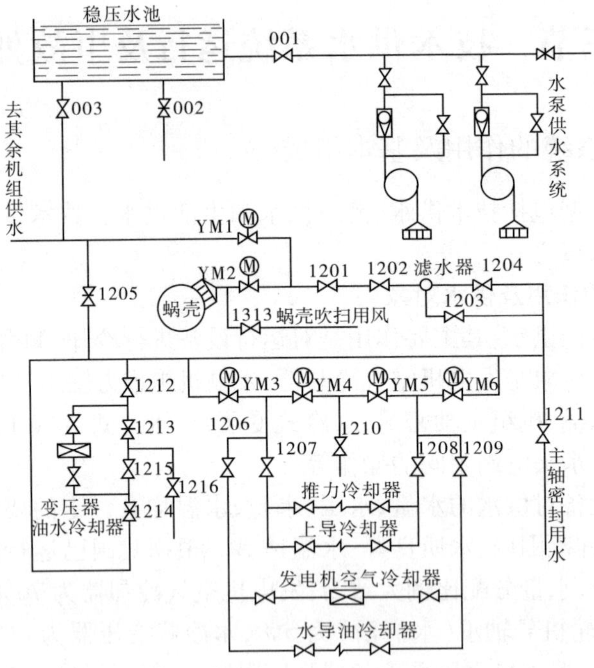


**图 8-4　某水电站 1 号机组技术供水系统图**

工作水源→YM2→1201→1202减压阀→滤水器→1204→机组冷却水总管→

→1211阀主轴密封用水

→1212→变压器油水冷却器→1215→1216排至下游河道

→YM3→1206→空冷、水导冷却器→1209→YM5→1210排至下游河道

→1207→推力、上导冷却器→1208→（YM5）

## 二、技术供水系统投运前的检查项目

技术供水系统新安装或检修完毕投运前，必须进行通水耐压试验，其目的是检查新安装或检修后的水系统管路各部分的连接、密封是否完好，以及水系统的耐压强度是否合格，并调节好各阀门的位置，以满足各冷却器在水压和水量方面的要求，为以后的自动开机做准备。

通水耐压试验的原则是：保证排水流畅，且在通水过程中，采用逐级提高水压和加大水流量的原则，以防止水系统因排水不畅导致管路憋压，使水压过高而损坏设备。水系统通水耐压时间通常为 30 min。

结合图 8-4，1 号机组冷却水系统通水耐压试验前应进行以下项目的检查：

（1）取水口的过滤网及滤水器过滤网清洗试验检查合格。

（2）各阀门编号标示和位置正确，管路颜色符合规定。

（3）供水管道上自动阀门电源正常，电气回路绝缘及接点试验检查合格，联动试验合格，并处于关闭位。

(4)确认总供水管路水压正常。

(5)如果是水泵供水的系统，应对水泵本身及其电动机进行全面检查，并对吸水管路进行检查；如果是离心水泵，还应检查出水管路的出水阀及止回阀是否正常，吸水底阀是否正常，吸水管充水是否正常等。

上述检查合格后，可按以下操作步骤对冷却水系统进行通水耐压试验：①1210 阀开；②1208 阀开；③1209 阀开；④1206 阀小开；⑤1207 阀小开；⑥YM3 阀开；⑦YM5 阀开；⑧YM4阀关；⑨YM6 阀关；⑩水导冷却器进、出口阀开；⑪水导油位作标记；⑫空冷进、出口阀开；⑬推力冷却器进、出口阀开；⑭推力油位作标记；⑮上导冷却器进、出口阀开；⑯上导油位作标记；⑰1216 阀开；⑱1215 阀开；⑲检查 1213、1214 阀是否关；⑳变压器油水冷却器水阀、油阀全开；㉑1212 阀小开；㉒变压器冷却器潜油泵手动起动投运（保证变压器油水器中油压大于水压）；㉓1203 阀开（防止憋压）；㉔1204 阀开；㉕检查减压阀全关；㉖1201 阀开；㉗检查 YM2 是否全关；㉘YM1 阀开；㉙减压阀小开；㉚检查各管网系统有无渗漏；㉛检查各油盆油位是否正常；㉜减压阀开大，适当升高机组冷却水压；㉝检查各部分有无渗漏；㉞1206 阀适当开大；㉟1207 阀适当开大；㊱1211 阀适当开大；㊲减压阀开大，调机组冷却总水压至正常；㊳1206 阀调空冷、水导冷却水流量（水压）至正常；㊴1207 阀调推力、上导冷却水流量（水压）至正常；㊵1212 阀调变压器冷却水流量（水压）正常；㊶通水耐压时间到后，YM1 全关；㊷变压器潜油泵停运。

通水耐压试验合格后，供水系统可投入正常运行。

## 三、供水系统投入运行与停止运行

供水系统投入运行与停止运行的注意事项如下：

(1)第一次投入运行时，按上述通水耐压试验步骤逐项进行操作和检查。如为停机后开机，则只需打开电动阀 YM2 并进行相应检查即可。

(2)按打开机组技术供水要求，确认各阀门所处位置正确。

(3)现场检查各处水压、示流信号器是否正常，管道有无渗漏水现象，特别注意发电机空气冷却器的漏水检查。

(4)机组停机后，冷却水由电动阀 YM2 关闭，并应现场检查。

(5)供水前要特别注意检查发电机灭火管道的供水阀门。

(6)严冬寒冷低温时，注意按水电站现场运行规程规定，停止供冷却水。

(7)由水泵供水的供水系统，水泵的开停要有专人值班负责，并按水泵运行规程开和停。

## 四、供水系统巡视检查与事故处理

### (一)技术供水系统日常巡视项目

(1)检查各部被冷却设备的温度是否在正常范围之内。

(2)检查各部水压(或流量)是否符合要求。

(3)检查管网系统有无渗漏、堵塞。

(4)检查管网系统有无水锤共振声。

(5)检查各被冷却设备的油位、油色是否正常。

(6)检查空气冷却器有无出汗现象。

(7)定期清扫、维修和切换水过滤器,以保证水质、水量和水压符合要求。

(8)在洪水季节,要注意加强机组冷却水和润滑水的巡回检查和取样分析,发现水质超标应及时采取措施处理。

**(二)被冷却设备温度升高时的故障处理**

(1)对照同一设备的不同表计(温度调节仪和温度巡检仪),判断表计是否准确。

(2)若是机组轴承温度升高,检查机组是否运行在振动区,应避免机组长时间运行在振动区。

(3)若是发电机温度升高,检查三相电流是否平衡,并设法消除。

(4)检查温度升高部分的油面、油色、水压、水流量情况,分析原因。

(5)适当提高冷却水压,能够倒换水向运行的机组尽量倒换水向运行。针对汛期含沙量高的特点,可反复切换水系统运行方式。

(6)若采取措施(5)后,温度还继续升高,应降低机组出力,甚至关至空载运行。

(7)若温度上升至故障停机温度,应监视自动装置动作情况,如动作不良,可以手动帮助。

(8)若温度上升至故障停机温度还未停机,应立即按事故停机按钮。

**(三)冷却水中断事故的处理**

(1)检查冷却水总水压是否正常,水管路是否大量跑水。

(2)检查正、反冲阀门是否因误动作全开。

(3)检查减压阀门是否失灵,安全阀是否误动作。

(4)检查水管路是否堵塞,应吹扫和切换为反冲洗运行。

(5)若是橡胶水导轴承断水,应检查备用水源是否投入,如未投入,应尽快手动投入。

(6)若示流器不良,应将断水保护停用,派人定点监视水流情况,并尽快修复示流器。

## 第四节　排水系统运行及事故处理

### 一、排水系统的作用及基本组成

排水系统是水电厂辅助设备中最基本的系统之一。在水电厂,排水系统是比较容易发生事故的部位,若排水系统不可靠,就会引起水淹厂房的重大事故,严重威胁水电厂的安全和运行。

**(一)排水系统的作用及组成**

水电厂排水系统的作用是:排除生产废水、检修积水和生活污水,避免厂房内部积水和潮湿,保证水电站设备的正常运行和检修。排水系统一般由排水泵、排水管道、控制阀门以及排水泵的控制设备等组成。

水电厂的排水系统包括生产用水的排水、检修排水、渗漏排水和厂区排水。但一般只将检修排水和渗漏排水列入水电站的排水系统。

(1)生产用水的排水。水电厂的生产用水主要是技术供水,包括发电机空气冷却器、机组各导轴承的冷却水等,它的特点是排水量大,设备入口有压力,位置也较高,一般都不设置排水泵,而靠自流的形式排至下游河道或尾水管内。

(2)检修排水。当检修机组或厂房水下部分的引水建筑物时,必须将水轮机蜗壳、尾水管、引水管道内的积水排除。检修排水的特点是:排水量大,位置较低,排水时间集中,只能采用水泵排除。这种排水的方式有直接排水、集水井排水和廊道排水。直接排水是指检修排水泵通过管道和阀门与各台机组的尾水管相连,当机组检修时,水泵直接从尾水管抽水排出。廊道排水是指厂房水下部分设有相当容积的排水廊道,当机组检修时,尾水管向排水廊道排水,再由检修排水泵从排水廊道或集水井抽水排出。检修排水应当可靠,必须防止因排水系统的某些缺陷引起尾水的倒灌,造成水淹厂房的事故。

(3)渗漏排水。机械设备的漏水、水轮机顶盖与大轴密封的漏水、下部设备的生产排水、厂房下部设备清洗的污水排水、厂房水工建筑物的渗漏排水、厂房下部消防用水的排水一般采用渗漏排水。它的特点是排水量没有规律,很难由计算方法确定,位置不集中且比较低,在厂房分布广,没有压力,不能靠自流排至下游,一般都采用集水井收集,再用水泵统一排水。水轮机顶盖排水,一般采用自流形式排至渗漏集水井,但也有装设排水泵作为上盖水位超高时的紧急排水,以防水淹上盖。

### (二)排水方式

#### 1. 渗漏水排水方式

(1)集水井排水。此种排水方式是将水电站厂房内的渗漏水经排水管、排水沟汇集到集水井中,再用离心水泵排至厂房外。由于厂内设置集水井容易实现,离心水泵安装、维护方便,价格低廉,所以目前中小型水电站渗漏排水多采用这种方式。

(2)廊道排水。这种排水方式是把厂内各处的渗漏水通过管道汇集到专门的排水廊道内,再由排水设备排至厂外。此种方式多采用立式深井泵,且水泵布置在厂房一端。由于设置排水廊道受地质条件、厂房结构和工程量的限制,仅在装有立式机组的坝后式和河床式水电站中应用,加之立式深井泵的安装、维护复杂,价格昂贵,因此多用于大、中型水电站。

#### 2. 检修排水方式

(1)直接排水。此种排水方式是将各台机组尾水管与水泵吸水管用管道和阀门连接起来,机组检修时,由水泵直接将漏、积水排除。其排水设备亦多采用离心泵或电动潜水泵。水泵可以和渗漏排水泵集中布置或分散布置。直接排水方式运行安全可靠,是防止水淹泵房的有效措施,目前在中小型水电站中采用较多。

(2)廊道排水。这种排水方式是把各台机组的尾水管经管道与排水廊道连接,机组检修时,先将积水排入廊道,再由水泵排至厂外。采用此种方式时,渗漏排水也多采用廊道排水,两者可共用一条排水廊道,条件许可时,渗漏排水泵亦可集中布置在同一泵房内,检修排水时,可利用渗漏排水泵短时间排除积水,缩短检修排水的时间。因廊道排水方式的限制条件较多,所以它在中小型水电站中采用较少。

### （三）典型排水系统图

图 8-5 为某水电站采用射流泵作为渗漏排水的排水系统图。渗漏排水系统设置了一台射流泵作为工作泵，动力水源取自 1 号机组的压力钢管，经 0213、0214 阀并由据集水井水位控制的电磁液压阀 YA 实现射流泵的起、停控制。检修排水是尾水管直接排水，设置有两台离心泵，0207、0208 阀与检修排水总管相连，0209、0210 阀分别与渗漏排水集水井中的底阀相连，因此这两台离心泵也可作为渗漏集水井的备用排水泵。当射流泵故障时，关闭 0213、0214 阀，并且关闭离心泵与检修排水母管相连的 0207、0208 阀，开启 0209、0210 阀，离心泵即可排除渗漏集水井中的积水。当需要排尾水管中的水时，机组的进水闸门和尾水闸门关闭，并应关闭 0209、0210 阀，开启 0207、0208 阀，最后开启检修排水总管与需要排水机组之间的隔离常闭阀，如 P01（1 号尾水管排水阀），这样即可起动离心泵排尾水管中的水。常闭的 0205、0206 阀，是离心泵起动前的备用充水阀。0201、0202、0211、0212 阀选择排水的去向。这种排水系统的优点是检修排水泵兼作渗漏排水的备用泵，使排水泵的装置台数较少，充分利用设备；缺点是当 0209、0210 阀以及离心泵底阀关闭不严时，将会引起尾水倒灌的事故。

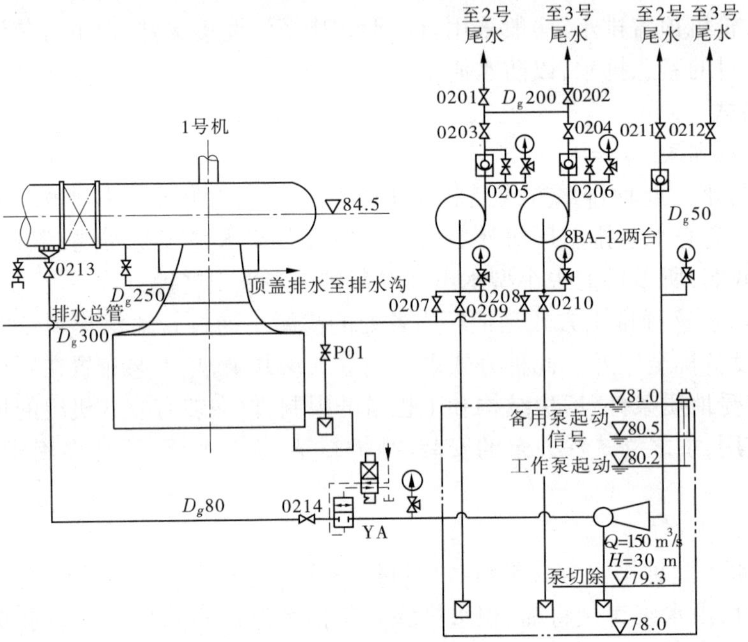


**图 8-5　某水电站采用射流泵作为渗漏排水的排水系统图**

## 二、排水系统投运前的检查项目

排水系统新安装或检修完毕投运前，与供水系统一样，也必须进行通水耐压试验，来检查新安装或检修后的排水系统管路各部分的连接、密封是否完好，并调节好各阀门的位置，为机组的自动开机做准备。

排水系统通水投运前应进行以下项目的检查：

(1)各阀门编号标示和位置正确，管路颜色符合规定，各部连接可靠无松动。

(2)排水管道上自动或电动阀门电源正常，电气回路绝缘及接点试验检查合格，联动试验合格，并处于关位。

(3)排水泵及其电动机周围清洁，无杂物；电动机绝缘良好，固定可靠。

(4)手动盘动电动机与水泵的联轴节，检查水泵与电动机转动是否灵活，轴承润滑油是否足够，油质是否良好。

(5)检查水泵出水管路的出水阀及止回阀是否正常，引水底阀是否正常，吸水管充水是否正常等。

## 三、排水系统投入运行与停止运行

排水系统投入运行与停止运行的注意事项如下：

(1)第一次投入运行时，按通水耐压试验步骤进行操作和检查。对于排水泵应检查电源及其控制回路是否正常，完成后，逐台将排水泵电动机起动回路的切换开关放“手动”位置，进行手动起动，观察电动机及水泵运转情况以及水泵出口是否有水流。

(2)检查各阀门和排水管路密封是否完好，有无渗漏现象。

(3)在“手动”位置正常后，将排水泵电动机控制切换开关切至“自动”位置，如有两台排水泵，将其中一台放在“主用”，另一台放在“备用”。检查排水泵的“自动”停泵试验，“主用”排水泵应在整定的停泵水位正确停泵。

(4)断开“主用”泵电源，检查“备用”排水泵能否正确起动和停泵。

(5)断开排水泵电源，严密监视水位信号器信号是否正确，水位报警信号正常之后，投入排水泵电源。

(6)“主用”和“备用”排水泵应定期进行轮流切换，使各台排水泵工作时间相近。

(7)对于渗漏排水泵，正常投运后应一直处于自动运行状态，排水泵需要检修时方可退出运行并按相关规程操作。

(8)对于检修排水泵，应根据检修需要采用“手动”或“自动”控制，并在检修期间安排专人负责按相应规程进行投运或退出。

## 四、排水系统巡视检查与事故处理

### (一)排水系统日常巡视项目

(1)检查排水泵电源及控制回路是否正常，无报警。

(2)检查排水泵内部的声音是否正常。

(3)检查排水泵的振动、窜动是否过大。

(4)排水泵、电动机温度是否正常，应无异味。

(5)排水泵盘根密封是否良好，应无大量漏水。

(6)各阀门位置是否正确，各部分无漏水。

(7)加强集水井以及检修排水的水位巡视检查，避免出现水位监测信号器故障而出现水淹厂房的事故。

(8)运行中如发现有异音、排水泵抽不上水、电动机或泵体温度过高、电动机冒烟及有焦味,应停止运行,并检查原因,联系检修专责人员处理。

**(二)排水系统常见故障及事故处理**

排水系统常见的故障主要是集水井排水泵电源及自动控制回路故障,排水泵工作异常,无法抽水或排水量不足,温升过高。排水系统常见的事故是集水井水位自动监控回路故障,导致排水泵无法自动起动和报警,发生水淹厂房事故;或者检修水泵工作异常,导致检修排水不正常,从而出现水淹设备甚至厂房的事故。当出现排水系统事故,特别是水淹厂房时,应尽快起动备用水泵排水,对被淹设备必须进行全面检修,试验合格后方可投入使用。

排水系统常见故障及处理办法见表8-4。

**(三)排水泵检修时应做的安全措施**

(1)将被检修水泵的操作开关置于断开位置。

**表8-4　排水系统常见故障及处理方法**

| 故障现象 | 原因 | 消除方法 |
| --- | --- | --- |
| 集水井水位很高,但水泵不起动 | ①动力电源断开;<br>②电源缺相;<br>③水泵电动机损坏;<br>④水位自动控制回路有故障 | ①检查并确认电源正常;<br>②检查电源是否缺相断线;<br>③检查控制回路各保护元件无动作;<br>④将水泵切至"手动"位置,检查水泵能否起动;如能起动,重点检查自动控制回路 |
| 电动机转动但水泵抽不出水 | ①总扬程超过设计扬程;<br>②进水管路或填料漏气;<br>③水泵转向不对或转速过低;<br>④吸水扬程太高;<br>⑤传动轴断裂 | ①改变安装位置,改进管路装置,降低总扬程;<br>②堵塞漏气处,压紧或更换填料;<br>③检查确认旋转方向,用转速表检查转速,调整皮带轮直径,提高转速;<br>④调整吸水扬程;<br>⑤更换传动轴或联轴器 |
| 水泵出水量不足 | ①进水管淹没水深不够,泵内吸入了空气;<br>②进水管路接头处漏气、漏水;<br>③进水管路或叶轮有水草杂物;<br>④输水高度过高;<br>⑤减漏水及叶轮磨损太多;<br>⑥功率不足;<br>⑦填料漏气;<br>⑧吸水扬程过高 | ①增加水管长度,水面上放块木板,阻止空气进入水泵;<br>②重新安装,堵塞漏气、漏水;<br>③加以清除;<br>④降低输水高度;<br>⑤更换减漏环及叶轮;<br>⑥加大配套动力;<br>⑦旋紧压盖或更换填料;<br>⑧调整吸水扬程 |

续表 8-4

| 故障现象 | 原因 | 消除方法 |
|---|---|---|
| 排水泵耗用功率太大 | ①转速过高；<br>②泵轴弯曲，轴承磨损过大；<br>③填料压得太紧；<br>④叶轮与泵壳卡住；<br>⑤流量及扬程超过使用范围；<br>⑥直联传动不同轴，皮带传动过紧 | ①调整降低转速；<br>②校正调直，更换轴承；<br>③旋转压盖螺栓或将填料取出打扁一些；<br>④调整达到一定间隙；<br>⑤调整流量扬程，或关小出水管闸阀；<br>⑥校正轴心位置，调整皮带松紧度 |
| 水泵工作杂声较大，振动明显 | ①基础螺丝或其他有松动；<br>②泵轴弯曲，叶轮或轴承损坏；<br>③直联传动两轴心没有对正；<br>④吸程过高；<br>⑤进水管漏气或淹没水深不够；<br>⑥泵内掉进杂物；<br>⑦叶轮平衡性差 | ①旋紧螺丝；<br>②校正和更换叶轮或轴；<br>③校正或调整轴心；<br>④降低安装位置；<br>⑤加以堵塞或加深淹没深度；<br>⑥清除泵内杂物；<br>⑦进行静平衡试验、调整 |
| 轴承发热，温度升高明显 | ①润滑油不足或油质不好；<br>②轴承装配不正确或间隙不当；<br>③皮带过紧；<br>④泵轴弯曲或轴心没对正；<br>⑤轴向推力太大，摩擦生热；<br>⑥轴承损坏 | ①加油或更换润滑油；<br>②修正调整间隙；<br>③适当放松；<br>④校正调整轴心；<br>⑤注意平衡孔的疏通（BA 型泵）；<br>⑥更换轴承 |
| 填料函发热或漏水过多 | ①填料压得太紧；<br>②水封环装置不对；<br>③填料、轴承或轴套磨损过大；<br>④填料质量太差 | ①调整至少有一滴水漏出为止；<br>②使水封环正好对准封管口；<br>③更换填料、轴承及轴套；<br>④填料一般为棉质材料，需浸入牛油中煮透，外面涂上黑铅粉 |
| 水泵在运行中突然停止出水 | ①进水管口吸入大量空气或突然堵塞；<br>②叶轮被吸入杂物突然打坏 | ①加深淹没水深或停机清除杂物；<br>②停机更换叶轮 |
| 轴承被卡死，无法转动 | ①减漏环太小或不均匀；<br>②轴承损坏被碎片卡住；<br>③填料与轴发生干摩擦，发热膨胀；<br>④轴弯曲被锈住，轴承壳不圆和填料压盖螺丝太紧 | ①更换或修理减漏环；<br>②更换轴承、清除碎片；<br>③使壳内灌水，冷却后再运行；<br>④加以检修，校正、调整压盖螺丝 |

（2）切断水泵的操作电源。

(3)切断水泵的动力电源。
(4)将水泵的动力电源开关拉出或将其隔离开关拉开。
(5)监视故障信号情况。
(6)关闭排水泵的出口阀门。
(7)关闭排水泵的充水阀门(深井泵的滑润水阀门)。
(8)所切开关、刀闸、操作把手处均挂“禁止合闸,有人工作”标示牌。
(9)所关闭的阀门挂“禁止开阀”标示牌。

## 复习思考题

### 问答题

(1)水电厂油水气系统中不同的管道颜色各代表什么意义?
(2)水电厂油水气系统阀门编号中各位数字分别代表什么意义?
(3)水电厂油系统有何作用? 由哪些部分组成?
(4)水电厂常用的润滑油有哪些? 常用牌号是什么?
(5)水电厂常用的绝缘油有哪些? 常用牌号是什么?
(6)水电厂油系统在运行中注意的巡视内容有哪些?
(7)水电厂压缩空气系统有哪些主要作用?
(8)水电厂主要设备用气的压力分别是多少?
(9)水电厂压缩空气系统主要由哪些设备组成?
(10)水电厂气系统在运行中应注意的巡视内容有哪些?
(11)水电厂的供水包括哪些方面? 技术供水的作用及主要供水对象有哪些?
(12)技术供水系统通水耐压试验的目的和试验原则是什么?
(13)水电厂技术供水系统日常巡视主要项目有哪些?
(14)水电厂排水系统的作用是什么? 主要由哪些部分组成?
(15)水电厂渗漏排水、检修排水主要采用哪些方式?
(16)水电厂排水系统日常巡视主要项目有哪些?

# 第九单元
# 直流系统与 UPS 电源的运行及事故处理

**主要岗位工作任务**

直流系统装置的巡视检查，直流系统的运行操作，直流系统的故障和事故处理，UPS 系统的监视，UPS 系统的操作，UPS 系统的故障处理。

水电厂中的直流系统和 UPS 电源是供给各种二次回路和计算机的电源，它在水电厂中具有举足轻重的地位，必须保证它的可靠性和连续性，从而保证整个二次系统的安全可靠运行和整个电厂电能生产的安全可靠性。

## 第一节　直流系统的运行及事故处理

在发电厂和变电站中，为了供给控制回路、信号回路、继电保护装置、自动装置、事故照明、交流不停电电源（UPS）、微机监控系统等的用电，要求配置可靠的专用直流电源。通常，发电厂和变电站采用具有可充电性能的蓄电池作为直流电源。目前，充电装置一般采用可控硅高频充电装置；蓄电池一般采用免维护铅酸蓄电池，这使得直流电源的运行维护工作量大大减少。在发电厂和变电站中，直流系统一般由充电装置、蓄电池组及各种测量、控制、保护和信号单元以及绝缘监察装置等组成。

### 一、概述

#### （一）直流系统的作用及要求

蓄电池直流系统运行时，要求有足够的可靠性和稳定性，即使在全厂停电，交流厂用电源全部消失的情况下，也要求直流系统能持续地向直流负载供电，特别是对大容量机组对运行的安全性和可靠性提出了更高的要求。对于中、小容量的水力发电厂，一般设置一套独立的全厂公用的蓄电池直流系统，根据需要，该直流系统装设一组或两组蓄电池及充电装置。对于 300 MW、600 MW 的大型火电机组，则每台机组设置一套独立的直流系统，每套直流系统由一组或两组蓄电池及充电装置组成。设置一组蓄电池时，机组的控制（断路器控制、信号回路、继电保护回路）和动力（断路器合闸回路）直流负荷合在一起供电；设置两组蓄电池时，控制和动力直流负荷分开供电。

#### （二）直流系统电压的选用

（1）控制负荷、动力负荷、直流事故照明等公用的蓄电池直流系统，电压采用 220 V 或 110 V。如中、小容量机组的水电厂的直流系统，控制与动力负荷公用的 300 MW 机组直流系统电压一般都采用 220 V。

（2）控制负荷专用的蓄电池组直流系统电压（含网控室直流事故照明）采用 110 V。

（3）动力负荷和直流事故照明负荷专用的蓄电池组直流系统电压采用 220 V。

300 MW 及以上机组，其控制与动力直流负荷通常分开，故控制用与动力用直流系统电压分别采用 110 V 和 220 V。

（4）对强电回路（电压在 100 V 及以上的回路），蓄电池组直流系统电压采用 220 V 或 110 V。对某些水电厂、500 kV 变电所弱电回路（电压在 48 V 及以下，电流为毫安级的回路），直流电压采用 48 V。

## 二、蓄电池直流系统的接线形式

### （一）蓄电池直流系统的接线

如图 9-1 为某水电厂控制与动力直流负荷合用的直流系统。其接线为直流母线分成两段，两段母线之间设有联络刀开关 Q1、Q2，一组蓄电池通过刀开关 Q4 同时接入两分段母线，两台充电机（充电机一、充电机二）通过 Q3、Q5 并联后，通过刀开关 Q6 接入两分段母线的控制母线，通过 Q7 接入两分段母线的动力母线。

### （二）直流负荷的接线

（1）单回路集中供电接线。将事故照明、不经常使用的直流负荷、部分次要的直流负荷等由一条回路集中供电。如图 9-2 所示，通过 FU1 的回路为单回路集中供电的回路。

影响直流系统正常运行的主要因素是直流电压和直流系统绝缘电阻，而直流系统绝缘电阻的大小取决于设备本身的绝缘电阻、负荷出线的回路数、回路电缆的长度。回路数愈多，回路愈长，导致系统绝缘下降的可能性愈大，故对于一些不重要的负荷，尽量采用单回路集中供电的方式，以提高直流系统的绝缘水平。

（2）单回路独立供电接线。对于不经常使用，但又非常重要的直流负荷，采用单回路独立供电。如水轮机的直流油泵，全厂事故报警等直流负荷采用此种供电方式。如图 9-2 中通过 FU2 的回路。

（3）双回路集中供电接线。对于操作、信号、保护等重要的，且比较集中的直流负荷，采用双回路集中供电方式。两个回路的电源均取自同一直流母线，电源侧的刀开关和熔断器均在接通位置，两个回路在负荷端的某一点用刀开关断开，即供电回路采用双回路开环运行。发电厂的主控制室、集中控制室和室外配电装置等均采用此种供电方式。

如图 9-3 所示，刀开关 QK1、QK2 合上，熔断器 FU1、FU2 装上，刀开关 QK3 合上，QK4 断开（或合上 QK4，断开 QK3）。当 K 点发生一极接地时，值班人员至现场拉开 QK3，合上 QK4，即恢复正常供电。然后拉开 QK1，取下 FU1，处理接地故障。

## 三、阀控式铅酸蓄电池的运行规定

### （一）蓄电池的运行规定

阀控式铅酸蓄电池的单体标称电压为 2 V。蓄电池组在正常运行中以浮充电方式运行。蓄电池浮充电电压值宜控制为（2.23 ~ 2.28 V）×112、均衡充电电压值宜控制为（2.30 ~ 2.35 V）×112。在运行中主要应监视蓄电池组的端电压值、浮充电流值、蓄电池组及直流母线的对地电阻值和绝缘状态。

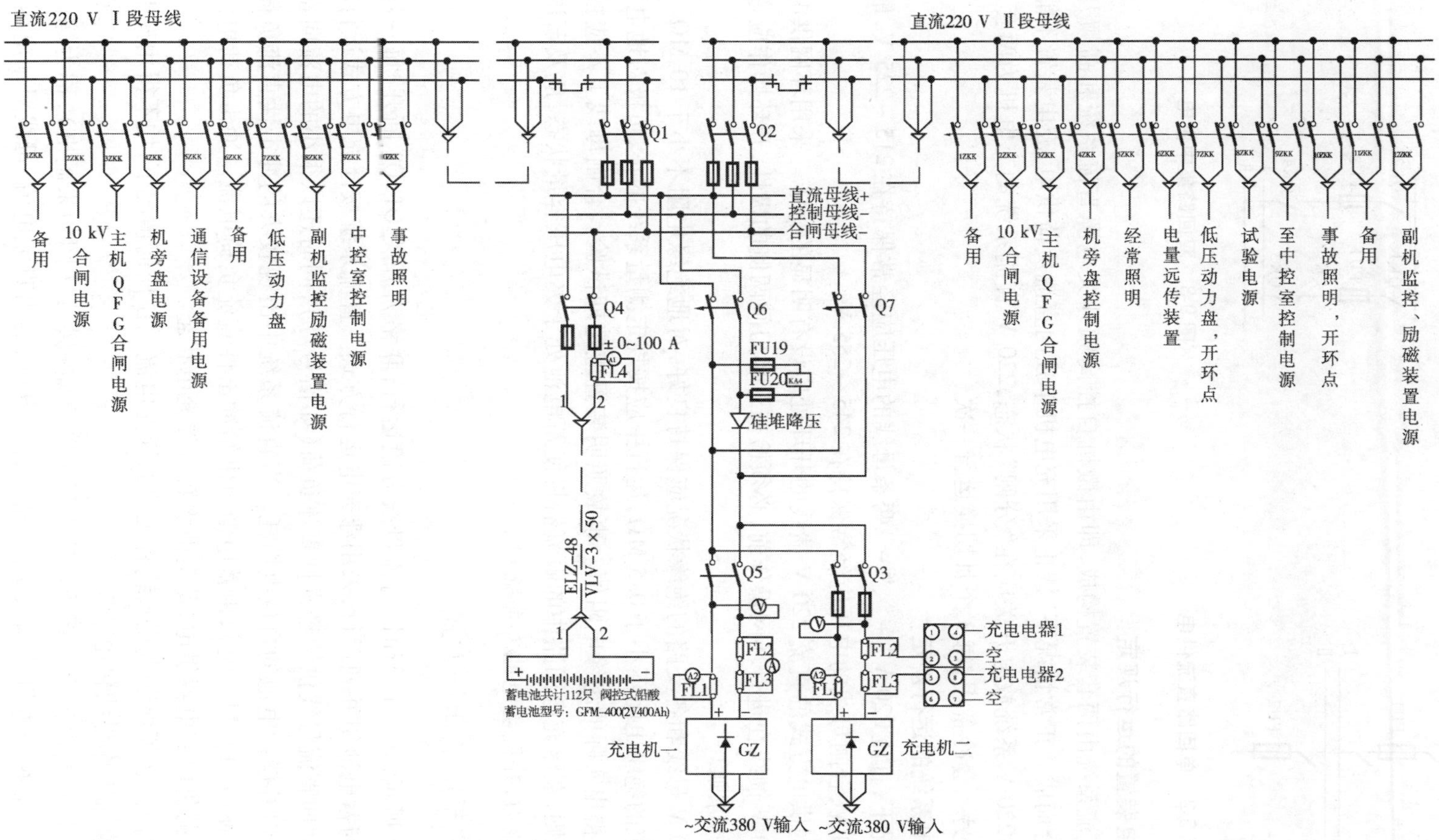


图 9-1 某水电厂控制与动力直流负荷合用的直流系统

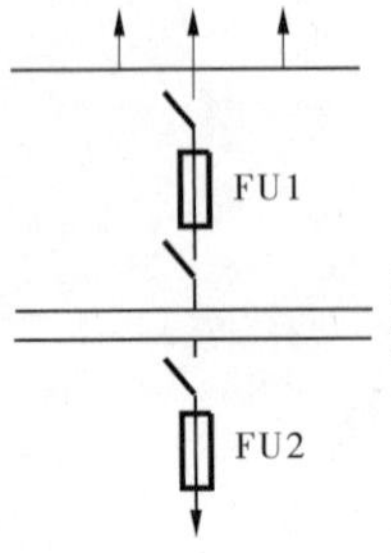


图 9-2　单回路直流供电

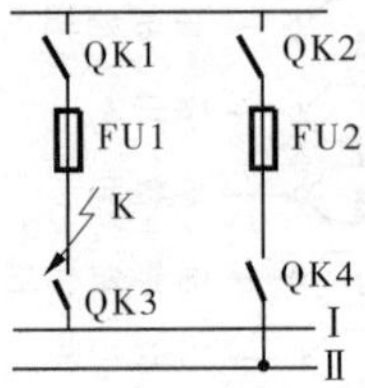


图 9-3　双回路集中供电

**（二）充电装置的运行规定**

220 V 直流系统由两套装置构成，即由微机自控高频开关电源直流系统和高频开关电源模块组合而成。正常情况下，禁止采用充电机单独向直流负荷供电，充电装置不能空载运行，直流 220 V 系统放电开关应在"分闸"状态，220 V 直流系统的充电机为两套，其中一套运行，另一套冷备用，每 3 个月切换运行一次。

**（三）馈电系统的运行规定**

正常情况下，直流 220 V"+"、"-"两条母线的电压应经常保持在 215～225 V，最高不得超过 230 V，合闸母线的电压应经常保持在 245～255 V。

采用环网供电方式的直流 220 V 馈线的开环处应设有明显的标志。采用环网供电方式的直流 220 V 馈线在进行环网操作前，必须检查开环刀闸两侧的极性，开环操作应遵循"先合后拉"的原则。

直流 220 V 母线和各支路的绝缘状况应保持良好，对地绝缘电阻不小于 10 MΩ。直流 220 V 系统的绝缘电阻不小于 0.5 MΩ，运行中应按规定测量系统的正、负极对地电压，通过计算，可得出实际的绝缘电阻值。事故照明装置应定期试验。合闸母线上不应接经常性负荷；否则，在浮充电回路中的限流器将使蓄电池处于欠电压容量状态，危及蓄电池的事故应急能力，并使蓄电池寿命缩短。

## 四、直流系统的运行方式

如图 9-1 所示，正常运行时，直流母线分段运行，联络刀开关 Q1、Q2 断开，每一母线上的充电器与蓄电池组并列运行，采用浮充电运行方式。直流系统按浮充电方式运行时，充电器一方面向直流母线供给经常性直流负荷（如信号灯），同时还以很小的电流向蓄电池组浮充电，以补偿蓄电池的自放电损耗。当直流系统中出现较大的冲击性直流负荷时（如断路器合闸时的合闸电流），由蓄电池组供给冲击性直流负荷电流。冲击负荷电流消失后，母线负荷仍由充电器供电，蓄电池组转入浮充电状态。

正常运行时，必须保证直流系统有足够的浮充电流。在任何情况下，均不得用充电器单独向各个直流工作母线供电。

如图 9-1 所示蓄电池直流系统母线上设有新型监视装置（图中未画出），称为综合监视仪，其功能是监视充电机的输入交流、输出直流电压、输出直流电流、母线对地电压、各支路对地电压，浮充与均充的自动切换；监视蓄电池的总体电压、单体电压、浮充电流，高于或低于某电压电流值时报警。正常运行时该装置均投入运行。

直流系统由两套直流 220 V 充电屏、连接屏、蓄电池组构成。两套充电装置电源分别取自整流室，动力屏分别接入充电馈电柜（或充电柜）的下部两个交流输入空气开关上，对两套装置单独供电。

直流系统采用双母线供电方式，正常情况下，Ⅰ、Ⅱ段母线通过空气开关 Q1 和 Q2 并联运行。充电机一或充电机二，一套在运行，另一套在备用。两套装置不能并联运行，只能切换。充电机二输出空气开关 Q5 和充电机一输出空气开关 Q3 不能同时在合闸位置。

充电装置经过控制母线输出空气开关 Q6 供电给经常性直流负荷，蓄电池组空气开关 Q4 向 112 只蓄电池浮充电，使蓄电池经常保持充满电的状态。

220 V 馈电母线采用辐射状供电，为提高供电可靠性，在重要的直流负荷回路中采取了环形结构，在环形回路中应选择适当的负荷开关作为开环点，并设置明显标志。220V 直流系统除有直流母线“ + ”和控制母线“ - ”两条母线外，还设有第三条合闸母线“ - ”专供 10 kV 断路器合闸用。第三条合闸母线的电压应经常保持在 245 ~ 255 V。当交流失压时，直流装置可自动由蓄电池向各馈线回路供电。

## 五、直流系统的运行监视和检查

### （一）基本要求

巡屏人员应严密监视直流系统电压、电流在规定的范围内运行。备用中的充电机应经常处于完好状态，保证能随时投入运行。

### （二）直流充电装置的巡视检查项目

（1）液晶显示屏无故障信号，显示正常，各电压值在规定范围之内。

（2）装置信号、指示显示正常，无异常声响或报警，空气开关的分、合位置指示正常。

（3）正对地和负对地的绝缘状态良好。

（4）三相交流输入电压正常，无缺相现象，无异常运行噪音。

（5）载流导体和引线插接部分无过热现象，接触器及继电器等元器件无冒烟、异味现象。

（6）整流装置各元件无过热、异音、异味，信号指示正确，输入输出电流、电压在允许范围内。

（7）回路接线端子无松脱，无铜绿或锈蚀现象。

### （三）直流馈电系统的巡视、监视和检查

（1）直流母线电压正常，浮充电流 0.1 A 左右。

（2）各馈线开关位置正常，各连接部分无发热变色现象。

（3）各环网刀闸所处位置准确。

### （四）蓄电池的监视和检查项目

（1）检查蓄电池完好无损，单体无温度异常、壳体变形和渗液现象。

（2）蓄电池极柱与安全阀周围无酸雾溢出（结霜现象）。蓄电池组中压板无松动和腐蚀现象。

（3）检查蓄电池与小母线的连接处无腐蚀和接触不良。蓄电池室内是否清洁。

## 六、直流系统的运行操作

### (一)充电装置的运行操作

两套充电装置电源分别取自整流室动力屏,分别接入充电馈电柜(或充电柜)的下部两个交流输入空气开关上,对两套装置单独供电。

(1)直流 220 V 手动调压的操作。手动调压是当自动调压部分发生故障时使用的一种调压方式。操作充电馈电柜或充电柜面板上万能转换开关 1QK,观察控制母线电压值,将开关打至控制母线所需电压即可。注意顺时针方向为电压增加,反之则减小。

(2)直流 220 V 自动调压的操作。自动调压是由微机监控单元按设定值自动调节调压装置(调压装置自动调压部分也可采用集成电路方式)。在正常工作状态下,保证控制母线电压波动范围在 2.5% 内。万能转换开关 1QK 打在"自动"位置即为自动运行方式。

### (二)220 V 直流充电机微机监控单元操作

数据显示第一屏(数值为模拟数据)显示第一组充电机系统的相关信息:

| 充电机一 | | |
|---|---|---|
| 交　流　2:387.5 V | 386.8 V | 387.8 V |
| 充　电　机:243.1 V | | 002.5 A |
| 动力母线:242.5 V | | |
| 控制母线:220.2 V | | 110.3 V |
| 接地电阻:999.9 kΩ | | 999.9 kΩ |
| 电　池　组:242.5 V | | 002.3 A |
| 2003-05-20　12:00:00 均充 | | 25 ℃ |

(1)"交流 2"表示交流电源输入,其后面三项依次为 $U_{AB}$、$U_{BC}$、$U_{CA}$ 电压值。

(2)"充电机"表示充电机输出电压和电流,其后面两项依次为其电压值、电流值。

(3)"动力母线"表示合闸母线电压,其后面一项是其电压值。

(4)"控制母线"表示控制母线电压,其后面第一项是其电压值,第二项是负母线对地电压值。

(5)"接地电阻"表示正、负母线对地电阻值。

(6)"电池组"表示电池组的电压和电流,其后面的两项依次为其电压值、电流值(充电电流为正)。

(7)最后一行为系统时间、充电机一充电状态、电池一组特征温度(此值作为温度补偿时的参考值)。

注意:均/浮充状态由确认键选择,在此屏显示时,按确认键可转换充电机的充电状态。按确认键后将弹出如下提示画面,再按确认键后执行转换,如按设置键后则不执行转换而直接返回。

| |
|---|
| 充电机一手控均充？<br>ENTER—YES<br>SET—NO |

告警显示屏显示当前系统告警信息。当有告警发生时，系统自动弹出此屏，并有声音告警。若无告警时此屏自动消失，并且告警声音停止。本屏可最多显示 14 个不同类型的告警。

| |
|---|
| 告　警　显　示<br>！交流输入欠压！控制母线欠压<br>！动力母线欠压！电池组欠压<br>！充电机无输出 |

主菜单可选择完成实时值显示、告警记录显示、充放电管理、参数设置、通道校准等各种功能。在任意显示屏面，按设置键均可进入到主菜单。

| | |
|---|---|
| 运行监控 | 告警记录 |
| 绝缘监测 | 电池巡检 |
| 核对放电 | 逆变放电 |
| 系统参数 | 充电参数 |
| 告警参数 | 通道校准 |
| TEP-I-C | VER:1.10 |

通过左、右键和上、下键来移动光标至对应功能项后，按下确认键，即可进入选择的菜单选项。在进入参数设置和通道校准时，需输入正确的密码，如：

| |
|---|
| 输入口令:0000 |

**(三)直流 220 V 充电装置的起动与停止操作**

1. 起动操作程序

(1)检查直流 220 V 装置处于备用状态。

(2)合上充电机屏后交流电源空气开关。

(3)合上充电机监控单元电源，并检查监控单元工作正常。

(4)合上充电模块电源空气开关，检查其“PWR”运行灯亮。

(5)检查充电机输出电压正常。

(6)合上充电机输出电源空气开关，检查输出电流正常，充电机工作正常。

(7)两套充电装置不能并联运行。

2. 停止操作程序

(1)拉开充电机输出电源空气开关,检查直流 220 V 系统控母电压、合闸母线电压正常。

(2)拉开充电机充电模块电源空气开关。

(3)拉开充电机输入电源空气开关。

(4)拉开充电机监控单元电源。

**(四)直流馈电系统的运行操作**

1. 直流系统的极性检测操作(以 DT9907C 数字万用表为例)

(1)选定万用表的 1 000 V 直流挡。

(2)用万用表的红、黑表笔对被测电路进行测试。

(3)若表计指示为正值,则红表笔对应的就是直流正极,黑表笔对应的就是直流负极。

(4)若表计指示为负值,则红表笔对应的就是直流负极,黑表笔对应的就是直流正极。

2. 直流馈电系统的合环操作

(1)用万用表检测开环刀闸两侧的正、负极极性正确。

(2)拆除开环刀闸手柄上悬挂的"禁止操作(合闸)"标示牌。

(3)合上开环刀闸。

(4)检查开环刀闸合闸正常。

3. 直流馈电系统的开环操作

(1)直流馈线已经合环。

(2)拉开选择的环网刀闸。

(3)检查开环刀闸分闸正常。

(4)在开环刀闸手柄上悬挂"禁止操作(合闸)"标示牌。

## 七、直流系统的维护保养

为保证设备正常运行的安全可靠,直流系统充电机必须定期进行试验、切换维护工作,发现问题要及时处理。每月定期按照相关要求测量相应电气设备的温度。运行值守人员应根据直流系统充电机的运行状态进行分析,发现设备有异常趋势,应及时对设备进行维护保养,保证设备的安全运行。各值守人员应按照相关要求搞好所辖直流系统充电机设备的清洁卫生。运行值守人员应按规定进行定期维护工作,并做好记录。

**(一)直流 220 V 电池充放电管理**

(1)在正常情况下,充电机对电池进行浮充充电。

(2)在电池连续浮充 720 h(时间可设)以上,充电机将自动进入均充状态。

(3)在交流电源中断时间超过 10 min,交流恢复供电时,充电机将自动进入均充状态。

(4)在除上述两种情况外,如需要对电池进行人工均充,只需在数据显示屏按确认键,充电机就会进入均充状态。

(5)在均充状态下,若交流中断后又恢复,充电机将继续工作在均充状态。

(6)正常运行时,微机的投入或退出不影响系统运行,因此微机单元若出现故障,可将微机关掉,此时充电机将工作在浮充状态。

(7)每年进行一次核对性放电,单组电池时可放至2 V/节。

**(二)直流系统充电机维护保养方法**

(1)在满足安全的条件下每年进行一次清洁除尘。

(2)每半年专业维护人员应至少进行一次专项检查。

(3)每月定期进行事故照明自动投入装置试验。

(4)每3个月进行一次直流220 V充电机的切换运行。

(5)定期检查和调整浮充电压。

(6)每天定时记录直流系统电压,正极、负极对地电压,蓄电池浮充电流。

## 八、直流系统的故障和事故处理

**(一)故障和事故处理原则**

(1)根据仪表显示、设备异常现象和外部征象判断故障或事故确已发生。

(2)在总值班(或其他当班运行负责人)的统一指挥下,协调安排值守人员进行处理,采取有效措施遏制故障或事故的发展,解除对人身和设备的危害,恢复设备的安全稳定运行,并及时将处理情况向上级有关部门汇报,严重事故应向总工程师、生产副厂长汇报,发生着火事故还应汇报武装保卫部。

(3)在处理过程中,值守人员应坚守岗位,迅速正确地执行总值班的命令。对重大突发事件,值守人员可依照有关规定先行处理,然后及时汇报。

(4)对事故设备应尽快隔离,对正常设备应保持或尽快恢复运行。

(5)处理完毕后,当班总值班应如实记录故障或事故发生的经过、现象和处理情况。处理过程中要注意保护事故现场,未经总值班同意不得复归事故信号或任意改动现场设备情况,紧急情况(如危及人身安全时)除外。

**(二)充电装置在运行中跳闸**

故障现象:发直流充电机故障信号。

处理方法:

(1)若在直流冲击性负荷投入时引起跳闸,则可不经检查试起动一次,如试起动不成功则立刻倒换充电装置,通知维护人员进行处理。

(2)如整流装置故障、直流过压、直流过流、直流欠压、直流熔断器熔断,经外部检查各元件无明显发热、冒烟等异常现象,可复归装置或更换熔断器后试起动一次。

(3)如试起动不成功或起动时出现了个别元件过热、冒烟等异常现象,则立刻倒换整流装置,通知维护人员进行处理。

**(三)220 V直流系统接地**

故障现象:发220 V直流接地信号。

处理方法:

(1)正确判明接地性质是直接接地,还是绝缘不良,是正极接地还是负极接地。

(2)用瞬时拉闸的方法(分割法)确定故障在哪一单元负荷回路上。瞬时拉闸首先应考虑检修设备或工作环境恶劣的场所,如仍未查找到则按先轻后重的原则进行分割查找,即按试验、合闸、照明、控制(操作)、保护(自动装置)、直流母线、整流装置、蓄电池的顺序进行。拉路寻找接地故障需瞬时停用保护装置的应根据设备所辖,事先必须与生计部、总工程师或调度取得联系并得到同意。

(3)确定故障回路后,应根据当时运行方式、操作情况及温湿度情况判断可能接地的部位。

(4)如果接地点不在负荷回路中,可倒换两组母线运行方式,倒换两套整流装置,瞬时断开电压监视器等控制、测量装置,检查接地点是否在直流电源设备或附属设备回路中。用瞬时断开方法检查蓄电池回路是否接地。

(5)在寻找接地故障时应特别小心,防止另一点再接地,造成两点接地使电源消失或保护误动作。

(6)使用仪表检查时,表计内阻不得低于 440 kΩ。

(7)220 V 直流系统接地时,严禁其他工作人员在二次回路上工作,以免造成另一点接地,使继电保护及自动装置误动作。

(8)220 V 直流系统接地不宜长期运行,应及时向运行部、生计部汇报并联系维修人员尽快处理。

## 第二节　交流不停电电源(UPS)的运行及事故处理

### 一、概述

#### (一)UPS 装置的作用和功能

UPS 是交流不停电电源的简称。目前 UPS 已成为发电厂计算机及某些不能中断供电的重要负荷的供电装置。它还广泛用于通信、信息处理系统、卫星地面站、数控系统以及某些工厂的复杂控制检测系统。对于电力系统中的微机监控、微机保护及信号处理来讲,UPS 也是重要的供电装置。这些设备及系统对供电的可靠性、连续性及供电质量要求很高,一般电网及常规的保安电源不能满足要求。特别是随着工矿企业用电量的增加,非线性负荷越来越多,这些负荷对电网产生种种干扰,致使电网波形畸变,电噪声日益严重,有时甚至突然中断供电,这将造成计算机停运、各种控制系统失控等一系列严重后果。UPS 装置就是因此而发生、发展起来的。它的主要功能是:在正常、异常和供电中断等情况下,向重要用电设备及系统提供可靠、稳定、连续的交流电源。

#### (二)UPS 的组成及工作原理

UPS 装置由整流器、蓄电池组、逆变器、静态开关、维修(手动)旁路开关等设备组成。

UPS 装置的工作原理是:正常情况下,将厂用电源提供的交流电经整流器和滤波器变成直流后,送入逆变器,逆变器将输入的直流电变换为稳频稳压的工频交流电,再经交流滤波器滤去高次谐波后,经静态开关向负荷供电(见图 9-4 中的左边支路)。当 UPS 的输入交流电中断或整流器故障时,可立即自动切换至蓄电池组供电(见图 9-4 中的中间支路）；当 UPS 需要检修或逆变器故障时，还可自动切换至旁路备用交流电源供电；若负载起动电流太大，UPS 也可自动切换至备用交流电源供电，起动结束后，再自动恢复到 UPS 供电。

UPS 的核心部件是逆变器，它决定了 UPS 的性能，它对 UPS 的输出波形及谐波含量、装置效率、可靠性、对负荷变化的瞬态响应能力、噪声，甚至装置的体积质量均有决定性影响。目前，已能制造多种形式的逆变器。其中有代表性的逆变器型式有方波型、纯正弦波型、准方波型（QSW）、稳压变压器型（CVT）、阶梯波型（SW）、脉宽调制型（PWM）、脉宽调制阶梯波型（PWSW）、微处理控制合成正弦波型。

## 二、UPS 装置的接线及其元件简介

### （一）UPS 系统原理图

UPS 系统原理接线如图 9-4 所示。图中，供电电源为三路，其中两路交流电源来自厂用电源保安段（或其中 1 路来自某一独立的市电电源），这两路交流电源可经静态开关自动切换或经手动旁路开关手动切换。第三路电源来自电厂 220 V 的直流屏或 UPS 装置配备的蓄电池组，由蓄电池组供电，经隔离二极管 V 引到逆变器前。3 路电源配合使用，保证 UPS 系统在设备故障、电源故障乃至全厂停电时，均能不间断地向 UPS 配电屏的负荷供电。

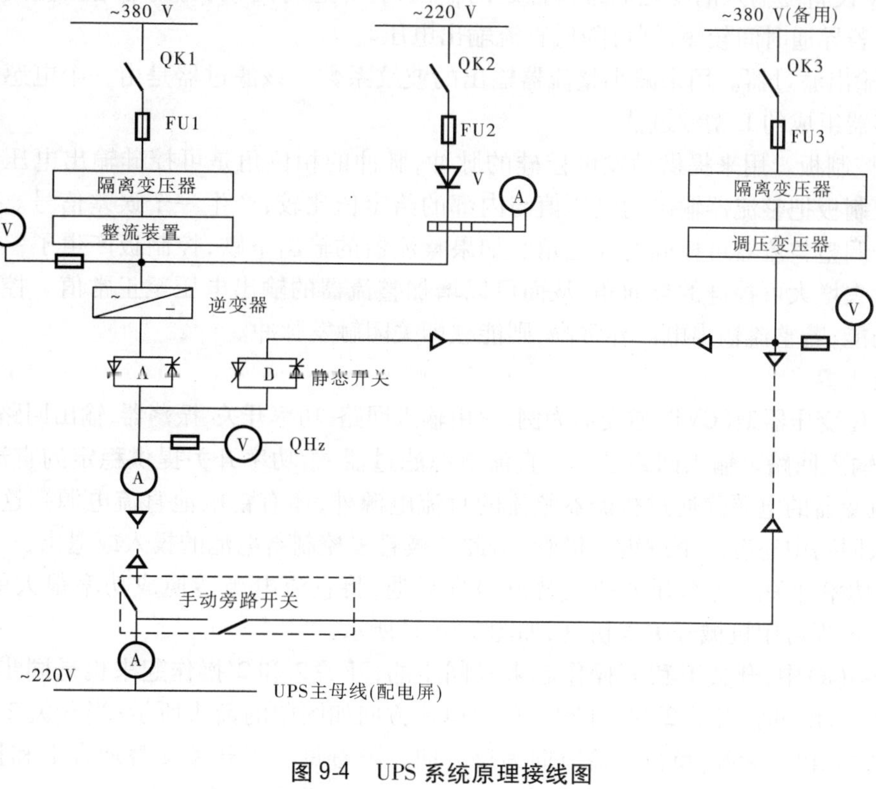


图 9-4　UPS 系统原理接线图

### （二）UPS 组成元件简介

1. 整流装置

整流器又称充电器，按其接线有三相全控桥式整流形式，也有三相半控桥式整流形式。如为三相半控桥式整流器，当输入电压发生变化或负载电流发生变化时，它能向逆变器提供稳定的直流电源。它由输入变压器、整流器及控制板、输出滤过器组成，其原理方框图如图 9-5 所示。

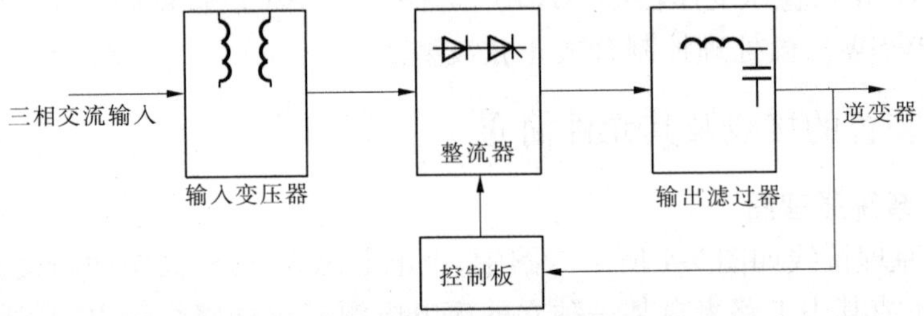


图 9-5　三相半控桥式整流装置原理方框图

（1）输入变压器。用来改变交流电源输入电压的大小，以提供给整流器一个合适的电压值。

（2）整流器。由三个二极管和三个可控硅组成三相全波半控桥式整流电路。在每个半波内以固定的时间发出触发脉冲来调节可控硅的导通角（导通时间）。改变导通角的大小，可使设备随输入的变化而维持恒定的输出，若导通时间较长，则可增大直流输出电压；反之，若导通时间较短，则可降低直流输出电压。

（3）输出滤过器。用来减小整流器输出的波纹系数。该滤过器是由一个电感线圈和一组电容器组成的 L 型滤过器。

（4）控制板。用来提供触发可控硅的脉冲，脉冲的相位角是可控硅输出电压的一个函数。控制板把整流器输出的电压值与内部的给定值比较，产生一个误差信号。用这个误差信号调整整流器可控硅的导通角。如果整流器的输出下跌，控制板产生了一个相应的信号量去增大可控硅的导通角，从而可以增加整流器的输出电压至正常值。控制板还有保护功能，若整流输出电压异常高，则能立即关闭触发脉冲。

2. 逆变器

以稳压变压器型（CVT）逆变器为例，它由输入回路、功率开关、振荡器、输出回路组成。

（1）输入回路。输入回路是一个直流电源滤过器，给功率开关提供稳定的直流电源。提供给逆变器的电源除通过整流器整流的直流电源外，还有蓄电池直流电源。这种逆变器的输入回路中还有一个逻辑二极管，由此二极管去控制蓄电池的投入或退出。

（2）功率开关。功率开关的交替反极性导通，将直流电源转换成功率很大的方波。它的工作过程可用机械开关来仿真，如图 9-6（a）所示。

图 9-6（a）中，开关 1 和 1′操作起来是同步的，开关 2 和 2′操作起来也是同步的。当开关 1 和 1′闭合时，开关 2 和 2′断开，负荷电流方向如图中的箭头所示；当开关 2 和 2′闭合时，开关 1 和 1′断开，负荷电流方向为反方向。随着每一组开关交替地合上和打开，负荷电流反复颠倒极性，一个电流的交替正、反向就被电路实现了。图 9-6（b）表示机械仿

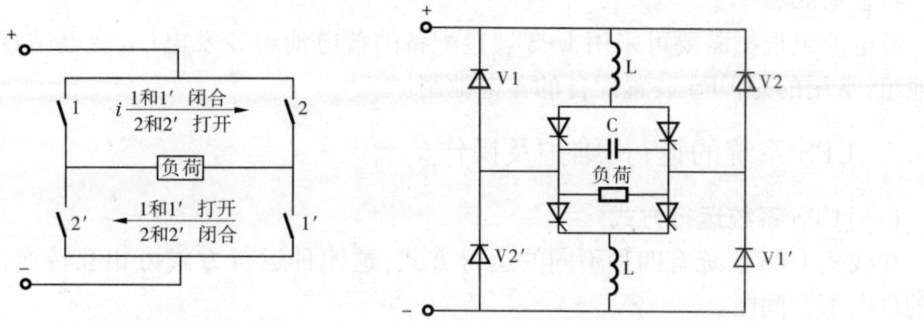


(a)机械仿真功率开关　　(b)电气功率开关

**图 9-6　功率开关**

真功率开关被一个电气功率开关(可控硅)所代替。图 9-6(b)中的 L 和 C 分别表示换向电感和换向电容,其作用是:当相反的一对可控硅导通时,能可靠地关闭另一对可控硅。V1、V1′、V2、V2′是相位二极管,其作用是使负荷电压近似等于电源电压的幅值。

(3)振荡器。振荡器是逆变器的核心,由它发出一定频率的导通脉冲去控制功率开关电路。图 9-7 示出了一个振荡器的方框图。在图 9-7 中,由逆变器输入端取得的直流电源用于起动多谐振荡器,多谐振荡器的输出被微分后送入集成电路触发器,触发器的输出去控制功率开关。触发器的输出波形是一个方波,触发器输出的方波频率与功率开关的输出频率相同,所以功率开关的输出频率由多谐振荡器确定。为了保证功率开关可靠导通,触发器输出的方波必须经功率放大器放大至足够大的功率,而开关电路用来确保放大器在最初起动时,使触发电路能输出一个完整的脉冲。图 9-7 中的高频起动框图被用来重复多谐振荡器频率,以防止逆变器输出回路铁磁谐振稳压器的饱和。

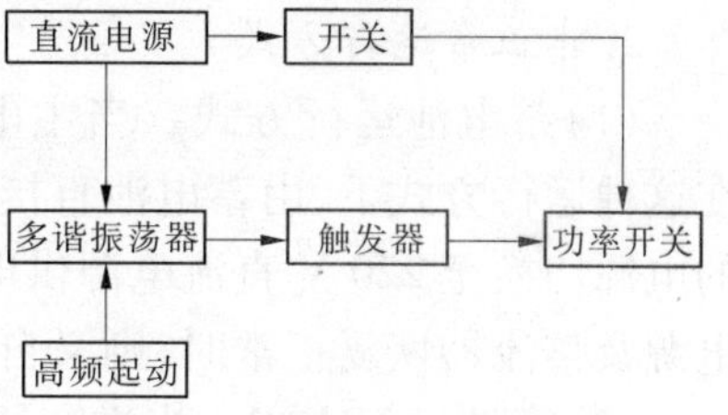


**图 9-7　振荡器的方框图**

(4)输出回路。输出回路由恒压变压器及滤波电容器组成。其作用是滤去功率开关输出方波中的高次谐波,使输出波形近似于正弦波,并保持输出电压的恒定。

3. 静态开关

静态开关的电路如图 9-8 所示。静态开关的基本元件由可控硅组成。一般机械开关有固有动作时间,而静态开关的动作时间为零,所以静态开关提供了有效的零秒切换。当可控硅 V1、V2 导通时,由旁路电源向负荷供电;反之,由逆变器向负荷供电。由于静态开关的 V1、V2 和静态开关的 V3、V4 动作时间为零,而且静态开关还具有先闭合后断开的功能,故当由逆变器供电切换至旁路电源供电时,其间无供电中断,保证了供电的连续性。当然,静态开关的切换必须满足同步条件,即旁路电源与逆变器输出电压的频率和相位应相等。上述的一切过程都是自动完成的。

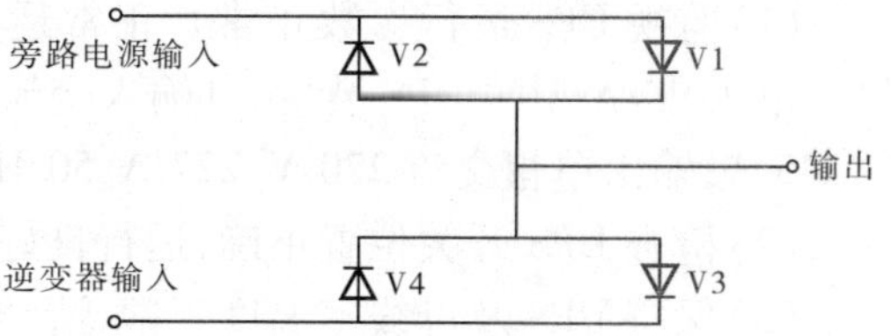


**图 9-8　静态开关电路**

4. 蓄电池组

蓄电池组根据需要可采用UPS装置配备的蓄电池组或发电厂、变电站直流系统的蓄电池组,常用的是UPS装置配备的蓄电池组。

## 三、UPS系统的运行、维护及操作

### (一)UPS系统运行方式

在线式UPS系统有四种不同的运行方式,这四种运行方式可相互转换,转换时对负荷的供电不会间断。

1. 正常运行方式

正常运行方式是UPS的标准运行方式。

在正常运行方式下,主电源从电厂厂用电获得交流电源,通过整流器变为直流后送给逆变器,经逆变器转换后输出50 Hz、220 V的单相交流电压,再经静态开关向UPS配电屏供电。此时,直流电源和旁路电源处于备用状态。

2. 非正常运行方式

(1)蓄电池运行方式。当主电源消失或整流器故障时,UPS处于蓄电池运行方式。在这种运行方式下,由蓄电池直接供电。当整流器自动退出运行后,二极管能自动将UPS的电源切换至220 V直流电源供电。经逆变器转换后,保持UPS母线供电不中断。当主电源及整流器恢复正常时,则又自动恢复到UPS的正常运行方式。

(2)旁路运行方式。当逆变器故障或过载时,UPS转换至旁路运行方式。在这种运行方式下,静态逆变开关自动断开,静态旁路开关闭合。旁路电源经过静态旁路开关向UPS配电屏供电。整流器对蓄电池充电。

(3)维修旁路运行方式。在检修UPS期间,UPS处于维修旁路运行方式。在这种运行方式下,旁路电源通过手动旁路维修开关向UPS配电屏供电。一些功率元器件完全和负荷分离开,以便检修。UPS检修完毕,或静态开关故障处理完毕,退出旁路电源供电,恢复UPS正常运行方式。

### (二)UPS系统运行监视与维护

(1)监视UPS运行参数正常。正常运行时,监视运行参数应在铭牌规定的范围内。如1相50 kVA型的UPS装置,其输入交流为380 V、126 A、50 Hz;输入直流为210 ~ 280 V、245 A;输出单相交流220 V、227 A、50 Hz,运行温度0 ~ 40 ℃。

(2)检查UPS开关位置正确,运行良好。

(3)保持UPS及母线室温度正常、清洁、通风良好。

(4)检查UPS内各部分无过热、无松动现象,各灯光指示正确。

### (三)UPS系统的操作

1. UPS系统投入运行前的检查

(1)收回有关工作票,拆除与检修有关的临时安全措施,检查盘内应清洁、无杂物,检测绝缘应符合要求。对新投入和大修后的UPS整流器,在投运前还应核对相序和极性。

(2)检查系统接线正确,接头无松动。

(3)检查系统各开关均应在“断开”位置。

(4)检查 UPS 柜内整流器电源输入电压应正常。

(5)检查 UPS 各元件应完好,符合投运条件。

(6)检查旁路调压器升、降压调节应灵活、完好。

2. UPS 系统投入运行的操作

经过投入运行之前的检查且一切正常之后,UPS 系统投入运行的操作按下列顺序进行(见图 9-4):

(1)合上 UPS 系统控制、保护及信号电源小开关(或熔断器)。

(2)合上 UPS 正常输入工作电源开关 QK1,装上电源熔断器 FU1。

(3)按下充电器运行按钮(即整流器充电按钮),充电器投入,对应的状态指示灯亮。

(4)合上直流电源(蓄电池组)至 UPS 系统的刀开关 QK2,装上直流电源熔断器 FU2,对应的指示灯亮。

(5)按下逆变器运行按钮,逆变器运行灯亮,大约 10 s 后向负荷供电。

(6)合上 UPS 系统备用电源刀开关 QK3,装上备用电源熔断器 FU3,调整输出电压为规定值。

(7)检查同步灯亮(表示旁路电源与逆变器输出的频率和相位相等,满足静态开关切换所必需的同步条件)。

(8)全面检查 UPS 运行符合所需运行方式,各信号灯光指示正确。

3. UPS 系统退出运行的操作

(1)断开备用电源刀开关 QK3,取下备用电源熔断器 FU3。

(2)同时按下逆变器停止与复归按钮,使逆变器停止,全部报警器复位。

(3)断开直流电源刀开关 QK2,取下直流电源熔断器 FU2。

(4)按下充电器停止按钮,使充电器关机。

(5)拉开正常交流工作电源进线刀开关 QK1,取下电源熔断器 FU1。

(6)将手动旁路开关(手动备用开关)切换至旁路位置。

(7)全面检查,灯光熄灭,电源均断开。

4. UPS 系统切至旁路的操作

(1)检查 UPS 系统旁路回路正常,处于备用状态。

(2)按下手动备用开关,使 UPS 转入备用电源供电。

(3)8s 后,UPS 系统切至旁路运行。

(4)检查灯光指示正确,输出电压正常。

(5)拉开正常交流工作电源进线刀开关 QK1。

(6)全面检查。

## 四、UPS 系统异常运行及事故处理

### (一)充电器故障

故障现象:“充电器故障”红灯闪光;自动切换至 220 V 直流电源向逆变器供电,“蓄电池运行”红灯闪光。

故障原因:充电器短路、充电器断相、充电器晶闸管温度高。

故障处理：

(1)按下复归按钮，先复位信号灯。

(2)按下手动备用开关与逆变器停止控制按钮。

(3)检查 UPS 应已转至备用电源供电，逆变器已关机。

(4)按下充电器停止按钮。

(5)检查充电器关机。

(6)拉开 UPS 正常交流工作电源进线刀开关 QK1，取下电源熔断器 FU1。

(7)通知检修部门处理故障。

**(二)逆变器故障**

故障现象："逆变器故障"红灯闪光；静态开关动作，系统切换至旁路电源供电，"备用电源供电"红灯闪光。

故障原因：逆变器输入电压超限；逆变器输出电压超限；逆变器晶闸管温度过高。

故障处理：

(1)按下复归按钮，复位各信号灯。

(2)按下手动备用开关，UPS 切向备用电源供电。

(3)同充电器故障处理的步骤(3)~步骤(7)。

**(三)静态开关闭锁**

故障现象："静态开关闭锁"红灯闪光。

故障原因：系统切至备用电源后，静态开关多次(4 min 内连续 8 次)切向逆变器供电均未成功，静态开关闭锁在备用电源侧，不能实现从备用电源向逆变器供电的转换。

故障处理：

(1)按下复归按钮，复归信号灯亮。

(2)按下手动备用开关，系统切向备用电源供电。

(3)检查是否为过载所致，如系过载，则应减载。

(4)若非过载所致，应查出原因并排除故障。

**(四)其他异常及故障**

(1)由于充电器停止运行，转由蓄电池直流电源供电。

(2)三相交流输入、直流输入电源均失去，静态开关自动将系统切至旁路电源供电。

(3)逆变器输出过电流，当过电流倍数为额定电流的 1.2 倍(可整定为 1.1、1.2、1.3、1.5 倍)时，静态开关自动将系统切至旁路备用电源供电。

(4)输入直流电压低于 210 V，整流器输出电压低于 240 V，旁路电源故障及冷却风机故障等均发报警信号。

# 复习思考题

一、填空题

(1)对于中、小容量的水力发电厂，一般设置________套独立的全厂公用的蓄电池直流系统，根据需要，该直流系统装设________蓄电池及充电装置。

(2)正常情况下，禁止采用充电机________向直流负荷供电，充电装置不能________运行。

(3)每套直流220 V充电装置采用3个高频开关电源模块并联组成，投入________模块能承担电池充电电流和经常性负荷电流，正常运行时，________充电模块均投入运行。

(4)发电厂双回供电的直流馈线应在________设置解列点。

(5)直流系统的任何并列操作，必须先在解列点核对________后，方可进行并列。

(6)UPS的主要功能是在________等情况下，向重要用电设备及系统提供可靠、稳定、连续的________电源。

(7)UPS装置主要由________、________、________、________、________等部分组成。

(8)将UPS逆变器输出手动切至旁路电源输出必须满足________条件。

(9)在________情况，UPS由直流电源供电。

## 二、判断题

(1)直流系统的充电器可以单独向直流母线供电。 (  )

(2)直流系统的蓄电池和充电器必须并列运行。 (  )

(3)电器故障，可长时间由蓄电池供直流母线负荷。 (  )

(4)如果需要，两组蓄电池可以长期并列运行。 (  )

(5)电器故障，UPS自动切至直流电源供电。 (  )

(6)逆变器故障，UPS自动切至旁路电源供电。 (  )

(7)逆变器输出和旁路电源输出，两者之间可以手动切换。 (  )

(8)UPS在正常运行方式下运行时，可手动切至旁路电源运行。 (  )

## 三、问答题

(1)说明图9-1直流系统正常运行方式。

(2)直流系统运行时应进行哪些监视？

(3)直流系统运行时应巡视检查哪些项目？

(4)如图9-1所示，写出充电器按浮充方式投入的操作步骤。

(5)直流系统运行时，母线电压过高或过低有何现象？如何处理？

(6)直流系统发生一点接地故障时，如何查找接地点？

(7)充电器有哪些常见故障？其跳闸后应如何处理？

(8)UPS系统有哪几种运行方式？哪一种为正常运行方式？

(9)UPS系统投入运行前应进行哪些检查？

(10)结合图9-8写出UPS系统投入运行的操作步骤。

(11)结合图9-8写出UPS系统退出运行的操作步骤。

(12)结合图9-8写出UPS系统切至旁路电源供电的操作步骤。

# 第十单元
# 计算机监控系统的运行及事故处理

**主要岗位工作任务**

计算机监控系统的运行监视和检查,计算机监控系统的基本操作,计算机监控系统的故障及事故处理。

现代水电厂的监视和控制已经广泛使用计算机来实现,计算机监控系统的强大功能,使得水电厂的自动化水平达到了一个空前的高度。无人值班、少人值守得到了基本实现,水电厂的经济效益得到了进一步的提高。

## 第一节 计算机监控系统概况

### 一、计算机监控系统的基本概况

水电厂计算机监控系统经过多年发展,到如今技术相对成熟,已广泛采用分层分布式监控系统。

分层分布式监控系统在地域上是分散的,即以控制对象分散为主要特征。水电厂控制对象包括水轮发电机组、开关站、公用设备、闸门等。按控制对象设置单独的控制单元,称为现地控制单元,其主要由微机或可编程控制器构成,组成现地控制级。可见现地控制单元也是在整个水电厂中分散的,即分布设置。

在分层分布式监控系统中,通常将水电厂控制系统按层来划分,可将水电厂分为四层:驱动层、功能控制层、机组控制层、电厂控制层。

(1)驱动层是水电厂分层控制最底层,与水电厂生产设备直接相联。主要用于监视控制机组的各种驱动。

(2)功能组控制层是处于机组控制层与驱动层之间的自治性的自动控制子系统,一般用于实现某一特定功能,如调速器、励磁装置等。

(3)机组控制层主要包括机组各种运行工况的转换、有功功率和无功功率的调整、数据采集和处理、运行参数监测和报警、与上一层的信息交换。

(4)电厂控制层是系统中的最高层,用于控制整个水电厂的运行,在这一层可以实现对水电厂的几乎所有的操作。

基于上述分层理念,水电厂计算机监控系统可简单划分为现地控制级和电厂控制级。注意,其没有涉及驱动层和功能控制层。

由于采用了分层分布式监控系统，相互间信息交换是关键问题，往往可通过计算机网络技术来解决。计算机网络通信速度高，且差错检查能力强，可靠性高，系统和功能扩展容易实现。当然水电厂采用的计算机网络主要是指局域网。

下面以某电厂监控系统为例来进行介绍。

(1)站级控制层监控系统采用分层分布式结构，设负责全站集中监控任务的电站级系统及完成机组、开关站和公用设备等监控任务的现地控制级系统(LCU)。LCU 以可编程控制器为基础，采用双 CPU、双电源冗余配置，能实现对现地监控对象的监视和控制以及与上位机的通信。

(2)整个系统由电站站控级计算机(NARI NC2000 计算机监控系统)和现地监控单元(NARI SJ500 监控装置)组成，采用 100 Mbps 双光纤以太网连接，设 6 套现地监控单元。

## 二、监控系统硬件配置及功能

站级层监控系统设备：包括操作员工作站、网络交换机、路由器、网络打印机、GPS 装置、UPS 电源等。

现地控制层设备：

(1)包括 4 套机组 LCU、1 套电站公用 LCU、1 套电站开关站 LCU。

(2)LCU 采用 SJ－500 型智能分布式现地控制装置，是以可编程序控制器为基础，向上位机上报大量信息，并接受上位机的各项指令。每套 LCU 上的人机接口界面采用触摸屏实现对生产对象的监控。LCU 可独立运行使用，也可在 LCU 当地实现对被控对象的全部操作。它们通过网络与上位机系统通信。

(3)每套 LCU 配有威胜电度表用来采集相关交流量数据。

(4)每套机组 LCU 配有 1 套 SJ－40C 型微机智能温度巡检和保护装置，每套可采集 64 点温度量，并实现温度保护功能。通过液晶显示器和键盘进行操作。

(5)每套机组 LCU 配有 1 套 SJ－12C 型双微机同期装置。

(6)每套机组 LCU 配有 1 套 SJ－22C 型转速测量装置。采用机械脉冲＋电气残压测速模式(P＋F 模式)，具有记录转速曾经达到的最大值的记忆功能。

(7)SJ－30 通信管理装置主要是作为监控装置(LCU)通信扩展模件，实现 LCU 和多个现地通信设备联系的专用装置。

(8)现地控制单元 PLC 核心模件包括电源模件、CPU 模件、SOE 量输入模件、模入模件、RTD 模件、开入模件、开出模件、I/O 适配器模件、网络适配器模件和热备模件等。

人机联系设备：对系统进行操作、维护、调试等。

通信设备：在现地控制层、站控层、集控中心之间进行数据通信。

电源及其他设备：向监控系统提供电源等。

## 三、计算机监控系统软件配置

某电站计算机监控系统软件采用 NARI NC2000 计算机监控系统，软件的主要功能包括 LCU 驱动软件、人机接口软件、数据库软件、网络通信软件、顺序控制管理和执行软件、历史数据库软件、外部通信软件、系统组态软件等。

### 四、站级控制层功能

站级控制层的功能如下：

(1)信息采集和监视。

(2)机组顺序控制(起、停)及非正常条件的闭锁。

(3)综合量计算。

(4)运行监视和事件报警。

(5)温度监视。

(6)事件记录。

(7)有功、无功功率调节。

(8)一览表、报表、历史曲线查询。

(9)与保护、励磁系统等的通信。

(10)人机联系功能。

(11)时钟同步功能。

(12)系统自诊断和自恢复。

(13)统计和制表打印。

(14)控制与调节等(包括机组开停机顺序控制、机组的有无功功率调节、断路器以及刀闸的分合闸操作、球阀的开关,油、水、气电动阀门的开关控制等)。

### 五、现地控制层的基本功能

现地控制层的基本功能如下：

(1)数据采集和处理。

(2)人机接口。

(3)控制、调节、同期并网等操作(包括机组开停机顺序控制、机组的有无功功率调节、断路器以及刀闸的分合闸操作、球阀的开关,油、水、气电动阀门的开关控制等)。

(4)组态及故障自诊断。

(5)通信。

## 第二节　计算机监控系统基本运行规定

### 一、上位机画面定义

上位机可调用全站所有操作、监视画面,可对计算机监控系统中所有设备的运行状态进行自动跟踪、判断和监视。

**(一)上位机操作员站状态显示定义**

(1)主机方式运行:红色。

(2)停止运行方式或死机:白色。

(3)备用方式:绿色。

**(二)机组状态显示定义**

(1)机组发电状态:红色;转速大于95% $N_e$,DL三相合闸,导叶非全关,QFG合闸。

(2)机组调相状态:粉红色;转速大于95% $N_e$,DL三相合闸,导叶全关,QFG合闸。

(3)机组停机备用状态:绿色;转速低于5% $N_e$,DL分闸,导叶全关,电气保护未动作,无测速装置故障,风闸落下,无轴承温度过高,无调速器紧急故障,无机组压油装置故障,无球阀装置故障。

(4)空载有压状态:黄色;转速大于95% $N_e$,DL分闸,导叶非全关,QFG合闸,定子电压 $U>90\% U_e$。

(5)空转状态:转速大于95% $N_e$,DL分闸,导叶非全关,QFG分闸。

(6)机组停机检修(不确定)状态:白色。不是以上5种状态。当计算机判断机组为不确定态时,计算机不跟踪机组状态,此时对机组的操作不能执行。

**(三)断路器、隔离开关、接地开关状态显示定义**

(1)断路器、隔离开关、接地开关合闸状态:红色。

(2)断路器、隔离开关、接地开关分闸状态:绿色。

(3)断路器、隔离开关、接地开关不确定态:白色。

**(四)报警与操作信息显示颜色定义**

(1)报警事故信息:红色。

(2)故障信息:黄色。

(3)复归信息:白色。

(4)操作信息:绿色。

**(五)参数刷新颜色定义**

(1)参数正常:绿色。

(2)参数越限:红色(或闪光)(越上上限或下下限);黄色(越上限或下限)。

## 二、上位机系统运行规定

(1)运行人员应监视、检查、记录上位机上设备有关运行参数,发现异常情况及时进行分析处理。

(2)正常运行时上位机UPS两路交流电源不得中断,禁止在上位机系统用的交流220 V电源上接入其他任何用电设备。

(3)上位机的操作员工作站有两个显示器,可以同时进行两个画面的监视。当控制流程进行时操作员工作站出故障,控制仍将继续进行,但此时操作员不能从此工作站得到正确反馈信息。

## 三、现地控制层(LCU)监控系统的运行规定

**(一)一般规定**

(1)严禁在LCU正在进行控制时进行控制权限的切换。

(2)正常运行中,严禁将LCU置于调试状态。

(3)现地控制单元各控制模件正常情况下必须投入运行。

(4)监控装置可以单独在交流 220 V 或直流 220 V 下正常运行,但交流 220 V 只能短时间失电。

**(二)监控系统同期装置运行规定**

(1)监控系统同期装置的型号为 SJ－12C,电源为交流 220 V,面板上"运行"灯的意义见相关文献。

(2)水轮发电机组与系统的并列方式采用自动准同期方式。

(3)水轮发电机组在备用状态时,同期装置也应在备用状态。

(4)在任何情况下,都只能对一台机组进行与系统的并列操作。

(5)在机组的同期回路上工作前,应拉开发电机出口隔离开关;工作完毕后,应短接出口隔离开关的开关量端子进行"假并列"试验,确证无误后才能正式并列。

(6)正常运行中,不应按监控系统同期装置面板上的复位键。

**(三)温度巡检/保护装置运行规定**

(1)温度巡检/保护装置的型号为 SJ－40C,正常运行时,液晶显示屏应对各测点的温度进行巡回显示。温度巡检保护装置命令定义见相关文献。

(2)温度测点的高高限、高限、复限死区、梯度运算起始值、梯度限、零点补偿值用于温度测点的有效性判断。

(3)正常情况下,严禁将温度巡检/保护装置退出运行。

**(四)通信管理装置运行规定**

(1)通信管理装置的型号为 SJ－30,面板上指示灯的意义见相关文献。

(2)正常情况下,严禁将通信管理装置退出运行。

**(五)测速装置运行规定**

(1)计算机监控系统测速装置的型号为 SJ－22C,面板上指示灯的意义见相关文献。

(2)测速装置机械传感器的探头顶端与磁钢顶端面的间距应小于 16 mm,动片应挡住探头,不得少于 6 片。

(3)正常情况下,监控系统测速装置、齿盘测速、机械过速保护装置等三套测速装置均应投入运行。

**(六)电能计量装置运行规定**

(1)电能表液晶屏上电池图形闪烁时,必须及时更换电池。

(2)更换电能表的电池必须在电能表有电的正常运行状态下进行。

(3)一般情况下,应在停机前抄录机组的有功示数和无功示数。

## 第三节　计算机监控系统的运行方式

### 一、上位机运行方式

(1)集控中心控制是电站的经常运行方式。

(2)在集控中心计算机监控系统发生故障或电站与集控中心失去联系的情况下采用

站级层控制。

(3)当集控上位机和站级层上位机不能正常工作时,应将控制权切至 LCU 现地控制。

## 二、计算机监控系统供电方式

(1)上位机监控系统配有两台互为热备用的 UPS 电源,每台电源的容量为 2 kVA,上位机计算机设备均由 UPS 供电。

(2)现地控制设备电源采用 FDPM 供电插箱供电,采用交、直流同时供电,交、直流任何一路掉电均不影响装置运行。

## 三、LCU 运行方式

(1)LCU A1 柜和 A2 柜相互备用,采用双机热备用冗余系统,双机通过通信系统联机运行,相互自动切换,通过一台 10.4 in(1 in = 2.54 cm)彩色液晶触摸屏实现当地人机接口。

(2)现地控制单元上"当地"按钮可以进行"现地/远方"控制切换。按下时为现地控制,此时现地控制单元只接受通过现地控制层人机界面、现地操作开关、按钮等发布的控制及调节命令;集控中心及站级控制层只能采集、监视来自各 LCU 的运行信息和数据,而不能直接对具体控制对象进行远方控制与操作。弹出时为远方控制,此时集控中心及站级控制层(上位机)才能进行控制操作。只有在紧急情况和 LCU 调试时才置现地控制。

(3)监控装置仅在运行状态下,控制、调节输出才有效,而在调试状态下,所有的控制及调节输出均被闭锁。

# 第四节　计算机监控装置的运行监视和检查

## 一、基本要求

计算机监控装置的运行监视和检查的基本要求如下:

(1)每班至少应对运行和备用中的监控装置按规定的时间和路线进行不低于两次的巡回检查。

(2)备用中的监控装置及其全部附属设备应按规定进行运行维护和巡回检查,其安全和技术规定与运行设备的监控装置同等对待。

(3)备用机组的监控装置应经常处于完好状态,保证机组能随时起动并网。

(4)在上位机和现地控制单元 LCU 脱机运行期间,应在现地 LCU 上记录设备的运行温度。

## 二、上位机系统的巡视检查

上位机系统巡视检查的注意事项如下:

(1)电源柜上的各电压表指示值是否正常。

(2)电源配电盘电气设备无异音、异味和过热现象,接触器、空气开关位置正确,接点无烧伤痕迹,各端子无松动、发热现象,外壳接地良好,避雷器指示正常。

(3)UPS 面板上的指示灯是否均为绿灯点亮。UPS 液晶显示屏上显示的电源、电池参数是否正常。

(4)GPS 同步钟上的指示灯是否闪烁,秒数字是否累加。

(5)主机及通信交换机电源的指示灯是否亮,风机正常。

(6)图形显示器上的数据是否刷新。

### 三、现地控制层监控系统的检查

(1)A1 柜供电/监控插箱前面板上"AC"电源指示灯、"运行"指示灯、"主 24 V"电源指示灯及"辅 24 V"电源指示灯点亮,"秒"灯每秒闪烁一次。

(2)在 A1 柜供电/监控插箱上"当地"按钮按下时按钮灯亮,弹起时按钮灯应熄灭。

(3)A1 柜供电/监控插箱前面板上"运行"指示灯与 LCU 所处状态一致,LCU 运行时,"运行"指示灯点亮,LCU 调试或断电时,"运行"指示灯熄灭。

(4)A1 柜和 A2 柜风机插箱上风机电源指示灯点亮,风机运行正常。

(5)A1 柜液晶触摸屏上无异常信号。

(6)PLC 模件的"POWER"(电源)、"RUN"(运行)指示绿灯点亮,正常运行时各模件指示灯定义见相关文献。

(7)温度巡检/保护装置的电源开关在"ON"位置,"电源"灯点亮、"运行"灯闪烁、"接收"和"发送"灯快速闪烁,"故障"灯熄灭,若有温度越限或越高限,则"报警 1"灯和(或)"报警 2"灯点亮。

(8)通信管理装置的电源开关在"ON"位置,"RUN"灯慢闪,"+5V"灯、"+12V"和"-12V"灯点亮,通信口与其他通信设备连接时,其相应"接收"灯和"发送"灯点亮。

(9)转速测量装置的电源开关在"ON"位置,"SEC"灯每半秒闪烁一次,"ALM"灯熄灭,液晶屏上转速或频率指示与实际相符,相应转速刻度指示灯点亮。

(10)同期装置的电源开关应在"ON"位置,"运行"灯应每秒闪烁一次,液晶显示屏应显示主菜单。

## 第五节　计算机监控系统的基本操作

### 一、监控系统操作前的检查

除常规检查外,还要对计算机系统进行检查。检查的内容有:画面是否实时显示,即设备画面颜色是否跟踪设备实际状态;计算机反应速度是否正常;画面机组颜色是否反映机组实际状态,网络是否联机。确认计算机监控系统正常后,方可用计算机对设备进行操作。

### 二、运行操作中的注意事项

运行操作中的注意事项如下:

(1)确认执行的操作与画面对话区显示一致,以保障操作安全可靠。

(2)操作前首先调用有关控制对象的画面进行对象选择,确认画面上所选择的被控对象提示无误后方可执行有关操作。

(3)被控对象的选择和控制只能在同一个控制台上进行操作,一般在辅操作员站上进行操作。

(4)控制操作步骤应进行复核检查。

(5)在对 400 V 厂用电进行切换操作后,必须检查监控系统电源是否正常。

## 三、上位机系统的操作

### (一)用户登录

每一个用户只有在登录系统后才能进行一些相关的控制操作,此后用户使用计算机对设备的一切控制操作计算机将给予记录。

1. 用户登录步骤

(1)用左键点击“开始”菜单栏的“用户登录”按钮。

(2)系统自动弹出的登录窗口由“用户”矩形框和“口令”矩形框组成。

(3)用鼠标选择“用户”矩形框内的用户名。

(4)用键盘在“口令”矩形框内输入用户口令,输完后按 Enter 键,如不出现红色报警窗口即为成功,如不成功则需再次登录。

2. 用户退出步骤

退出所有画面窗口,所有顺控操作必须完毕。

(1)点击开始菜单上的“用户登录”按钮(或点击系统任务栏上的用户登录按钮)。

(2)点击“确认”按钮,用户退出登录。

### (二)上位机的控制操作基本要求

(1)当运行人员登录系统后,对于机组、断路器和辅助设备等对象可进行控制操作。

(2)选择操作条件满足(呈灰色的项目表示操作条件不满足)且需要操作的项目,确认后点击“执行”按钮,对话框关闭。

(3)在弹出的“确认”对话框中,确认后点击“确认”按钮,控制命令即可发出。

(4)在上位机上进行操作前应先点击菜单栏上“操作退出”画块,待其转换为“操作投入”画块方可进行操作。操作完毕后将其转换为“操作退出”画块。

### (三)上位机执行机组顺控流程操作

上位机上可对机组执行停机转发电、停机转空转、停机转空载、空转转空载、空转转发电、空载转发电、发电转空载、发电转停机等控制流程。

上位机执行机组停机转发电流程如下:

(1)检查待开机组 LCU 在“远方”控制状态。

(2)检查待开机组已处于备用状态。

(3)在操作主机上调出机组的开机流程监视图。

(4)点击发电机的机组图符,弹出“执行”对话框。

(5)点击“发电”按钮。

(6)点击“执行”按钮,弹出“确认”对话框。

(7)确认操作主机上提示的机组“停机转发电”流程正确后,点击“确认”按钮。

(8)监视上位机执行机组“停机转发电”流程正常。

注意:机组其他流程与上述执行步骤相同。

### (四)断路器、刀闸的操作

1. 合上断路器操作步骤

(1)检查待操作断路器状态指示为绿色。

(2)检查断路器在“远方”控制状态。

(3)点击画面索引上单对象控制图标,调出单对象控制画面。

(4)点击要操作的断路器,在弹出的对话框中点击“合闸“键。

(5)点击“执行”键,弹出“确认”对话框。

(6)确认操作主机显示断路器合闸指令正确后,点击“确认”键。

(7)监视操作的断路器状态指示转为红色。

(8)现地检查断路器三相合闸正常。

注意:执行断路器其他合闸控制程序与上述执行步骤相同。

2. 拉开断路器操作步骤

(1)检查待操作断路器状态指示为红色。

(2)检查断路器在“远方”控制状态。

(3)点击画面索引上单对象控制图标,调出单对象控制画面。

(4)点击要操作的断路器,在弹出的对话框中点击“分闸”键。

(5)点击“执行”键,弹出“确认”对话框。

(6)确认操作主机显示断路器分闸指令正确后,点击“确认”键。

(7)监视操作的断路器状态指示转为绿色。

(8)现地检查断路器三相分闸正常。

注意:执行断路器其他分闸控制程序与上述执行步骤相同。

3. 拉合隔离刀闸操作步骤

拉合隔离刀闸操作步骤与断路器操作步骤相同,但在进行隔离刀闸操作前必须现地检查断路器三相确在分闸状态。

### (五)上位机调整机组负荷

当机组 PID 可调并且投入调节后,可以进行机组有无功负荷的设定操作,点击“投入”或“退出”按钮可将有无功调节投入或退出。

(1)检查机组在发电态,无负荷调节限制。

(2)调出机组操作接线图。

(3)移动鼠标到给定有功值或给定无功值处,点击鼠标左键。

(4)在弹出的对话框中输入数据,点击“确认”按钮即可。

(5)在机组 PID 可调时,点击“ + ”或“ - ”按钮来进行有功或无功微调。

## 四、现地控制层监控系统的操作

### (一)机组 LCU 投入运行

(1)确认装置具备运行条件,检查各模件插接到位,板位正确,且接线良好,各连接电缆接线完好、无误，测试绝缘合格。

(2)将 A1 柜“LCU 双供电/监控插箱”前面板上“调试”键弹起。

(3)按需要设置好“当地”按钮，按下为当地，弹起为远方，如果上位机已经投运，则设置为“远方”。

(4)投入 A1 柜背部的直流熔断器(共 5 个)，A2 柜同期熔断器 XPTT 4 个，测速熔断器 2 个。

(5)合上 A1 柜背部的两路交流强电进线开关 2ZK 和 3ZK、交流强电输入开关 4ZK 及直流强电输入开关 5ZK。

(6)合上 A1 柜风机插箱上风机电源开关，检查指示灯点亮，风机运行正常。

(7)合上 A2 柜风机插箱上风机电源开关，检查指示灯点亮，风机运行正常。

(8)依次合上 A1 柜“LCU 双供电/监控插箱”前面板上“AC”、“DC”、“辅助电源”、“PLC 电源”电源开关，检查相应的指示灯“辅 24 V”、“主 24 V”灯亮，“秒灯”点亮。

(9)检查 PLC 运行正常。

注意：开关站、公用 LCU 投入运行操作与此类似。

**(二)机组 LCU 退出运行**

(1)检查机组 LCU 和上位机无控制流程执行。

(2)按下 A1 柜“LCU 双供电/监控插箱”前面板上“当地”键。

(3)按下 A1 柜“LCU 双供电/监控插箱”前面板上“调试”键。

(4)依次拉开 A1 柜“LCU 双供电/监控插箱”前面板上“PLC 电源”、“辅助电源”、“DC”、“AC”电源开关，检查相应的指示灯熄灭。

(5)拉开 A2 柜风机插箱上风机电源开关，检查指示灯熄灭。

(6)拉开 A1 柜风机插箱上风机电源开关，检查指示灯熄灭。

(7)拉开 A1 柜背部的两路交流强电进线开关 2ZK 和 3ZK、交流强电输入开关 4ZK 及直流强电输入开关 5ZK。

(8)取下 A1 柜背部的交、直流输入熔断器(共 5 个)。

注意：开关站、公用 LCU 退出运行操作与此类似。

**(三)机组 LCU 操作面板上操作机组由“停机”转“空转”**

机组 LCU 能进行“停机”、“空转”、“空载”、“发电”、“调相”五种单状态间的转换操作。

(1)按下 A1 柜“LCU 双供电/监控插箱”前面板上“当地”键，检查按钮红灯亮。

(2)点击 A1 柜液晶触摸屏开机主画面上的“机组控制”按钮。

(3)在弹出的“请输入控制密码”对话框中输入密码，点击 Enter 键。

(4)点击 A1 柜液晶触摸屏画面上的“空转”按钮，检查弹出“确认”对话框。

(5)确认操作命令正确后点击 Enter 键。

(6)监视机组由停机转空转流程正确。

注意：机组的其他工况转换操作参照上述各项执行。

**(四)机组 LCU 操作面板上调整有功(无功)功率**

(1)按下 A1 柜“LCU 双供电/监控插箱”前面板上“当地”键，检查按钮红灯亮。

(2)点击 A1 柜液晶触摸屏开机主画面上的“功率调节”按钮。

(3)在弹出的“请输入控制密码”对话框中输入密码,点击 Enter 键。

(4)点击 A1 柜液晶触摸屏画面上的“P 增/Q 增”(“P 减/Q 减”)按钮。

(5)检查弹出功率调整对话框,输入功率设定值。

(6)点击 Enter 键。

(7)监视机组有功(无功)功率增加(减少)到设定值。

**(五)温度巡检/保护装置温度巡回显示**

(1)按击“撤销”键进入主菜单。

(2)选中“Display”命令,按击“确认”键进入 Display 子菜单。

(3)选中“XH”命令, 按击“确认”键。

**(六)温度巡检/保护装置温度测点定点显示**

(1)按击“撤销”键进入主菜单。

(2)选中“Display”, 按击“确认”键进入 Display 子菜单。

(3)按击“→”键选中“DD”,按击“确认”键。

(4)按击“↑”或“↓”键选中欲定测点号。

**(七)温度巡检/保护装置温度测点巡回显示和定点显示的转换**

(1)检查温度测点在巡回显示状态。

(2)按击“←”、“↑”、“→”、“↓”中任意键。

(3)检查温度测点在定点显示状态。

(4)除上述方法外,也可按击“确认”键切换温度测点的巡回与定点显示。

**(八)温度巡检/保护装置温度测点定义显示**

(1)按击“撤销”键进入主菜单。

(2)选中“Display”,按击“确认”键进入 Display 子菜单。

(3)按击“→”键选中“DY”,按击“确认”键。

(4)按击“←”或“→”键选中欲显示定义的测点号。

(5)按击“确认”键,液晶显示屏显示该温度测点的所有参数(高高限、高限、复限死区、梯度运算起始值、梯度限和零点补偿值)。

**(九)通信管理装置投入运行**

(1)合上装置的工作电源开关。

(2)检查“RUN”灯慢闪,“+5V”灯、“+12V”灯和“-12V”灯点亮。

(3)通信口与其他通信设备连接时,检查其相应的“接收”灯和“发送”灯点亮。

**(十)通信管理装置退出运行**

(1)拉开装置的工作电源开关。

(2)检查“RUN”灯、“+5V”灯、“+12V”灯和“-12V”灯、“接收”灯和“发送”灯熄灭。

**(十一)测速装置投入运行**

(1)合上机组 LCU A2 柜背部“PT 测速”熔断器(两个)。

(2)打开机组监控装置上“过速保护”压板 2LP。

(3)合上装置的工作电源开关。

(4)检查“SEC”灯应每半秒闪烁一次,“ALM”灯熄灭。

(5)检查液晶屏上转速或频率的指示与实际相符,相应转速刻度指示灯点亮。

(6)合上机组监控装置上“过速保护”压板。

**(十二)测速装置退出运行**

(1)打开机组监控装置上“过速保护”压板。

(2)拉开装置的工作电源开关。

(3)合上机组监控装置上“过速保护”压板。

(4)视情况取下机组 LCU A2 柜背部“PT 测速”熔断器(两个)。

**(十三)测速装置的复位操作**

(1)打开机组监控装置上“过速保护”压板。

(2)按下“复位”键。

(3)检查“SEC”灯应每半秒闪烁一次,“ALM”灯熄灭。

(4)检查液晶屏上转速或频率的指示与实际相符,相应转速刻度指示灯点亮。

(5)合上机组监控装置上“过速保护”压板。

**(十四)测速装置的最大值清除操作**

(1)按下“最大值”键,调出曾经出现的最高转速值。

(2)按下“确认”键。

(3)检查最高转速值已清除。

(4)按下“测值”键。

(5)检查液晶屏上转速或频率的指示与实际相符,相应转速刻度指示灯点亮。

**(十五)测速装置的报警信号清除操作**

(1)确认报警信号动作。

(2)按下“确认”键。

(3)检查报警信号已清除。

(4)检查液晶屏上转速或频率的指示与实际相符,相应转速刻度指示灯点亮。

**(十六)同期装置投入运行**

(1)合上机组 LCU A2 柜背部“系统电压”熔断器(两个)。

(2)合上机组 LCU A2 柜背部“机端电压”熔断器(两个)。

(3)合上同期装置的电源开关。

(4)检查“运行”灯约每秒闪烁一次。

(5)检查液晶显示屏显示主菜单。

**(十七)同期装置退出运行**

(1)检查机组未进行并列操作。

(2)拉开同期装置的电源开关。

(3)视情况取下机组 LCU A2 柜背部“系统电压”熔断器(两个)。

(4)视情况取下机组 LCU A2 柜背部“机端电压”熔断器(两个)。

**（十八）同期装置的复位操作**

（1）检查机组未进行并列操作。

（2）按下“复位”键。

（3）检查液晶显示屏显示主菜单。

**（十九）威胜电能表当前功率、电压、电流显示**

（1）按下#1 按钮 5 次，液晶屏显示当前有功功率。

（2）再按下#2 按钮 1 次，液晶屏显示当前无功功率。

（3）再按下#2 按钮 4 次，液晶屏显示 A 相电压。

（4）再按下#2 按钮 1 次，液晶屏依次显示 B、C 相电压以及 A、B、C 相电流。

**（二十）威胜电能表当前电量显示**

（1）按下#3 按钮 1 次。

（2）再按#2 按钮 1 次，液晶屏依次显示当前总正向有功、感性无功、容性无功电度。

**（二十一）PMAC9900 – E 电力测控仪的电气参数显示**

（1）按“PHASE/CURSOR” 按钮依次显示当前电压、电流测值。

（2）按“FUNC/INC” 按钮依次显示当前有无功功率和有无功电度合计等。

# 第六节　计算机监控系统的故障和事故处理

## 一、故障和事故处理原则

故障和事故发生时的处理原则如下：

（1）根据仪表（上位机）显示、设备异常现象和外部征象判断故障或事故确已发生。

（2）在总值班的统一指挥下，协调安排值守人员进行处理，采取有效措施遏制故障或事故的发展，解除对人身和设备的危害，恢复设备的安全稳定运行，按照设备的管理权限，及时将处理情况向调度、发电部、生计部及安监部汇报，严重事故应向总工程师、生产副厂长汇报，发生着火事故还应汇报武装保卫部。

（3）在处理过程中，值守人员应坚守岗位，迅速正确地执行总值班的命令。对重大突发事件，值守人员可依照有关规定先行处理，然后及时汇报。

（4）对事故设备应尽快隔离，对正常设备应保持或尽快恢复运行。

（5）处理完毕后，当班总值班应如实记录故障或事故发生的经过、现象和处理情况。处理过程中要注意保护事故现场，未经总值班同意不得复归事故信号或任意改动现场设备情况，紧急情况除外（如危及人身安全时）。

## 二、上位机的故障处理

**（一）应答超时**

（1）检查 LCU 是否联机，LCU 与上位机联机时监控系统图上联机指示块显示红色。

（2）LCU 及 3COM 交换机有无故障。

**（二）LCU与上位机不能联机**

监控系统具备在线自诊断功能，能诊断出系统中的故障，并能定位故障部位。

（1）按下A1柜“LCU双供电/监控插箱”前面板上“当地”键，将控制权交至LCU。

（2）通知维护专业人员进行及时处理。

（3）上位机死机。一般情况下上位机死机后都能自动恢复，如数分钟之后仍不能恢复，可重新起动主机。

**（三）上位机上不能进行控制操作**

首先检查上位机与LCU是否联机，如没有，则检查不能联机的原因。如果不能联机，则改至现地控制单元上操作，并联系维护人员处理。

## 三、现地控制层监控系统的故障处理

**（一）上位机故障或通道故障**

应将LCU“当地”按钮按下，当地灯点亮，控制权交给LCU。

**（二）LCU上不能执行控制操作**

（1）检查A1柜“LCU双供电/监控插箱”前面板上“当地”键是否键入。

（2）根据流程图检查各状态量是否满足操作条件，必要时手动帮助。

（3）检查操作命令提示符是否正确，如不正确，撤销后重新键入该命令。

（4）若以上检查无问题，通知维护人员处理。

# 复习思考题

## 问答题

（1）水电厂控制系统是如何分层的？

（2）现地控制方式和远方控制方式如何进行切换？

（3）在计算机监控系统中如何保证控制操作的正确性和准确性？

（4）如某现地控制单元发生故障，电厂级计算机能否正确工作？而电厂级计算机发生故障，能否保证整个水电厂的正常工作？

# 附录 1

## 第一种工作票

第______号

1. 工作负责人（监护人）______________ 班组______________

2. 工作班人员（不包括工作负责人）______________

______________共______人。

3. 工作的发变电站名称及设备双重名称______________

4. 工作任务

| 工作地点及设备双重名称 | 工作内容 |
| --- | --- |
| | |
| | |
| | |

5. 计划工作时间：自____年____月____日____时____分至____年____月____日____时____分

6. 安全措施（必要时可附页绘图说明）

| 应拉断路器（开关）、隔离开关（刀闸） | 已拉断路器（开关）、隔离开关（刀闸） |
| --- | --- |
| | |
| | |
| | |
| 应装接地线、应合接地刀闸（注明确实地点、名称） | 已装接地线、应合接地刀闸（注明编号、确实地点） |
| | |
| | |
| | |
| | |
| 应设遮栏，应挂标示牌及防止二次回路误碰等措施 | 已设遮栏，应挂标示牌及防止二次回路误碰等措施 |
| | |
| | |
| | |
| | |

| 工作地点保留带电部分或注意事项<br>(由工作签发人填写) | 工作地点保留带电部分和补充安全措施(由工作许可人填写) |
|---|---|
| | |
| | |
| | |
| | |
| | |
| | |

工作票签发人签名:______签发日期:____年___月___日___时___分

7. 收到工作票时间:______年___月___日___时___分

运行值班人员签名:______　　工作负责人签名:______

8. 确认本工作票1至7项　工作负责人签名:______　工作许可人签名:______

许可开始工作时间:______年___月___日___时___分

9. 确认工作负责人布置的工作任务和本施工项目安全措施

工作班组人员签名:______________________________

10. 工作负责人变动:接工作票签发人______通知,原工作负责人______离去,变更______为工作负责人。变动时间____年___月___日___时___分

工作人员变动情况(变动人员姓名、日期及时间):______________

______________工作负责人签名:______

11. 工作票延期:有效期延长到____年___月___日___时___分

工作负责人签名:______　____年___月___日___时___分

工作许可人签名:______　____年___月___日___时___分

12. 每日开工和收工时间(使用一天的工作票不必填写),执行"工作票间断记录簿"。

13. 工作终结:全部工作于____年___月___日___时___分结束。设备安全措施已恢复至开工前状态,工作人员已全部撤离,材料工具已清理完毕,工作终结。

工作负责人签名:______　　工作许可人签名:______

14. 工作票终结:临时遮栏、标示牌已拆除,常设遮栏已恢复。未拆除或未拉开的接地线编号______等共___组、接地刀闸(小车)共___副(台),已汇报调度值班员。

工作许可人签名:______　____年___月___日___时___分

15. 备注:(1)指定专责监护人______负责监护______

______________(地点及具体工作)

(2)其他事项______________

16. 工作票检查人:______________

# 附录 2

## 第二种工作票

第＿＿＿＿＿号

1. 工作负责人（监护人）＿＿＿＿＿＿＿＿ 班组＿＿＿＿＿＿＿＿＿＿＿＿

2. 工作班人员（不包括工作负责人）＿＿＿＿＿＿＿＿＿＿＿＿＿＿＿＿

＿＿＿＿＿＿＿＿＿＿＿＿＿＿＿＿＿＿＿＿＿＿＿＿共＿＿＿人。

3. 工作的发变电站名称及设备双重名称＿＿＿＿＿＿＿＿＿＿＿＿＿＿＿

4. 工作任务

| 工作地点及设备双重名称 | 工作内容 |
|---|---|
| | |
| | |
| | |
| | |

5. 计划工作时间：自＿＿年＿＿月＿＿日＿＿时＿＿分至＿＿年＿＿月＿＿日＿＿时＿＿分

6. 工作条件（停电或不停电，或临近及保留带电设备名称）＿＿＿＿＿＿＿＿

＿＿＿＿＿＿＿＿＿＿＿＿＿＿＿＿＿＿＿＿＿＿＿＿＿＿＿＿＿＿＿＿＿＿

＿＿＿＿＿＿＿＿＿＿＿＿＿＿＿＿＿＿＿＿＿＿＿＿＿＿＿＿＿＿＿＿＿＿

7. 注意事项（安全措施）＿＿＿＿＿＿＿＿＿＿＿＿＿＿＿＿＿＿＿＿＿＿＿＿

工作票签发人签名：＿＿＿＿＿＿ 签发日期：＿＿年＿＿月＿＿日＿＿时＿＿分

8. 补充安全措施(工作许可人填写)________________________________

________________________________________________________________

________________________________________________________________

9. 确认本工作票 1 ~ 8 项

许可开始工作时间:______年____月____日____时____分

工作负责人签名:______________　　工作许可人签名:______________

10. 确认工作负责人布置的工作任务和安全措施

工作班组人员签名:________________________________________________

________________________________________________________________

________________________________________________________________

11. 工作票延期:有效期延长到______年______月______日______时______分

工作负责人签名:__________ ______年______月______日______时______分

工作许可人签名:__________ ______年______月______日______时______分

12. 工作终结:

全部工作于______年____月____日____时____分结束,工作人员已全部撤离,材料工具已清理完毕。

工作负责人签名:__________ ______年______月______日______时______分

工作许可人签名:__________ ______年______月______日______时______分

13. 备注:________________________________________________________

________________________________________________________________

________________________________________________________________

14. 工作票检查人:________________________________________________

# 附录 3

## 事故应急抢修单

单位____________　　　　　　　　　　　　　　　　编号____________

1. 抢修工作负责人(监护人)____________________　　　　班组____________________

2. 抢修班人员(不包括抢修工作负责人)____________________________________________

__________________________________________________________共_____人。

________________________________________________________________________

3. 抢修任务(具体地点和内容):____________________________________________

________________________________________________________________________

4. 安全措施:________________________________________________________

________________________________________________________________________

________________________________________________________________________

________________________________________________________________________

________________________________________________________________________

________________________________________________________________________

5. 抢修地点保留带电部分或注意事项:______________________________________

________________________________________________________________________

________________________________________________________________________

6. 上述 1 至 5 项由抢修工作负责人____________根据抢修任务布置人____________的布置和现场勘察填写。

7. 许可人补充安全措施:________________________________________________

________________________________________________________________________

________________________________________________________________________

8. 上述措施已执行,许可抢修时间:______年____月____日____时____分　许可人__________

9. 抢修结束汇报:本抢修工作于______年_____月_____日_____时_____分结束。

抢修设备状况及保留安全措施:________________________________________________

________________________________________________________________________

抢修班人员已全部撤离,材料工具已清理完毕,已向抢修任务布置人汇报,事故应急抢修单已终结。

抢修工作负责人_________　许可人_________

终结时间______年____月____日____时____分

10. 抢修单检查人:____________________________________________________

# 附录4

## 水力机械工作票

单位__________　　　　　　　　　　　编号__________

1. 工作负责人(监护人):__________　班组:__________

2. 工作班人员(不包括工作负责人):__________

__________共____人。

3. 工作任务:

| 工作地点及设备双重名称 | 工作内容 |
| --- | --- |
| | |
| | |

4. 计划工作时间:

自____年____月____日____时____分至____年____月____日____时____分

5. 安全措施(必要时可附页绘图说明)

| 5.1 检修工作要求工作许可人员执行的安全措施 | | 已执行 |
| --- | --- | --- |
| | | |
| | | |

| 5.2 检修工作要求检修人员自行执行的安全措施(由工作负责人填写) | 已执行 | 已恢复 |
| --- | --- | --- |
| | | |
| | | |
| | | |

| 5.3 工作地点注意事项<br>(由工作票签发人填写) | 5.4 补充工作地点安全措施<br>(由工作许可人填写) |
| --- | --- |
| | |

工作票签发人签名:__________签发日期:____年____月____日

6. 收到工作票时间:____年____月____日____时____分

运行值班人员签名:__________　工作负责人签名:__________

7. 工作许可:

确认本工作票1~6项。

许可工作时间:自____年____月____日____时____分至____年____月____日____时____分

工作许可人签名:__________　工作负责人签名:__________

8. 工作中存在的主要危险点及预控措施：

| 序号 | 工作中存在的危险点分析 | 相应的预控措施 |
|---|---|---|
| | | |
| | | |
| | | |

9. 确认工作负责人布置的工作任务、安全措施以及危险点告知：

工作班组人员签名：

10. 工作人员变动情况：

(1)原工作负责人＿＿＿＿＿离去，变更＿＿＿＿＿为工作负责人。

工作票签发人签名：＿＿＿＿　＿＿＿年＿＿月＿＿日＿＿时＿＿分

工作许可人签名：＿＿＿＿　＿＿＿年＿＿月＿＿日＿＿时＿＿分

(2)工作班人员变动：

原工作班人员＿＿＿＿＿＿离去，增加＿＿＿＿＿＿为工作班成员，＿＿＿年＿＿月＿＿日＿＿时＿＿分。

工作负责人签名：＿＿＿＿　＿＿＿年＿＿月＿＿日＿＿时＿＿分

(3)连续或连班作业工作负责人的相互接替。(必要时可使用工作负责人交接单和相应的记录)

| 原工作负责人 | 现工作负责人 | 生效时间 | | | | 工作票签发人 |
|---|---|---|---|---|---|---|
| | | 月 | 日 | 时 | 分 | |
| | | | | | | |
| | | | | | | |
| | | | | | | |

11. 工作票延期：

有效期延长到＿＿＿＿＿年＿＿＿月＿＿＿日＿＿＿时＿＿＿分

工作负责人签名：＿＿＿＿(＿＿＿年＿＿＿月＿＿＿日＿＿＿时＿＿＿分)

工作许可人签名：＿＿＿＿(＿＿＿年＿＿＿月＿＿＿日＿＿＿时＿＿＿分)

12. 工作票终结：

全部工作于＿＿＿年＿＿月＿＿日＿＿时＿＿分结束，设备及安全措施已恢复至开工前状态，工作人员已全部撤离，材料工具、场地已清理完毕。

工作负责人签名：＿＿＿＿＿＿＿　工作许可人签名：＿＿＿＿＿＿＿

13. 备注

(1)指定专责监护人：＿＿＿＿＿＿负责监护＿＿＿＿＿＿＿＿＿＿＿＿＿＿＿＿＿＿＿＿＿＿＿＿＿(地点及具体工作)

(2)其他事项：＿＿＿＿＿＿＿＿＿＿＿＿＿＿＿＿＿＿＿＿＿＿＿＿

# 附录5

## 变电站(发电厂)倒闸操作票

分厂(站)________ 编号

| | | |
|---|---|---|
| 发令人: | 受令人: | 发令时间: 年 月 日 时 分 |
| 操作开始时间: 年 月 日 时 分 | | 操作结束时间: 年 月 日 时 分 |

( )监护下操作 ( )单人操作 ( )检修人员操作

操作任务:

| ✓ | 顺序 | 注意 | 操作项目 |
|---|---|---|---|
| | 1 | | |
| | 2 | | |
| | 3 | | |
| | 4 | | |
| | 5 | | |
| | 6 | | |
| | 7 | | |
| | 8 | | |
| | 9 | | |
| | 10 | | |
| | 11 | | |
| | 12 | | |
| | 13 | | |
| | 14 | | |
| | 15 | | |
| | 16 | | |
| | 17 | | |
| | 18 | | |
| | 19 | | |
| | 20 | | |
| | 21 | | |
| | 22 | | |
| | 23 | | |
| | 24 | | |
| | 25 | | |
| 备注 | | | |

操作人:__________ 监护人:__________ 值班负责人(值长):__________

# 参 考 文 献

[1] 周统中. 水电站机电运行[M]. 郑州:黄河水利出版社,2007.
[2] 单文培. 水电站机电设备的安装、运行与检修[M]. 北京:中国水利水电出版社,2005.
[3] 杨以涵. 电力系统基础[M]. 北京:中国电力出版社,2007.
[4] 梁建和. 水轮机及辅助设备[M]. 北京:中国水利水电出版社,2005.
[5] 袁铮喻. 电气运行[M]. 北京:中国水利水电出版社,2004.
[6] 吴靓. 发电厂及变电站电气设备[M]. 北京:中国水利水电出版社,2004.
[7] 魏涤非. 电机技术[M]. 北京:中国水利水电出版社,2004.
[8] 刘吉来. 高电压技术[M]. 北京:中国水利水电出版社 2004.
[9] 钱武. 电力系统自动装置[M]. 北京:中国水利水电出版社,2004.
[10] 许建安. 继电保护技术[M]. 北京:中国水利水电出版社,2004.
[11] 中华人民共和国职业技能鉴定规范. 电力行业水电机械运行与检修专业[S]. 北京:中国电力出版社,2000.
[12] 中华人民共和国职业技能鉴定规范. 电力行业电气运行与检修专业[S]. 北京:中国电力出版社,2000.
[13] 中华人民共和国电力行业标准. 电力变压器运行规程[S]. 北京:中国电力出版社,1996.
[14] 国家电网公司. 安全生产规程规定[S]. 北京:中国计划出版社,2003.
[15] 国家电网公司. 电力生产事故调查规程[S]. 北京:中国电力出版社,2005.
[16] 国家电网公司. 电力生产安全工作规程[S]. 北京:中国电力出版社,2008.